# 粤港澳大湾区建设技术手册1

主　编：张一莉

副主编：千　茜　唐志华　杨　旭

　　　　陈日飙　郭智敏　黄剑锋

中国建筑工业出版社

# 《粤港澳大湾区建设技术手册系列丛书》
## 编　委　会

# 《粤港澳大湾区建设技术手册1》编委会

指导单位：深圳市住房和建设局
　　　　　深圳市前海深港现代服务业合作区管理局
支持单位：深圳市福田科学技术协会

编委会主任：艾志刚
执 行 主 任：陈邦贤

专家委员会主任：陈　雄　孙一民　陈宜言　马震聪　林　毅　黄　捷　任炳文
大湾区建设指导：高尔剑

主　　编：张一莉
副主编：千　茜　唐志华　杨　旭　陈日飙　郭智敏　黄剑锋
编　委：

于天赤　千　茜　王　瑜　龙玉峰　成国亭　刘　畅　闫　锋　孙一民
李　勇　杨　旭　肖　蓝　邱　峰　陈　诚　陈晓唐　林　毅　庞观艺
吴　祯　赵晓龙　胡　涛　顾浩声　高若飞　钱宏周　涂宇红　黄剑锋
黄祖坚　郑鹏翼　黄　捷　鲁　艺　蔡　明　薛升伟　丁　蓓

主编单位：深圳市注册建筑师协会
特邀单位：华南理工大学

副主编单位：
深圳市建筑设计研究总院有限公司
深圳华森建筑与工程设计顾问有限公司
香港华艺设计顾问（深圳）有限公司
北建院建筑设计（深圳）有限公司
深圳大地创想建筑景观规划设计有限公司
深圳市华阳国际工程设计股份有限公司
深圳市新西林园林景观有限公司

参编单位：
深圳市新西林园林景观有限公司
深圳艺洲建筑工程设计有限公司
深圳国研建筑科技有限公司
建学建筑与工程设计所有限公司深圳分公司
深圳市天华建筑设计有限公司天华建筑工业化技术中心
深圳市天华建筑设计有限公司天华医养研究中心

# 《粤港澳大湾区建设技术手册1》
# 各章节分工与工作安排

| 章 | 内　容 | 参编单位 | 编　委 |
|---|---|---|---|
| 1 | 城市公共空间 | 北建院建筑设计（深圳）有限公司 | 黄捷　陈晓唐 |
| | | 深圳市建筑设计研究总院有限公司 | 杨旭　冯志勇 |
| | | 深圳市新西林园林景观有限公司 | 黄剑锋　郑鹏翼 |
| 2 | 城市停车设施 | 深圳市建筑设计研究总院有限公司 | 涂宇红 |
| 3 | 城市慢行系统 | 深圳大地创想建筑景观规划设计有限公司 | 千茜　李勇　丁蓓 |
| 4 | 城市公共家具 | 深圳大地创想建筑景观规划设计有限公司 | 千茜　高若飞　丁蓓 |
| 5 | 超高层建筑 | 香港华艺设计顾问（深圳）有限公司 | 林毅　鲁艺 |
| 6 | 体育建筑 | 华南理工大学 | 孙一民　黄祖坚 |
| 7 | 绿色建筑 | | 成国亭　陈诚 |
| 8 | 建筑工程绿色施工 | 深圳国研建筑科技有限公司 | 尧国皇　庞观艺 |
| 9 | 绿色中小学校设计指引 | 建学建筑与工程设计所有限公司深圳分公司 | 于天赤 |
| 10 | 装配式建筑 | 深圳市华阳国际工程设计股份有限公司 | 龙玉峰　赵晓龙 |
| | | 香港华艺设计顾问（深圳）有限公司 | 胡涛　钱宏周 |
| | | 深圳市天华建筑设计有限公司天华工业技术中心 | 顾浩声　刘畅 |
| 11 | 高新科技产业园 | 深圳市建筑设计研究总院有限公司 | 杨旭　刘勇高 |
| 12 | 养老建筑 | 深圳华森建筑与工程设计顾问有限公司 | 肖蓝　王瑜 |
| | | 深圳市天华建筑设计有限公司天华医养研究中心 | 闫锋　吴祯 |
| 13 | 城市更新 | 深圳市华阳国际工程设计股份有限公司 | 薛升伟 |
| 14 | 居住区及环境 | 深圳艺洲建筑工程设计有限公司 | 蔡明 |
| | 统稿 | 深圳市注册建筑师协会 | 卢方媛 |

# 序

以纵向的历史视野观照，建设粤港澳大湾区和支持深圳建设中国特色社会主义先行示范区作为国家重大发展战略，将因为其异乎寻常的战略眼光和国际视野而在中国社会和经济发展史上留下浓墨重彩的一笔，国际一流湾区的壮丽图景已铺陈开来。

横向考察世界已有湾区，这些区域往往具有沿山连海的优越地理位置和山水相间的独特空间形态，并会因此形成陆海空运一体化枢纽、立体交错的沟通与交流网络，形成不同产业层级和组团布局、科技与制造业等互补共融，最终构建山水共生的产城融合的空间格局，打造和谐宜居的人居环境，塑造世界上最具活力的区域。与此相应，湾区地域一个最突出的特点就是土地资源稀缺，每一寸土地都需要精打细算，需要通过专业人员的精心谋划，通过层级的组合实现复合利用，通过城市改造与升级，实现腾笼换鸟，提高效率和品质……也因此形成了湾区建设领域的一个个热点，如河流修复，TOD，城市更新，产城融合，人居环境营造，等等。

正如有人指出的，粤港澳大湾区综合了纽约、旧金山、东京三大湾区的功能，而创新驱动无疑将是大湾区融合发展的灵魂。创新驱动叠加湾区优势，将使粤港澳大湾区释放出更大的潜力。在城市设计与建筑领域，湾区从开风气之先到领时代潮流，将创新性探索建筑师负责制和城市总建筑师制度，探讨共生性韧性城市、TOD慢行系统规划及科技产业园区建设等创新型课题，以及一体化装修技术、智慧立体停车技术、垂直社区技术等先进应用型技术。粤港澳大湾区在所有这些领域的努力和探索，终将给其他区域的创新发展提供成熟的范例和可贵的经验参考。

立足于大湾区建设发展情况，结合形势发展与现实需要，《粤港澳大湾区建设技术手册系列丛书》从湾区建设技术、科研和施工培训等各个方面入手，内容包罗城市公共空间、城市慢行系统、城市家具设计、超高层建筑设计、绿色建筑、装配式建筑、城市更新、地下空间复合开发、海绵城市与低影响技术、建设项目全过程工程咨询等，是为粤港澳大湾区建设成果的集中总结，也为进一步探索提供了一定的基础。值得一提的是，其中结合目前全球蔓延的新冠疫情防控对于湾区人居环境的思考及对相关建设技术和要求的思考，是粤港澳大湾区建设也是全球建设领域的一个崭新大课题，将需要更加深入的理论研究和实践总结。

与后疫情时代相伴的另一个重大课题是新基建。多年快速发展之后，湾区城市成熟的传统基础设施在承载公共服务功能之时，也实现了相互之间的补充、镶嵌和链接；而在万物互联理念的触发下，更具引领性的新基建以其神奇的产业触变和边界融合功能，激发了生产形态的变化和组合，不断催生新生产力、新业态的形成。在融合传统基础设施的过程中，后疫情时代的新基建将使传统基建焕发活力，显著提升湾区基础设施现代化水平。这将是大湾区又一次率先落实国家重要决策部署，提升大湾区在国家经济发展和对外开放中的支撑引领作用的重要机遇期，也是为全国推进供给侧结构性改革、实施创新驱动发展战略、构建开放型经济新体制提供支撑的重要机遇期。

中国工程院院士　何镜堂

2020.8.8.

# 目　录

# 1 城市公共空间

## 1.1 城市公共空间的定义、类别

公共空间的定义 表 1.1.1

| 名　称 | 一　般　定　义 | 规　范　依　据 |
|---|---|---|
| 公共空间 | 指具有一定规模的、面向市民全天或在特定时段免费开放，主要提供慢行、休闲和游憩等活动设施的城市内公共场所。一般应具备公共性、开放性和可达性 | 《深圳市重点区域建设工程设计导则（征求意见稿）》第 6.1.1 条 |
| | 指具有一定规模的、面向所有市民 24 小时免费开放并提供休闲活动设施的公共场所。一般指露天或有部分遮盖的室外空间，符合上述条件的建筑物内部公共大厅和通道也可作为公共空间 | 《深圳市城市规划标准与准则》第 8.3.6.1 条 |
| | 城市公共空间是相对于城市中专用空间（服务于特定建筑物、特定人群的空间）而言，如相对独立的社区、工矿企业、福利院、机关单位等，其为面向广泛的市民大众开敞的空间，具有公共性与大众性<br><br>城市中存在于建筑实体之外的面向广泛市民大众服务的开敞空间体，是人与人、人与自然、人与社会进行信息、物质、能量交流等的重要场所，是城市生态与城市生活不可缺少的空间载体 | 《中国大百科全书》 |

公共空间的类别 表 1.1.2

| 类　别 | 特　征 | 规　范　依　据 |
|---|---|---|
| 城市绿地 | 以植被为主要存在形态，用于改善城市形态和微气候，保护环境，为居民提供游憩场地和绿化，具有一定占地规模，绿化占地比例一般不小于 65% 的场地型公共空间 | 《深圳市重点区域建设工程设计导则（征求意见稿）》第 6.1.2 条 |
| 城市广场 | 以游憩、纪念、集会和避险等功能为主，具有一定占地规模，绿化占地比例小于 65% 的城市公共活动场地 | |
| 城市慢行空间 | 建设用地红线外，除城市绿地和城市广场之外的主要用于慢行的公共空间。主要指步行街以及与城市各级车行道路并行或交叉的人行工程设施（主要含人行道、人行天桥、人行地道、自行车道和公交站点） | |
| 地块内室外公共空间 | 位于建设用地红线内的建筑空间外部（即室外）的公共空间或场地 | |
| 地块内城市公共通道 | 位于建筑楼层（含首层）内，为改善城市公共交通而设置的 24 小时免费向所有市民开放的公共通道 | |
| 地块内架空公共空间 | 将建筑若干楼层（整层或局部）架空，并向市民开放的用于绿化、休闲和通行等活动的公共空间（包括骑楼下方空间） | |

公共空间的技术要求 表 1.1.3

| 类 别 | 技 术 要 求 | 规 范 依 据 |
|---|---|---|
| 空间特色 | 公共空间设计应体现当代岭南地域特色，契合粤港澳大湾区气候特征，彰显时代风貌，传承历史文脉 | 《深圳市重点区域建设工程设计导则（征求意见稿）》第 6.1.4 条 |
| 统筹公共设施 | 公共空间设计应统筹位于其中的公共服务设施、交通设施、市政公用设施、城市景观和城市标识系统等公共设施要素 | 《深圳市重点区域建设工程设计导则（征求意见稿）》第 6.1.5 条 |
| 全龄市民通用性 | 公共空间设计应注重人性化、便捷化，符合无障碍设计要求<br>按当下市民户外活动要求设置老人、幼儿等相关设施，满足全龄市民使用需求 | 《深圳市重点区域建设工程设计导则（征求意见稿）》第 6.1.6 条 |
| 美观性 | 公共空间应以建筑装饰、公共艺术、建筑小品、城市雕塑和风景园林等元素为媒介，基于当下美学原则开展设计，彰显时代风貌 | 《深圳市重点区域建设工程设计导则（征求意见稿）》第 6.1.7 条 |
| 美观性 | 应充分考虑灰表面（如室外设备房、通风井、桥墩、人防出入口、电箱等公共设备设施外表面）美化，可采用绿化景观及环境艺术方法优化提升 | 《深圳市重点区域建设工程设计导则（征求意见稿）》第 6.1.8 条 |
| 灰空间的合理利用 | 公共空间设计，应充分考虑灰空间（如桥梁、人行天桥、空中步道等下方空间）的合理利用及美化，可增设绿化景观、休闲活动或自行车停车场地和公共艺术表现等 | |
| 标识系统 | 公共空间应进行标识系统设计 | 《深圳市重点区域建设工程设计导则（征求意见稿）》第 6.1.9 条 |
| 环境安全 | 公共空间设计应考虑建筑幕墙等外部构件、设备、设施的安全性，并防止光污染，设置安全距离 | 《深圳市重点区域建设工程设计导则（征求意见稿）》第 6.1.10 条 |
| 海绵设计 | 公共空间应按有关工程建设标准，因地制宜设置海绵城市设施，引导雨水地表径流的排放与利用 | 《深圳市重点区域建设工程设计导则（征求意见稿）》第 6.1.11 条 |
| 互联互通 | 彼此相邻的建设用地红线外公共空间和建设用地红线内公共空间，应统筹规划及协调设计（含预留接口条件），实现毗邻地块的互联互通、共处共生<br>宜通过设置空中步道、人行天桥、风雨连廊或地下通道等方式，保证慢行系统的连续性，实现与周边地块、相邻建筑以及就近交通站点之间的顺畅连接 | 《深圳市重点区域建设工程设计导则（征求意见稿）》第 6.1.12 条 |
| 应急避难 | 公共空间应考虑应急避难的需求 | 《深圳市城市规划标准与准则》第 8.3.6.5 条 |

## 1.2 城市绿地

城市绿地的定义 表 1.2.1

| 名 称 | 一 般 定 义 | 规 范 依 据 |
|---|---|---|
| 城市绿地 | 以一定的覆土深度上的植被为主要存在形态，用于改善城市形态、保护环境，为居民提供游憩场地和绿化，具有一定占地规模，绿化占地比例一般不小于 65% 的绿化空间 | 《深圳市重点区域建设工程设计导则（征求意见稿）》第 6.1.2 条 |

城市绿地的类别 表 1.2.2

| 类 别 | | 技 术 要 求 | | 规 范 依 据 |
|---|---|---|---|---|
| 城市公园 | 综合公园 | 主要是为城市整体服务，面向公众，以游憩文娱为主要功能，兼顾应急避难功能 | 规模较大，内容丰富，有相应设施，适合公众开展各类户外活动的绿地 | 《深圳市重点区域建设工程设计导则（征求意见稿）》第 6.2.2 条《城市绿地分类标准》CJJ/T 85—2017 表 2.0.4-1 |
| | 专类公园 | | 具有特定内容或形式，有一定文娱游憩设施的绿地 | |
| 社区公园 | 集中绿地 | 为临近社区居民提供户外休憩、运动和观赏等活动空间的连续性开放式绿地 | | 《深圳市重点区域建设工程设计导则（征求意见稿）》第 6.2.3 条《城市绿地分类标准》CJJ/T 85—2017 表 2.0.4-1 |
| | 带状绿地 | 用地独立，具有基本的文娱游憩和服务设施，主要为临近社区居民就近开展日常休闲活动服务的绿地 | | |
| 防护绿地 | 道路缓冲带 | 用地独立，具有卫生、隔离、安全、生态防护功能，游人不宜进入的绿地 | 指在高速路、快速路、城市主干道两侧营建的，以保护路基、防止水土流失、隔离噪声为主要目的，兼顾卫生隔离和美化城市的绿带，具有隔声防噪、缓解道路污染功能，以及降温保湿，缓解城市热岛效应，减弱台风侵袭等功能 | 《前海深港现代服务业合作区景观设计导则》2.5 第四十七条 A《城市绿地分类标准》CJJ/T 85—2017 表 2.0.4-1 |
| | 卫生隔离缓冲带 | | 建设在工业企业与城市其他区域之间，前海区主要在污水厂和热电厂周围设置 | 《前海深港现代服务业合作区景观设计导则》2.5 第四十七条 B |
| 附属绿地 | | 城市建设用地中绿地之外各类用地中的附属用地不再重复参与城市建设用地平衡 | | 《深圳市绿地系统规划（2004-2020）》第二章第二十七条《城市绿地分类标准》CJJ/T 85—2017 表 2.0.4-1 |
| 复合开发绿地 | 复合型城市走廊 | 指利用建筑地上二层及以上或者地下空间结合景观形成连续性的空中连廊式下沉下穿空间 | | 《前海深港现代服务业合作区景观设计导则》- 近期实施开放空间设计导则 -02 开发单元 2.2 B |
| | 复合型独立开放空间 | 城市复合花园 | 指位于大型市政及公共建筑屋顶之上、提供开敞景观和多种活动的场地，其目的是充分利用城市垂直空间，以补充水平地面上的绿化 | 《前海深港现代服务业合作区景观设计导则》- 近期实施开放空间设计导则 -02 开发单元 2.3 B |
| | | 城市阳台 | 指利用建筑地上二层及以上或者地下空间结合景观形成的复合空间，主要用于为建筑使用者提供休闲场所，同时作为地面的补充，也可以作为高层建筑的临时消防避难场所 | |
| 跨街公园 | | 是利用道路上部空间建立起来的景观公园，主要用于实现城市空间与滨海、滨水自然空间的无缝衔接。其要求：1. 起坡部分应设计为覆土地景建筑，宜采用坡度小于 25% 的生态坡道，或坡度小于 30% 的生态景观台阶形式 2. 上跨道路红线上空的构筑物宜设计采光孔，采光孔水平投影面积宜为上跨部分总投影面积的 20%～40% 3. 上跨道路红线部分的构筑物距地面净空高度不应少于 5m，覆土层厚度不宜少于 1.5m 4. 绿化覆盖率不宜小于 30% | | 《深圳市重点区域建设工程设计导则（征求意见稿）》第 6.2.5 条 |
| 生产绿地 | | 指为城市绿化提供苗木、花草、种子的苗圃、花圃、草圃等圃地 | | 《深圳市绿地系统规划（2004-2020）》第二章第 25 条 |

3

城市绿地的技术要求 表 1.2.3

| 类别 | | 技术要求 | 规范依据 |
|---|---|---|---|
| 城市公园 | | 新建城市公园占地面积 10 万 m² 以下的、绿地率不低于 70%；占地面积 10 万 m² 以上的绿地率不低于 75%；园路与铺装场地占总面积 5%～15%，管理建筑用地＜0.4%，园林建筑、服务建筑用地占 0.4%～2% | 《深圳市绿地系统和规划修编（2014-2020）》第三章第 15 条第 2 点《前海深港现代服务业合作区景观设计导则 第一分册 开放空间设计导则》2.1 第一条 |
| 社区公园 | | 社区公园应满足应急避难场所要求。带状绿地宽度不宜小于 8m 绿地率要求不低于 65% | 《深圳市重点区域建设工程设计导则（征求意见稿）》第 6.2.3 条《深圳市绿地系统规划修编（2014-2030）》第三章第 15 条 |
| 防护绿地 | 道路缓冲带 | 绿地率＞90% 铁路及城铁沿线两侧的防护绿化带每侧不得少于 50m。城市快速干道两侧的绿化防护隔离带宽度为 20～40m。城市干道红线宽度 26m 以下的，两侧绿化防护隔离带宽度为 2～5m；道路红线宽度 26～60m 的，两侧各 5～10m；道路红线宽度 60m 以上的，两侧各不少于 10m 在城市外围高速公路的两侧进行防护绿地的建设，以防止噪声和汽车尾气污染。高速公路每侧控制 50～200m 宽的防护绿带 | 《前海深港现代服务业合作区景观设计导则》2.5 第四十七条 A《珠海市城市绿地系统规划（2016-2020）》第六章第四十九条 |
| | 卫生隔离缓冲带 | 根据工业企业污染物特点等情况进行设计，污水厂和热电厂周围设置宽度不宜小于 30m 的缓冲绿带，产生有害气体、粉尘及噪声污染的工厂应设立不少于 30m 的缓冲；自来水厂周围的缓冲带宽度不宜小于 10m 穿过城市用地的高压走廊下设置安全隔离绿化带，按照国家规定的行业标准建设高压走廊隔离绿化带。即：110kV 高压走廊宽度，经过生活区宽度不少于 30m，经过工业区宽度不少于 24m；220kV 高压走廊宽度，经过生活区宽度不少于 50m，经过工业区宽度不少于 36m；550kV 高压走廊宽度不少于 50m | 《前海深港现代服务业合作区景观设计导则》2.5 第四十七条 B《珠海市城市绿地系统规划（2016-2020）》第六章第四十九条 |
| 附属绿地 | | 住宅区（小区、组团）地面停车场应使用植草砖进行绿化，该部分区域不能作为小区绿地计入绿化覆盖率和绿地率中 道路附属绿地是城市道路的组成部分，道路红线宽度大于 50m 的道路，其绿地率不得少于 30%；红线宽度小于 40m 的道路，其绿地率不得少于 20% | 《深圳市绿地系统规划（2004-2020）》第二章第二十七条《珠海市城市绿地系统规划（2016-2020）》第六章第五十三条 |
| 复合开发绿地 | 复合型城市走廊 | 1. 尺度规模 廊道最少净宽控制为 40m，滨海地带局部放宽为 50m 以上；保证其连续贯通及视线的通透；建筑物地面首层作公共开放空间时，净高 ≥5.4m，进深 ≥8.0m。建筑物沿街地面首层开辟骑楼时，骑楼净高 ≥3.6m，步行通道最窄处净宽 ≥3.0m，骑楼地面应与人行道地面相平 | 《前海深港现代服务业合作区景观设计导则》- 近期实施开放空间设计导则 -02 开发单元 2.2 第 12 条、第 13 条、第 15 条、第 17 条 |

| 类别 | | | 技术要求 | | 规范依据 |
|---|---|---|---|---|---|
| 复合开发绿地 | 复合型城市走廊 | | 2. 园路及慢行系统<br>（1）地下步行道：公共空间内应设置一条净宽不小于 10m、连续的半地下步行街道，其上空除宽度不超过 2.1m 的必要步行通道外，不得出现连续盖板，以形成洒满阳光的半地下空间<br>（2）地面步行道：两侧沿裙房界面应各设置一条净宽 4m 的辅助性地面步行通道<br>（3）地面、地下、空中三层步行体系之间应通过坡道、楼梯、电梯等与公共场地及商业服务设施进行立体无缝衔接<br>3. 竖向设计<br>（1）退台式廊道空间，地下层纵剖面净宽 ≥10m，地面层纵剖面 ≥40m，二层纵剖面净宽 ≥50m<br>（2）退台垂直连接部分宜采用坡度 <25% 的生态坡道或是坡度 <30% 的生态景观造型踏步形式<br>4. 种植设计<br>（1）地面公园及跨街公园绿地面积不得小于公园总面积的 50%，公共性立体复合开发绿地的绿地面积不得小于该地块总面积的 50%，裙房屋顶绿地面积不得小于屋顶面积的 50%，退台绿地面积不得小于其总面积的 20%<br>（2）乡土树种比例控制在 50% 以上。乔木种植区域平均覆土不少于 1.5m，复合广场绿地植物配置宜疏朗通透，树木枝下净空应大于 2.2m<br>（3）鼓励屋顶、墙面及退台绿化<br>5. 绿地面积折算按立体花园的覆土深度进行，覆土厚度达到 1.5m 以上的，按 0.8 系数进行计算；覆土厚度 1.0～1.5m 的，系数 0.6；覆土厚度 0.5～1.0m 的，系数 0.5，覆土厚度 0.5m 以下的，系数 0.3 | | 《深圳市绿地系统规划修编（2014-2030）》第三章第 15 条 |
| | 复合型独立开放空间 | 城市复合花园 | 尺度规模：在不影响原有交通、市政功能的前提下，视具体情况而定，但需保证人活动的最低空间要求 | 1. 竖向设计<br>（1）建筑首层架空作公共开放空间时净高不应小于 5.4m，进深不应小于 8.0m<br>（2）建筑物沿街地面首层开辟骑楼时，骑楼净高 ≥3.6m，步行通道最窄处净宽 ≥3.0m，骑楼地面应与人行道地面相平<br>（3）退台垂直连接部分宜采用坡度 <25% 的生态坡道或是坡度 <30% 的生态景观台阶形式<br>（4）地下空间部分应具有良好的采光和通风条件，通过阶梯式绿化或无障碍坡道与地面空间衔接<br>2. 天桥：建设应符合相应的设计标准及规范，距离地面净高 ≥5m，连廊自身高度及宽度 ≤5m，连廊之间间距必须 ≥50m | 《前海深港现代服务业合作区景观设计导则》- 近期实施开放空间设计导则 -02 开发单元第 24 条、第 26 条、第 28 条 |
| | | 城市阳台 | 尺度规模：宽度控制 40m，主要以地面空间为主，要求地面空间面积占总面积比例 ≥60%，二层空间面积比例 ≤30% | | |

续表

| 类　别 | | | 技　术　要　求 | 规　范　依　据 |
|---|---|---|---|---|
| 复合开发绿地 | 复合型独立开放空间 | 城市阳台 | 尺度规模：宽度控制40m，主要以地面空间为主，要求地面空间面积占总面积比例≥60%，二层空间面积比例≤30% | 《深圳市绿地系统规划修编（2014-2030）》第三章第15条 |
| | | | 3. 慢行系统<br>（1）裙房退台应以二层连廊相连，形成连续贯通的空中步行体系，退台部分应保证≥3m宽的连续步行空间及≥3m宽的停留休憩区。根据建筑设计需要，可局部取消其中单侧退台，但取消部分长度不得大于裙房总长度的50%，且此时应保证另一侧退台的连续贯通<br>（2）地下步行道：公共空间内应设置一条净宽≥6m连续半地下步行街道，其上空除步行通道外，不得出现连续盖板<br>（3）地面步行道：两侧沿裙房界面应各设置一条东西向净宽4m的辅助性地面步行通道<br>（4）地面、地下、空中三层步行体系之间应通过坡道、楼梯、电梯等与公共场地及商业服务设施进行立体无缝衔接<br>4. 绿化设计<br>（1）复合花园以简洁式的配置方式为主，地面层绿化覆盖率＞65%；复合部分绿容率＞0.7，乡土树种大于50%<br>（2）绿化种植总面积应占屋顶总面积50%以上，绿容率＞0.7<br>5. 绿地面积折算按立体花园的覆土深度进行。覆土厚度达到1.5m以上的，按0.8系数进行计算；覆土厚度1.0～1.5m的，系数为0.6；覆土厚度0.5～1.0m的，系数0.5；覆土厚度0.5m以下的，系数为0.3 | |
| | | 跨街公园 | 起坡部分应设计为覆土地景建筑，宜采用坡度小于25%的生态坡道，或坡度小于30%的生态景观台阶形式<br>上跨道路红线上空的构筑物宜设计采光口，采光口水平投影面积宜为上跨部分总投影面积的20%～40%<br>上跨道路红线部分的构筑物距地面净空高度不应少于5m，覆土层厚度不宜小于1.5m；其自身包含覆土层的平均厚度不应超过8m，内部使用空间不得超过一层，局部节点结构厚度可特例特批，但应保证该节点下方净空高度≥4.5m；非上跨道路红线部分，其地面公园所占部分总面积比例≥30%<br>绿化覆盖率不宜小于30%<br>绿地面积折算按立体花园的覆土深度进行折算。覆土厚度达到1.5m以上的，按0.8系数进行计算；覆土厚度1.0～1.5m的，系数0.6；覆土厚度0.5～1.0m的，系数0.5；覆土厚度0.5m以下的，系数0.3 | 《深圳市重点区域建设工程设计导则（征求意见稿）》第6.2.5条<br>《前海深港现代服务业合作区景观设计导则》-近期实施开放空间设计导则-02开发单元第83条<br>《深圳市绿地系统规划修编（2014-2030）》第三章第15条 |
| | | 生产绿地 | 生产绿地不应低于城市建设总用地的2%，同时结合深圳市的具体情况，大力发展和开辟市郊苗木供应基地，采取市内外结合、政府和市场培育相结合的方式，为市区绿地储苗。市属苗圃应以大树、大苗为主，苗圃、花圃、草圃可在特区外建设 | 《深圳市绿地系统规划（2004-2020）》第二章第25条 |

# 1.3　城市广场

**城市广场的定义**　　　　　　　　　　　　　　　　表 1.3.1

| 名　称 | 定　义 | 规 范 依 据 |
|---|---|---|
| 城市广场 | 以游憩、纪念、集会和避险等功能为主的城市公共活动场地 | 《深圳市重点区域建设工程设计导则（征求意见稿）》第 6.3.1 条 |
| | 以硬质铺装为主的开敞公共空间；宜安排在交通便捷的地段，结合公共空间、服务设施、自行车和步行交通系统等布局 | 《前海深港现代服务业合作区景观设计导则》- 近期实施开放空间设计导则 -02 开发单元 2.3A |

**城市广场的类别**　　　　　　　　　　　　　　　　表 1.3.2

| 类　别 | | 规 范 依 据 |
|---|---|---|
| 集聚广场 | 主题广场 | 《深圳市重点区域建设工程设计导则（征求意见稿）》第 6.3 条《前海深港现代服务业合作区景观设计导则》- 近期实施开放空间设计导则 -02 开发单元 2.3 第 24 条 |
| | 纪念性广场 | |
| | 生活广场 | |
| | 文化广场 | |
| | 游憩广场 | |
| 交通广场 | | |
| 商业广场 | | |

**城市广场的技术要求**　　　　　　　　　　　　　　表 1.3.3

| 类　别 | 技 术 要 求 | 规 范 依 据 |
|---|---|---|
| 选址要求 | 宜安排在交通便捷的地段结合公共设施、交通设施、慢行系统和城市景观等统筹布局 | 《深圳市重点区域建设工程设计导则（征求意见稿）》第 6.3.2 条 |
| 围合要求 | 城市广场宜利用房屋建筑进行围合，围合率宜控制在广场公共空间周长的 50% 以上，最大开口不宜超过周长的 25%公共空间的设计应遵循开放可达的原则，为社区居民（含小区外的居民）的使用提供便利，其宽深比、深宽比均不得大于 4（自然景观地带沿线设置的带型公共空间，其宽深比可不受该限制） | 《深圳市重点区域建设工程设计导则（征求意见稿）》第 6.3.3 条《深圳市建筑设计规则》第 4.6.1.1 条 |
| 周边的建筑底层业态 | 公共空间周边的建筑底层宜用于商业、文化或娱乐等 | |
| 周边建筑朝向 | 重要的城市广场周边裙房的正立面应朝向公共空间 | 《深圳市重点区域建设工程设计导则（征求意见稿）》第 6.3.4 条 |
| 地面交通 | 禁止设置机动车入口，可适当设置落客区和地面停车 | |
| 周边实墙界面 | 周边裙房的连续实墙界面宽度不宜大于 20m | |
| 屋顶花园 | 两侧的商业性裙房宜设置公共性屋顶花园并朝向地面公共空间 | |
| 遮阳和休憩设施 | 城市广场应结合绿化等设施，配置可供遮阳和休憩的设施 | 《深圳市重点区域建设工程设计导则（征求意见稿）》第 6.3.5 条 |

| 类　别 | 技术要求 | 规范依据 |
|---|---|---|
| 绿化覆盖率 | 城市广场绿化覆盖率不宜小于 30% | 《深圳市重点区域建设工程设计导则（征求意见稿）》第 6.3.6 条 |
| 广场绿化 | 公共活动广场周边宜种植高大乔木。绿地不应小于广场总面积的 25%，并宜设计成开放式绿地，植物配置宜疏朗通透 | 《城市道路绿化规划与设计规范》CJJ 75—97 第 5.2.2 条 |
| | 车站、码头、机场的集散广场绿化应选择具有地方特色的树种。绿地不应小于广场总面积的 10% | 《城市道路绿化规划与设计规范》CJJ 75—97 第 5.2.3 条 |
| 广场竖向 | 广场竖向规划除满足自身功能要求外，尚应与相邻道路和建筑物相协调；广场规划坡度宜为 0.3% ～ 3%；地形困难时，可建成阶梯式广场 | 《城市用地竖向规划规范》CJJ 83—2016 第 5.0.3 条 |

# 1.4　城市慢行空间

**城市慢行空间的定义**　　　　　　　　　　　　　　　　　表 1.4.1

| 名　称 | 一　般　定　义 | 规范依据 |
|---|---|---|
| 城市慢行空间 | 主要指步行街以及与城市各级车行道路并行或交叉的人行工程设施。后者主要包括人行道、人行天桥、人行地道、自行车道和公交站点等 | 《深圳市重点区域建设工程设计导则（征求意见稿）》第 6.4.1 条 |

**城市慢（步）行空间的技术要求**　　　　　　　　　　　　　表 1.4.2

| 类　别 | 技术要求 | 规范依据 |
|---|---|---|
| 遵循原则 | 遵循"安全、公正、高效、包容、宜人"原则<br>保障场所 / 设施设置的系统性、连贯性、开放性、友好性和安全性 | 《深圳市重点区域建设工程设计导则（征求意见稿）》第 6.4.2 条<br>《深圳市城市规划标准与准则》第 8.3.4.1 条 |
| 以公交为核心 | 应以公共交通设施为核心进行统筹布局 | 《深圳市重点区域建设工程设计导则（征求意见稿）》第 6.4.2 条<br>《深圳市城市规划标准与准则》第 8.3.4.1 条 |
| 步行衔接设施 | 在轨道站出入口、公交站场、人行天桥、地下通道、建筑主要出入口等主要人流节点之间应建立便捷的、有遮阳避雨设施的步行衔接设施<br>鼓励人行天桥或地下通道的起点和终点与周边建筑进行连通 | 《深圳市城市规划标准与准则》第 8.3.4.2 条 |
| 无障碍设计要求 | 所有步行设施都应符合无障碍设计要求<br>步行区内应设置盲道，兼顾轮椅、婴儿车的使用<br>道路交叉口路缘石应作无障碍放坡处理 | 《深圳市城市规划标准与准则》第 8.3.4.3 条 |

| 类　别 | 技 术 要 求 | 规 范 依 据 |
|---|---|---|
| 遮蔽设施 | 在人流量大的步行路径上，当步行路径距离临街建筑较远时，宜通过绿化、风雨廊实现对主要步行区域及其建筑主要出入口联系路径的遮蔽，遮蔽设施宽度不宜小于3m<br><br>当步行路径紧贴临街建筑物时，宜通过建筑挑檐、骑楼、内部公共通道等设施提供遮蔽。遮蔽设施净宽不宜小于3m，净高不宜小于3.6m<br><br>当遮蔽设施净高大于5m时，应在3.6m净高以上部分设置垂直遮挡设施，并在适宜高度进行二次水平遮挡 | 《深圳市城市规划标准与准则》第8.3.4.4条 |
| 休息设施 | 在步行路径上，宜每隔100m设置供行人休息的设施 | |

**步行街的技术要求**　　　　　　　　　　　　　　　　　　表 1.4.3

| 类　别 | 技 术 要 求 | 规 范 依 据 |
|---|---|---|
| 位置 | 在商业活动密集区或文化旅游互动区 | 《深圳市重点区域建设工程设计导则（征求意见稿）》第6.4.3条 |
| 宽度要求 | 不应小于4m | |
| 安全要求 | 步行街区域及其周边100m范围内，应设置机动车减速带和警示标志 | |
| 空间要求 | 步行街两侧建筑在高度24m以下部分宜形成连续街面<br>连续街面长度超过100m时应断开，或在底层设置净宽不小于6m、净高不小于6m的通风走廊 | 《深圳市重点区域建设工程设计导则（征求意见稿）》第6.4.4条 |
| 形式要求 | 步行街设计应体现地域特色、气候特征和时代风貌 | 《深圳市重点区域建设工程设计导则（征求意见稿）》第6.4.5条 |
| 重点区域 | 重点区域应构建彰显不同片区风貌特色的开放街区结构，创建立体化、便捷化、美观化的公共空间网络系统，建设集生态、生活、生产于一体的高品质公共空间 | 《深圳市重点区域建设工程设计导则（征求意见稿）》第6.1.3条 |

**人行道的技术要求**　　　　　　　　　　　　　　　　　　表 1.4.4

| 类　别 | 技 术 要 求 | 规 范 依 据 |
|---|---|---|
| 位置 | 各级城市道路两侧应设置不中断的人行道 | 《深圳市重点区域建设工程设计导则（征求意见稿）》第6.4.6条 |
| | 学校、医院、老年人建筑和大型公共建筑等通往附近地铁站出入口、公交站点或的士站点，应设置人行道且宜具备足够长度的雨棚、风雨连廊或绿廊等遮雨防晒设施，实现全天候出行条件 | 《深圳市重点区域建设工程设计导则（征求意见稿）》第6.4.7条 |
| 防护措施 | 人行道边缘宜设置绿化带、栏杆或隔墙等物理分隔及隔声设施 | 《深圳市重点区域建设工程设计导则（征求意见稿）》第6.4.8条 |
| 通行安全 | 在行人通行范围内不得有任何障碍物 | |
| 无障碍要求 | 应满足无障碍设计要求，兼顾残障人轮椅和婴儿车使用 | |
| | 人行道内盲道设置应连续、顺畅。盲道及其两侧0.25m步行道空间内不得有任何障碍物 | |
| 与沿街建筑的连通性 | 步行设施应系统规划，并与城市用地规划相结合，原则上人行道与沿街建筑间不应设置封闭的绿化带或其他隔离设施 | 《深圳市城市规划标准与准则》第6.2.6.2条 |
| 人行道宽度 | 道路人行道宽度应根据行人流量、流向和市政管线敷设要求确定，并不宜小于3m | 《深圳市城市规划标准与准则》第6.2.6.6条 |

**自行车道的技术要求**　　　　　　　　　　　　　　　　　　　　表 1.4.5

| 类别 | 技 术 要 求 | 标 准 依 据 |
|---|---|---|
| 位置 | 各级城市道路两侧宜设置贯通的自行车道 | 《深圳市重点区域建设工程设计导则（征求意见稿）》第 6.4.6 条 |
| | 自行车道宜独立设置，尽量避免与人行道共建；若与人行道并建时，宜设置在人行道与机动车道之间 | 《深圳市城市规划标准与准则》第 6.2.9.2 条 |
| 宽度 | 独立自行车道宽度宜按单向单车道 1.5m、单向双车道为 2m 或 2.5m、双向车道不低于 2.5m 设置 | 《深圳市重点区域建设工程设计导则（征求意见稿）》第 6.4.10 条 |
| 安全 | 自行车道 2.5m 净高内不应有障碍物<br>尽量避免与高等级道路交叉 | |
| 长度 | 应满足骑行视距要求，一般不宜低于 25m<br>最短不应低于 15m | |
| 纵坡坡度 | 不宜大于 3% | |
| 变坡道 | 路段及路口设计中均应考虑设置自行车变坡道，变坡道正面宽度不应小于 1.2m，正面和侧面的坡度应小于 1∶12 | |
| 标志和标线 | 应设置必要的标志和标线，其位置、形状、内容等方面应保持系统性、连续性和统一性 | |
| 路面铺装 | 自行车道路面铺装应采用柔性材料，且满足平整、防滑、耐磨和美观等要求 | |
| 衔接性 | 应充分考虑与轨道交通、道路交通及静态交通的有效衔接 | |
| 绿化遮蔽 | 自行车道的主要线路上应通过绿化实现遮蔽 | 《深圳市城市规划标准与准则》第 8.3.5.3 条 |

**自行车停车场的技术要求**　　　　　　　　　　　　　　　　　　表 1.4.6

| 类别 | 技 术 要 求 | 标 准 依 据 |
|---|---|---|
| 位置 | 自行车停放处应设于车行道、自行车道和人行道以外的地方，以避免阻塞车辆、行人及自行车交通，自行车停放处距离目的地不宜超过 70m | 《深圳市城市规划标准与准则》第 6.2.10.3 条 |
| | 医院、轨道车站、交通枢纽和公交首末站等各出入口半径 70m 范围内，应设置自行车停车场（点） | 《深圳市重点区域建设工程设计导则（征求意见稿）》第 6.4.11 条 |
| 面积 | 占地面积不宜小于 20m² | |
| 形式 | 应充分利用行道树设施带、自行车道隔离带、人行天桥或立交桥下部空间等场所，设置自行车停车设施 | |
| 设施 | 自行车停放处宜有车辆遮雨措施，并提供方便锁车和存车支架等设施 | |
| 标识 | 应有清晰的停车场标识 | |

**林阴道的技术要求**　　　　　　　　　　　　　　　　　　　　　表 1.4.7

| 类别 | 技 术 要 求 | 标 准 依 据 |
|---|---|---|
| 应用 | 人行道和自行车道宜设置林荫道或设施遮阴 | 《深圳市重点区域建设工程设计导则（征求意见稿）》第 6.4.12 条 |
| 遮阴率 | 林荫道遮阴率不宜小于 80% | |
| 形式 | 遮阴设施应符合审美要求<br>可独立设置或结合建筑骑楼、挑檐设置，且与邻近建（构）筑物协调统一 | |

**公交站台的技术要求**                                                          表 1.4.8

| 类　别 | 技　术　要　求 | 标　准　依　据 |
|---|---|---|
| 通行宽度 | 站台有效通行宽度不应小于 1.50m | 《深圳市重点区域建设工程设计导则（征求意见稿）》第 6.4.13 条 |
| 无障碍要求 | 在车道之间的分隔带设公交车站时，应方便乘轮椅者使用；盲道与盲文信息的设置，应符合现行《无障碍设计规范》GB 50763 有关规定 | |
| 遮阳挡雨 | 公交首末站或综合车站与对外交通设施间的连接段需具备遮阳挡雨的功能 | 《深圳市城市规划标准与准则》第 6.1.7.3 条 |

**城市慢行功能衔接空间的设计要求**                                            表 1.4.9

| 类　别 | | 技　术　要　求 | 标　准　依　据 |
|---|---|---|---|
| 平面交叉口空间 | 人行过街街道 | 人行过街横道应设置在车辆驾驶员容易看清的位置，应与车行道垂直，应平行于路段缘石的延长线，并应后退 1～2m。在右转车辆容易与行人发生冲突的交叉口，后退距离宜加大到 3～4m<br><br>交叉口设有右转渠化岛时，人行横道的设置应结合右转渠化岛进行布置<br><br>交叉口范围内的人行过街横道宽度不宜小于路段上的人行道宽度。人行过街横道的宽度应根据过街行人数量、人行过街横道通行能力、人行信号时间等确定，从主干路顺延的人行过街横道宽度应不小于 5m；从其他等级道路顺延的人行过街横道宽度应不小于 3m，以 1m 为单位增减<br><br>主干路和次干路上过街设施的间距宜为 250～300m | 《深圳市福田区街道设计导则（送审稿）》第 6.2.1.1 条《深圳市城市设计标准与准则》（2017 局部修订稿）第 6.2.6.4 条 |
| | 自行车过街街道 | 自行车过街横道设置一般宜与行人过街横道相结合，并在交叉口范围内将行人与自行车过街横道通过标线分离<br><br>交叉口范围内的自行车过街横道宽度不宜小于路段上的自行车道宽度。人行横道的宽度应根据过街自行车数量、自行车过街横道通行能力、自行车信号时间等确定，自行车过街横道宽度应不小于 2m，以 0.5m 为单位增减 | 《深圳市福田区街道设计导则（送审稿）》第 6.2.1.2 条 |
| | 二次过街安全岛 | 1. 信号控制的行人和自行车过街横道，当穿越机动车道数（双向）大于 4 或过街横道长度大于 16m（不包括自行车道）时，应在道路中央设置二次过街安全岛，过街安全岛的宽度不应小于 2m，困难情况下不应小于 1.5m，有效通行长度不应小于行人和自行车过街横道宽度<br><br>2. 无信号控制的行人和自行车过街横道，当穿越机动车道数（双向）大于 2 时，宜在道路中央设置行人二次过街安全岛。行人过街安全岛的宽度不应小于 1.5m，有效通行长度不应小于行人和自行车过街横道宽度<br><br>3. 有中央分隔带的道路，可利用中央分隔带设置二次过街安全岛；无中央分隔带的道路，可根据下列情况采取相应的措施增设二次过街安全岛：<br>（1）有转角交通岛的交叉口，可减窄交通岛 0.75～1m 设置二次过街安全岛；<br>（2）无转角交通岛的交叉口，可利用转角曲线范围内的扩展空间设置二次过街安全岛；<br>（3）当人行横道设在直线段范围内时，可减窄进口车道的宽度设置二次过街安全岛；<br>（4）二次过街安全岛行人和自行车同行区域宜与机动车同平面，减少过街高差障碍 | 《深圳市福田区街道设计导则（送审稿）》第 6.2.1.3 条 |

续表

| 类 别 | | 技 术 要 求 | 标 准 依 据 |
|---|---|---|---|
| 平面交叉口空间 | 右转渠化岛 | 面积不宜小于20m²<br>安全岛行人和自行车通行区域宜与机动车同平面,减少过街高差障碍 | 《深圳市福田区街道设计导则(送审稿)》第6.2.1.4条 |
| | 自行车慢行区 | 自行车慢行区的宽度不小于自行车道的宽度,其长度不小于人行横道与自行车横道的宽度之和<br>自行车慢行区应采用有别于路段自行车道的铺装或标线,起到警示作用<br>自行车慢行区两端应设置自行车道柔性防撞杆,将自行车进出口道宽度缩窄至1.0m | 《深圳市福田区街道设计导则(送审稿)》第6.2.1.5条 |
| 立体过街设施空间 | 人行设施 | 应根据过街行人和机动车流量合理设置<br>应与公交车站、居住社区、公共管理与公共服务设施等行人流量较大节点接驳<br>应满足市政工程建设标准和无障碍设计要求 | 《深圳市重点区域建设工程设计导则(征求意见稿)》第6.4.9条 |
| | 出入口设置 | 立体过街设施的出入口设置于道路内侧时,原有人行道、自行车道空间宜相应拓宽,保障不小于路段人行道、自行车宽度<br>立体过街设施出入口处应预留人流集散空间 | 《深圳市福田区街道设计导则(送审稿)》第6.2.3.1条 |
| | 自行车推行坡道 | 立体过街设施应设置自行车推行坡道。沿梯道中部设置的自行车推行坡道,其宽度宜不小于60cm;自行车推行坡道沿梯道两边设置时,自行车推道上宜设直径5～10cm的半圆形凹槽,以方便自行车推行,凹槽与两侧的栏杆或其他障碍物的距离不应小于0.4m | 《深圳市福田区街道设计导则(送审稿)》第6.2.3.2条 |
| 公交车停靠站空间 | 公交停靠站空间与步行和自行车通道的协调 | 一般情况下,设置公交停靠站后,步行和自行车宽度不宜降低。空间有限情况下,设置公交停靠站后,步行和自行车宽度之和不应低于2m | 《深圳市福田区街道设计导则(送审稿)》第6.2.4.2条 |
| | 公交乘客进出站与自行车骑行组织的协调 | 当街道上设有自行车道时,应处理好公交乘客进出站与自行车交通流的关系。公交站台处的自行车道应设置为自行车慢行区,采用特殊铺装和缩窄措施,警示自行车骑行减速,避免自行车骑行与公交乘客进出站产生冲突 | 《深圳市福田区街道设计导则(送审稿)》第6.2.4.3条 |
| 地铁出入口空间 | 地铁出入口设置位置 | 地铁出入口设置于道路内侧时,原有人行道、自行车道空间宜相应拓宽,保障其宽度不小于路段人行道、自行车道宽度。改建情况下街道空间无法拓展,设置立地铁出入口后,人行道、自行车道宽度合计不得小于3m<br>地铁出入口处应预留人流集散空间 | 《深圳市福田区街道设计导则(送审稿)》第6.2.5.1条 |

**城市慢行空间公共设施的技术要求** 表 1.4.10

| 类 别 | 技 术 要 求 | 标 准 依 据 |
|---|---|---|
| 公共设施 | 在行人通行带侧边,宜集成布置道路交通标识、指示牌、标识牌、广告牌、护栏、灯柱、垃圾箱、报刊亭、消防栓和地下管线等公共设施,其宽度宜为1.5～2m | 《深圳市重点区域建设工程设计导则(征求意见稿)》第6.4.14条 |
| 绿化带 | 绿化带宜相对集中设置,并应满足海绵城市设计要求 | |
| 照明设施 | 照明设施应与周边环境协调,其眩光及颜色不得对居民、行人和行车形成干扰 | |

| 类　别 | 技　术　要　求 | 标 准 依 据 |
|---|---|---|
| 地面铺装 | 地面铺装应兼顾便于行人、自行车骑行者、视觉障碍者和乘轮椅者的使用<br>铺装材料应防滑、易维护（如抵抗翘曲、抗裂）和环保生态，其铺装应满足稳定、牢固和抗滑的要求<br>尽量采用渗透性好的材料及拼接铺装方式，增强地表径流下渗 | 《深圳市重点区域建设工程设计导则（征求意见稿）》第6.4.14条 |
|  | 人行道地面铺装材料宜选用常用材料与环保材料的结合，并符合防滑安全要求 | 《深圳市城市规划标准与准则》第8.3.3.2条 |
| 交通标志 | 步行交通标志应系统、连续地设置<br>路口、交叉口、公共交通站点等易于寻找及阅读的区域应设置指路标志、指示标志、资讯板及片区地图等 | 《深圳市城市规划标准与准则》第6.2.7.2条 |
| 户外广告 | 户外广告的设置不应影响机动车的行驶安全，并且不得影响自行车行和人的通行<br>广告下端距地面净高不得低于3m | 《深圳市城市规划标准与准则》第8.3.3.6条 |
| 遮阳挡雨 | 医院、机场、口岸、公共交通站点等人流集中区域的步行联系通道应设置遮阳和挡雨棚 | 《深圳市城市规划标准与准则》第6.2.7.4条 |
| 休憩配套 | 重点休憩、集散点宜提供公共空间、座椅及公厕等配套措施 | 《深圳市城市规划标准与准则》第6.2.7.5条 |
| 美观、舒适 | 地标及公众艺术品的设置，应结合步行路线、活动空间及各区地方特色 |  |
|  | 人行道附属设施及市政设施应合理设置，避免妨碍行人通行及引起视觉混乱 | 《深圳市城市规划标准与准则》第6.2.7.6条 |

## 1.5　地块内公共空间

**地块内室外公共空间的定义　　　　　　　　　　　　　　　　　　表 1.5.1**

| 名　称 | 定　义 | 标 准 依 据 |
|---|---|---|
| 地块内室外公共空间 | 建设用地红线内的房屋建筑空间外部（即室外）的公共空间或场地，一般用于慢行、休闲和小型体育运动等 | 《深圳市重点区域建设工程设计导则（征求意见稿）》第6.5.1条 |

**地块内室外公共空间的面积要求　　　　　　　　　　　　　　　　表 1.5.2**

| 类　别 | 技　术　要　求 | 标 准 依 据 |
|---|---|---|
| 占建设用地面积比例 | 占地面积宜为建设用地面积5%～10% | 《深圳市重点区域建设工程设计导则（征求意见稿）》第6.5.2条 |
| 单个面积 | 规划要求占地面积不超过1000m²的公共空间，应集中设置<br>占地面积超过1000m²的公共空间可分设，但每个公共空间占地面积不得小于500m² | 《深圳市重点区域建设工程设计导则（征求意见稿）》第6.5.3条 |
| 退线部分占比 | 利用建筑退线部分设置的公共空间，其计入面积不宜超过公共空间总面积的30%（《建设用地规划许可证》中允许贴红线建设的项目除外） | 《深圳市重点区域建设工程设计导则（征求意见稿）》第6.5.4条 |

**地块内室外公共空间的技术要求**                                              表 1.5.3

| 类 别 | 技 术 要 求 | 标 准 依 据 |
|---|---|---|
| 形状比例 | 公共空间的宽深比和深宽比，均不宜大于 4（自然景观地带沿线设置的带型公共空间除外） | 《深圳市重点区域建设工程设计导则（征求意见稿）》第 6.5.5 条 |
| 绿化覆盖率 | 以绿化为主的公共空间，其绿化覆盖率不宜小于 65% | 《深圳市重点区域建设工程设计导则（征求意见稿）》第 6.5.6 条 |
| | 以硬质铺地为主的公共空间，其绿化覆盖率不宜小于 30% | |
| 宜休憩性 | 宜将浓荫高大乔木和休憩设施一体化设置 | 《深圳市重点区域建设工程设计导则（征求意见稿）》第 6.5.7 条 |
| 公共艺术品 | 宜兼顾周边建筑体量和场所尺度，合理确定地块内公共艺术品形式及规模并满足时代审美需求 | 《深圳市重点区域建设工程设计导则（征求意见稿）》第 6.5.8 条 |
| 整体性 | 地块内室外公共空间与周边公共空间之间，应密切通行、景观和风貌等方面的联系，形成有机整体 | 《深圳市重点区域建设工程设计导则（征求意见稿）》第 6.5.9 条 |
| 透水率 | 地块内建筑未覆盖部分应采用透水性材料<br>地块面积大于 5000m²，透水率不宜小于总地块面积的 10%<br>鼓励在地块内设置集中的低势绿地或雨水湿地作为透水区 | 《深圳市城市规划标准与准则》第 8.4.5.1 条 |

**地块内城市公共通道的定义**                                              表 1.5.4

| 名 称 | 定 义 | 标 准 依 据 |
|---|---|---|
| 城市公共通道 | 位于建筑楼层（含首层）内，为改善城市公共交通而设置的 24 小时免费向所有市民开放的公共通道，包括地面人行公共通道、地下人行公共通道和地上人行公共通道（空中步道） | 《深圳市重点区域建设工程设计导则（征求意见稿）》第 6.1.2 条 |
| 风雨连廊 | 作为地面城市公共通道特殊形式之一，风雨连廊是建筑首层或塔楼底层连通各栋（座）间的共用连廊 | 《深圳市重点区域建设工程设计导则（征求意见稿）》第 6.6.10 条 |
| 空中步道 | 设置在二层或以上的步行通道 | 《深圳市重点区域建设工程设计导则（征求意见稿）》第 6.6.11 条 |

**地块内城市公共通道的无障碍技术要求**                                      表 1.5.5

| 类 别 | 技 术 要 求 | 标 准 依 据 |
|---|---|---|
| 无障碍设计 | 地块内城市公共通道应满足无障碍设计要求，其内不宜设置台阶<br>当有高差而确需设置台阶时，应设明显标志，并设置栏杆和轮椅坡道或无障碍电梯等设施 | 《深圳市重点区域建设工程设计导则（征求意见稿）》第 6.6.5 条 |
| 垂直转换设施 | 在重要节点处设置无障碍人行垂直转换设施，连接地上、地面及地下公共空间 | 《深圳市重点区域建设工程设计导则（征求意见稿）》第 6.6.4 条 |

**地块内城市公共通道的技术要求**                                          表 1.5.6

| 类 别 | | 技 术 要 求 | | 标 准 依 据 |
|---|---|---|---|---|
| | | 最小净宽 | 最小净高 | |
| 地下人行公共通道 | 无商业 | 6m | 宜为 3m | 《深圳市重点区域建设工程设计导则（征求意见稿）》第 6.6.4 条 |
| | 单侧商业 | 8m | 宜为 3m | |
| | 双侧商业 | 8m | 宜为 3m | |

| 类　别 | 技 术 要 求 | | 标 准 依 据 |
|---|---|---|---|
| | 最小净宽 | 最小净高 | |
| 地面人行公共通道 | 3.5m | 3.6m | 《深圳市重点区域建设工程设计导则（征求意见稿）》第6.6.4条 |
| 空中步道 | 3.5m | 3.6m | |
| 风雨连廊 | 1.5m | 3.0m | 《深圳市重点区域建设工程设计导则（征求意见稿）》第6.6.10条 |

**地块内城市公共通道面积核增的技术要求**　　　　　　表 1.5.7

| 类　别 | | 技 术 要 求 | | 标 准 依 据 |
|---|---|---|---|---|
| | | 最小净宽 | 最小净高 | |
| 地下城市公共通道 | | 6m | 3m（梁底净高） | 《深圳市建筑设计规则》第3.1.3.1条 |
| 地上城市公共通道 | 车行通道 | 4m | 5m | 《深圳市建筑设计规则》第3.1.2.1条 |
| | 人行通道 | 3.5m | 3.6m（梁底净高） | |
| | 风雨连廊 | 1.5m | 3.0m | 《深圳市建筑设计规则》第3.1.2.7条 |

**地块内地下人行公共通道的技术要求**　　　　　　表 1.5.8

| 类　别 | | | 技 术 要 求 | | | 标 准 依 据 |
|---|---|---|---|---|---|---|
| | | | 最小净宽 | 定　位 | 统一要求 | |
| 骨干通道 | 主要通道 | | 8m | 服务轨道站点间或其与外部空间之间的连通 | 应以公共交通功能为主导，以轨道站点为核心，将轨道站点、公交场站等交通节点与周边主要建筑地下开发空间相连，引导人流快捷抵离 | 《深圳市重点区域建设工程设计导则（征求意见稿）》第6.6.4条、第6.6.6条、第6.6.7条 |
| | 次要通道 | 不带商业 | 6m | 片区地下步行骨架道路的延伸 | | |
| | | 带商业 | 8m | | | |
| 发散通道 | | | 6m | 片区地下步行系统的进一步完善和加密，主要服务于地块地下商业空间的连通成片 | | |

**地面及以上城市公共通道的技术要求**　　　　　　表 1.5.9

| 类　别 | 技 术 要 求 | 标 准 依 据 |
|---|---|---|
| 两侧 | 宜采用通透界面或至少有一侧为通透界面 | 《深圳市重点区域建设工程设计导则（征求意见稿）》第6.6.8条 |
| 顶面 | 宜设置遮阴等全天候通行设施，遮阴率不宜小于80% | 《深圳市重点区域建设工程设计导则（征求意见稿）》第6.6.9条 |

**风雨连廊定义及技术要求**　　　　　　表 1.5.10

| 名称 | 定　义 | 技 术 要 求 | | 标 准 依 据 |
|---|---|---|---|---|
| | | 最小净宽 | 最小梁底净高 | |
| 风雨连廊 | 作为地面城市公共通道特殊形式之一，是建筑首层或塔楼底层连通各栋（座）间的共用连廊 | 不宜小于1.5m | 3.0m | 《深圳市重点区域建设工程设计导则（征求意见稿）》第6.6.10条 |

**地上城市公共通道（空中步道）的技术要求** 表 1.5.11

| 类 别 | | 技 术 要 求 | | 标 准 依 据 |
|---|---|---|---|---|
| 位置 | | 设置在二层或以上 | | 《深圳市重点区域建设工程设计导则（征求意见稿）》第 6.6.11 条 |
| 宽度要求 | | 不宜小于 3.5m；与商业建筑结合的，宜适当增加通道宽度 | | |
| 机电要求 | | 空中步道设置为全封闭连廊的，应配置照明、空调和通风等设施 | | |
| 楼电梯 | | 空中步道设有扶手电梯、楼梯或坡道的，宜设于建筑内部，避免侵占街道步行空间 | | |
| 标识 | | 空中步道节点应设置路线指示牌和信息图等标识 | | |
| 对接 | 先行建设的地块 | 应预留连接口，标注连接口坐标、标高、净宽和净高等参数 | 应保证建筑立面的完整性和公共空间界面的连续性 | |
| | 后续建设的地块 | 应结合已得到批准的先行建设地块建筑设计文件进行设计，实现顺接 | | |
| 下部净高 | 衔接城市绿地等公共空间 | 下部净高不应小于 4.5m | | |
| | 跨越市政道路 | 下部净高不应小于 5m | | |

**地块内架空公共空间的定义** 表 1.5.12

| 名 称 | 定 义 | 标 准 依 据 |
|---|---|---|
| 地块内架空公共空间 | 将建筑若干楼层（整层或局部）架空，并向市民开放的，用于绿化、休闲和通行等活动的公共空间（包括骑楼下方空间）。其梁底净高一般不应小于 3.6m | 《深圳市重点区域建设工程设计导则（征求意见稿）》第 6.7.1 条 |

**地块内架空公共空间的技术要求** 表 1.5.13

| 类 别 | 技 术 要 求 | 标 准 依 据 |
|---|---|---|
| 净高 | 民用建筑和新型产业建筑首层或塔楼底层架空（整层或局部）、其他楼层整层架空的，梁底净高不应小于 3.6m | 《深圳市重点区域建设工程设计导则（征求意见稿）》第 6.7.2 条 |
| 地下室楼层内的架空公共空间 | 当与室外空间直接连通的部分架空时，其梁底净高不小于 3.6m | |
| 面积比例 | 建筑架空层作为公共空间时，其计入面积不宜超过公共空间总面积的 50% | 《深圳市建筑设计规则》第 4.6.1.3 条、第 4.6.1.4 条 |
| 骑楼下方空间 | 指位于骑楼下方，沿街道、城市公共通道或公共绿地的一侧，按城市规划要求设置的公共空间<br>净宽不应小于 2.4m，梁底净高不应小于 3.6m<br>净空范围内应无任何形式的结构连梁或连板、门、窗、招牌和台阶等障碍物<br>与城市步行道并行的，二者地坪标高和铺装标准宜保持协调；临街设置的，其沿街一侧可按需设置结构柱<br>应与裙房退线、底层架空和庭院空间融合设计，并体现岭南地域特色、气候特征和时代风貌，满足使用者需求 | 《深圳市重点区域建设工程设计导则（征求意见稿）》第 6.7.3 条<br>《深圳市建筑设计规则》第 3.1.2.3 条 |
| | 当建筑底层设置连续商业骑楼或挑檐遮蔽空间时，在满足交通要求前提下一级退线可减少至 3m | 《深圳市城市规划标准与准则》第 8.4.1.5 条 |

续表

| 类　别 | 技术要求 | 标准依据 |
|---|---|---|
| 架空绿化面积<br>计算规则 | 覆土厚度1.5m以上，系数0.8<br>覆土厚度1.0～1.5m，系数0.6<br>覆土厚度0.5～1.0m，系数0.5<br>覆土厚度0.5m以下，系数0.3 | 《深圳市重点区域建设工程设计导则（征求意见稿）》第6.7.2条<br>《深圳市城市规划标准与准则》第8.4.4.2条 |
| 改善通风环境 | 高层及超高层居住建筑宜采用底层架空的形式，以改善通风环境，同时增加行人活动空间 | 《深圳市城市规划标准与准则》第8.4.8.5条 |

**住宅、宿舍、公寓式办公建筑首层或塔楼底层以外的其他楼层架空公共空间的技术要求**　　表1.5.14

| 类　别 | 技术要求 | 标准依据 |
|---|---|---|
| 户数 | 每层每个交通单元内的户数不少于6户 | 《深圳市重点区域建设工程设计导则（征求意见稿）》第6.7.2条 |
| 交通单元 | 架空空间在楼层内集中设置，每个交通单元不超过一处，且与公共交通空间直接毗邻 | |
| 架空高度 | 架空高度不少于3个标准层，且架空范围内无水平方向的结构连梁或连板 | |
| 平面尺寸 | 架空空间进深不小于3m、面宽不小于6m，且对外开敞面的边长不小于架空空间水平周长的1/3 | |

**地块内架空公共空间面积核增的最小净宽和最小净高**　　表1.5.15

| 类　别 | 技术要求 | | 标准依据 |
|---|---|---|---|
| | 最小净宽 | 最小净高 | |
| 架空公共空间 | — | 3.6m（梁底净高） | 《深圳市建筑设计规则》第3.1.2.2条 |
| 骑楼下方空间 | 2.4m | 3.6m（梁底净高） | 《深圳市建筑设计规则》第3.1.2.3条 |
| 地下室楼层内与室外空间直接连通的架空公共空间 | — | 3.6m（梁底净高） | 《深圳市建筑设计规则》第3.1.3.3条 |

**参考文献：**

［1］深圳市规划和国土资源委员会主编．深圳市城市规划标准与准则．

［2］深圳市规划和国土资源委员会主编．深圳市建筑设计规则．

［3］深圳市住房和建设局主编．深圳市重点区域建设工程设计导则（征求意见稿）．

［4］深圳市绿地系统规划（2004-2020）．

［5］城市绿地分类标准 CJJ/T 85—2017．

［6］城市道路绿化规划与设计规范 CJJ 75—97．

［7］城市用地竖向规划规范 CJJ 83—2016．

# 2 城市停车设施

## 2.1 城市停车设施概述

### 2.1.1 城市停车设施的类别及特点

城市停车设施的类别及特点 表 2.1.1

| 类　别 | 特　点 |
|---|---|
| 机动车停车场 | 停放机动车的露天场所 |
| 路内停车泊位 | 利用道路一侧或两侧设置的机动车停车泊位 |
| 机动车停车库 | 停放机动车的建筑物或构筑物 |
| 机械式停车库 | 采用机械式停车设备存取、停放机动车的车库 |
| 电动汽车充电设施 | 在停车场、库内配建充电基础设施与预留建设安装条件的车位 |
| 停车换乘设施 | 布置在城市中心区以外，公共交通服务不足的地区，为鼓励个体机动车交通方式向公共交通方式转换而设置的享受停车收费优惠补贴的停车库、场 |
| 非机动车停车库、场 | 供非机动车停放的建、构筑物或露天场所 |

### 2.1.2 城市停车设施的组成和设计内容

城市停车设施的组成和设计内容 表 2.1.2

| 组成部分 | | | 设 计 内 容 | |
|---|---|---|---|---|
| 停车基本设施 | | | 停车位、行车和人行通道、无障碍设施、机械停车设备、电动汽车充电设备 | |
| 建筑设备 | | | 给排水系统、电气系统、智能化系统、通风换气系统 | |
| 建筑安全 | | | 抗震、减振、降噪、防水、防雷电、防雨雪、防淹、防滑、耐磨、防撞 | |
| 建筑防火 | | | 按现行的《汽车库、修车库、停车场设计防火规范》GB 50067 执行 | |
| 景观环境 | | | 自然采光、绿化比例、排放监测、隔声降噪、防止光污染 | |
| 管理设施 | | | 值班室、管理办公室、控制室、防灾中心 | |
| 服务设施 | | | 等候室、卫生间、小型便利店、汽车美容 | |
| 交通工程设施 | 交通管理设施 | 标志 | 附着式标志（多采用） | 单柱、悬臂或门架式标（条件受限时采用） |
| | | 标线 | 区分停车位、行车道、禁行（停）位及场内分区 | |
| | | | 标划和设置停车地面的各种线条、箭头、文字、立面标记、凸起路标与轮廓标 | |
| | | 停车设施智能化系统 | 应与火灾自动报警及消防联动系统联接 | |
| | | | 车位信息系统、自动报警系统 | |
| | | | 智能化停车系统 | 停车诱导系统、反向寻车诱导系统、电子标签系统、远程通信及协助系统、广播系统 |
| | 交通安全设施 | | 运行监控系统 | 出入口控制系统、智能化电子收费系统、车辆及驾驶人高清图像比对系统、车库运行视频监控系统 |
| | | | 护栏、隔离设施、防撞设施、减速设施、防眩光设施 | |

### 2.1.3 城市停车设施设置要求

**城市停车设施设置要求**　　　　　　　　　　　　　表 2.1.3

| 类　　别 | 要　　求 | | 规 范 依 据 |
|---|---|---|---|
| 设置原则 | 集约用地、重视地下空间的开发与利用、实用方便、安全人本、技术先进、经济合理、绿色生态、节能减排、符合城市交通管理要求 | | |
| 需求预测 | 以城市交通发展战略和机动车发展水平为依据，在停车调查的基础上，根据城市用地规划、交通出行特征、交通服务水平及城市交通管理等因素，预测城市停车（位）需求总量及空间分布 | | |
| 停车调查 | 停车设施调查 | 应获取停车场规模和空间分布、停车场形式和停车位规模、路内停车位规模和分布、停车收费管理等信息 | |
| | 停车特征调查 | 应获取停车需求生成率、停车场供给能力、平均停车时间、车位周转率、停车场利用率、停车集中指数等指标 | 《城市停车设施建设指南》第 2.1 条 《城市停车规划规范》GB/T 51149—2016 第 4.1 条、第 4.2 条、第 5.1 条 |
| | 相关资料收集 | 应获取人口和经济社会发展水平、机动车和非机动车保有量、城市道路里程和网络布局，以及建设用地规模、性质和布局等 | |
| | 现状停车位供需关系分析与评价 | 应根据停车特征调查，计算停车特征指标 | |
| | | 定量化评价现状停车供需关系 | |
| | | 分析停车发展面临的问题 | |
| 停车位供给 | 供给总量应在需求预测的基础上确定 | | |
| | 人口规模≥50 万的城市 | 应控制在机动车保有量的 1.1 ～ 1.3 倍 | |
| | 人口规模＜50 万的城市 | 应控制在机动车保有量的 1.1 ～ 1.5 倍 | |
| | 建筑物配建停车位 | 应≥城市机动车停车位供给总量的 85% | |
| | 城市公共停车场提供的停车位 | 可占城市机动车停车位供给总量的 10% ～ 15% | |
| | 路内停车位 | 应≤城市机动车停车位供给总量的 5% | |
| 设施规模 | 依据土地使用性质、容积率等用地指标和城市建筑物配建停车位指标确定 | | |
| | 按停车当量数计算（见表 2.2.2） | | |
| 管理用房、停车辅助设施 | 建筑面积 | 应≤1m²/ 机动车停车位 | |
| | 占地面积 | 应≤城市公共停车场总用地面积的 5% | |
| 服务半径 | 一般宜≤500m，城市中心地区宜≤300m | | |
| 设施尺寸 | 根据停放车辆的设计车型外廓尺寸进行设计（见表 2.2.1） | | |

### 2.1.4 停车设施每当量停车位较经济合理的面积指标

**停车设施每当量停车位较经济合理的面积指标**　　　　　表 2.1.4

| 项　　目 | 指　　标 | 规 范 依 据 |
|---|---|---|
| 地面停车场停车位用地面积 | 25 ～ 30m²/ 当量停车位 | |
| 路内停车泊位用地面积 | 15 ～ 20m²/ 当量停车位 | 《城市停车设施建设指南》第 2.1.6 条 《城市停车规划规范》GB/T 51149—2016 第 5.1.4 条 |
| 室内停车库停车位建筑面积 | 30 ～ 40m²/ 当量停车位 | |
| 机械式停车库停车位建筑面积 | 15 ～ 25m²/ 当量停车位 | |

## 2.2 城市停车设施设计要点

### 2.2.1 设计车型的外廓尺寸取值

| 设计车型的外廓尺寸取值 | | | | 表 2.2.1 |
|---|---|---|---|---|
| 尺寸取值<br>设计车型 | 外廓尺寸取值（m） | | | 规 范 依 据 |
| | 总长 | 总宽 | 总高 | |
| 微型车 | 3.80 | 1.60 | 1.80 | 《车库建筑设计规范》<br>JGJ 100—2015 第 4.1.1<br>条 |
| 小型车 | 4.80 | 1.80 | 2.00 | |
| 轻型车 | 7.00 | 2.25 | 2.75 | |
| 中型车　客车 | 9.00 | 2.50 | 3.20 | |
| 　　　　货车 | 9.00 | 2.50 | 4.00 | |
| 大型车　客车 | 12.00 | 2.50 | 3.50 | |
| 　　　　货车 | 11.50 | 2.50 | 4.00 | |
| 注：专用停车设施可按所停放的机动车外廓尺寸进行设计 | | | | |

### 2.2.2 不同车型的停车当量换算系数

| 不同车型的停车当量换算系数 | | | | | | 表 2.2.2 |
|---|---|---|---|---|---|---|
| 车 型 | 轻型车 | 微型车 | 小型车 | 中型车 | 大型车 | 铰接车 |
| 换算系数 | 0.7 | 1.0 | 1.5 | 2.0 | 2.5 | 3.5 |
| 规范依据 | 《车库建筑设计规范》JGJ 100—2015 第 4.1.2 条，《城市停车设施建设指南》第 2.1.1 条 | | | | | |

### 2.2.3 停车库、场规模划分

| 停车库、场规模划分 | | | | | 表 2.2.3 |
|---|---|---|---|---|---|
| 项 目 | 内 容 | | | | 规 范 依 据 |
| 规模 | 特大型 | 大型 | 中型 | 小型 | 《城市停车设施建设指<br>南》第 2.2.1.1 条 |
| 停车库停车当量数（个） | ＞1000 | 301～1000 | 51～300 | ≤50 | |
| 停车场停车当量数（个） | ＞500 | 301～500 | 51～300 | ≤50 | |

### 2.2.4 停车库、场基地出入口设计要点

| 停车库、场基地出入口设计要点 | | | | 表 2.2.4 |
|---|---|---|---|---|
| 项 目 | 设 计 要 点 | | | 规范依据 |
| 位置 | 应设于城市次干道或支路，不应（不宜）直接与城市快速路（主干道）连接 | | | 《车库建筑设计<br>规范》JGJ 100—2015 第<br>3.1 条、第 3.2 条<br>《民用建筑设计统<br>一标准》GB 50352—<br>2019 第 4.2.1 条、第<br>4.2.4 条、第 5.2.4 条 |
| | 距城市主干道交叉口（道路红线交叉点） | | 应≥70m | |
| | 与人行天桥、地道（含引道引桥）、人行横道线的最近边缘线 | | 应≥5m | |
| | 距地铁出入口、公交站台边缘 | | 应≥15m | |
| | 距公园、学校、儿童、老年人及残疾人使用建筑的出入口最近边缘 | | 应≥20m | |
| 数量 | 基地内建筑面积≤3000m² 时 | 基地道路与城市道路连接口 | ＝1，宽度≥4m | |
| | 基地内建筑面积＞3000m² 时 | | ＝1，宽度≥7m | |
| | | | ≥2，宽度各≥4m | |

续表

| 项 目 | 设 计 要 点 | 规范依据 |
|---|---|---|
| 宽度 | 应≥4m，并应保证出入口与内部通道衔接的顺畅 | |
| 间距 | 应≥15m，且≥两出入口道路转弯半径之和 | |
| 安全设施 | 机动车停车库、场的基地出入口应设置减速安全设施 | |
| 标志 | 当基地内设有停车库、场时，车辆出入口应设置显著标志；标志设置高度不应影响人、车通行 | |
| 缓冲段 | 基地内的汽车库、场，当其坡道出入口直接连接基地外城市道路时，坡道起坡点距离城市道路的缓冲段长应≥7.5m；当与基地道路连接时，缓冲段长度应≥5.5m | 《车库建筑设计规范》JGJ 100—2015 第3.1条、第3.2条《民用建筑设计统一标准》GB 50352—2019 第4.2.1条、第4.2.4条、第5.2.4条 |
| 地面坡度 | 宜≤5%，当＞8%时应设缓坡与城市道路连接 | |
| 候车道 | 需办理出入手续时，应设≥4m×10m（宽×长）的候车道，且不占城市道路 | |
| 通视条件 | 在距出入口边线以内2m处作视点，视点的120°范围内至边线外不应有遮挡视线的障碍物（如下图阴影区域）<br><br>1—建筑基地；2—城市道路；3—车道中心线；<br>4—车道边线；5—视点位置；6—基地机动车出入口；<br>7—基地边线；8—道路红线；9—道路缘石线 | |
| 基地出入口处的机动车道转弯半径 | 宜≥6m，且满足基地各类通行车辆最小转弯半径要求 | |

### 2.2.5 停车库、场总平面设计要点

停车库、场总平面设计要点 表 2.2.5

| 项目 | | 设 计 要 点 | | | 规范依据 |
|---|---|---|---|---|---|
| 交通组织 | | 出入口应进行交通组织设计，避免进出车辆交叉，可采取单行线、右进右出等方式<br>交通流线应周转畅通，且应形成上行、下行连续不断的通路，并应防止上、下行车辆交叉 | | | 《车库建筑设计规范》JGJ 100—2015 第3.2条《城市停车设施建设指南》第2.2.1.3条、第2.2.1.4条 |
| 停车管理 | | 总平面内应有交通标识引导系统和交通安全设施<br>对社会开放的机动车库、场场地内宜根据需要设置停车诱导系统、电子收费系统、广播系统等 | | | |
| 出入口缓冲 | | 车库坡道式出入门与基地内道路连接时宜设缓冲段，缓冲段应从坡道起坡点算起，长度应≥5.5m | | | |
| 总平面车道 | 宽度（m） | 机动车 | 单向行驶≥4 | 双向行驶≥6（小型） | 双向行驶≥7（中、大型） |
| | | 非机动车 | 单向行驶应≥1.5 | | 双向行驶宜≥3.5 |
| | 纵向坡度 | 应≥0.2%，当＞8%时应设缓坡与城市道路连接，缓坡坡度取纵坡的1/2 | | | |
| | 转弯半径 | 微型、小型车≥3.5m | 普通消防车≥9m | 重型消防车≥12m | |
| 排水坡度 | | 道路纵坡应≥0.2% | 广场坡度应≥0.3% | 当道路纵坡＞8%时应设缓坡与城市道路连接 | |
| 排风口 | | 与人员活动场所的距离应≥10m，否则底部距人员活动地坪的高度应≥2.5m | | | |

### 2.2.6 停车库出入口和车道数量

停车库出入口和车道数量　　　　　表 2.2.6

| 项　目 | 内　容 | | | | | | 规范依据 |
|---|---|---|---|---|---|---|---|
| 建筑规模 | 特大型 | 大型 | | 中型 | | 小型 | |
| 停车库停车当量数 | >1000 | 301～1000 | | 51～300 | | ≤50 | 《车库建筑设计规范》JGJ 100—2015 第4.2.6条《城市停车设施建设指南》第2.2.1.3条 |
| | | 501～1000 | 301～500 | 101～300 | 51～100 | 25～50 | <25 | |
| 机动车库出入口数量 | ≥3 | ≥2 | | ≥2 | ≥1 | ≥1 | | |
| 居住与非居住建筑共用车库、非居住建筑车库的出入口车道数 | ≥5 | ≥4 | ≥3 | ≥2 | | ≥2 | ≥1 | |
| 居住建筑车库出入口车道数 | ≥3 | ≥2 | ≥2 | ≥2 | | ≥2 | ≥1 | |
| 其他要求 | 当车道数量>5且停车当量>3000辆时，出入口数量应经过交通模拟计算确定 | | | | | | | |
| | 对于停车当量<25辆的小型车库、场，出入口可设一个单车道，并应采取进出车辆的避让措施 | | | | | | | |
| | 区域或相邻地块地下车库连通，或设置有地下公共通道的，应统筹考虑地下车库出入口设置数量，并应进行交通服务水平评价，合理确定地下车库出入口数量 | | | | | | | |

### 2.2.7 室外机动车停车场的出入口数量

室外机动车停车场的出入口数量　　　　　表 2.2.7

| 停车数量 | 出入口数量 | 出入口间距 | 出入口宽度 | 规范依据 |
|---|---|---|---|---|
| ≤50辆 | ≥1 | — | 宜≥7m，双向行驶 | 《民用建筑设计统一标准》GB 50352—2019 第5.2.6条、第5.2.7条 |
| 51～300辆 | ≥2 | 宜≥15m | 宜≥7m/个，双向行驶 | |
| 301～500辆 | ≥2 | 应≥15m | 应≥7m/个，双向行驶 | |
| ≥500辆 | ≥3 | 应≥15m | 宜≥7m/个，双向行驶 | |

### 2.2.8 停车库、场出入口设计要点

停车库、场出入口设计要点　　　　　表 2.2.8

| 项目 | 设　计　要　点 | | | | 规范依据 |
|---|---|---|---|---|---|
| 安全 | 停车库、场出入口应设置减速安全设施车库人员出入口与车辆出入口应分开设置载车电梯严禁代替乘客电梯作为出入口，并应设标识 | | | | 《车库建筑设计规范》JGJ 100—2015 第4.2条 |
| 升降梯式 | 升降梯数量应≥2台，停车当量<25辆时可设1台出入口宜分开设置，应设限高限载标识升降梯门宜为通过式双开门，否则应在各层进出处设车辆等候位升降梯口应设防雨措施，升降梯坑应设排水。若采用升降平台，应设安全防护或防坠落措施升降梯操作按钮宜方便驾驶员触及；各层出入口应有楼层号及行驶方向标识 | | | | |
| 平入式 | 室内外高差应：150～300mm | 出入口外宜有≥5m的距离与室外车行道相连 | | | |
| 坡道式 | 坡道最小净宽（不含道牙、分隔带等） | 微型、小型车 | 直线单行 3m，直线双行 5.5m曲线单行 3.8m，曲线双行 7m | | |
| | | 轻、中、大型车 | 直线单行 3.5m，直线双行 7.0m曲线单行 5.0m，曲线双行 10.0m | | |
| | 车辆出入口、坡道的最小净高 | 小型车：2.2m | 轻型车：2.95m | 中型、大型客车：3.7m | 中型、大型货车：4.2m | |

| 项目 | 设　计　要　点 | | | 规范依据 |
|---|---|---|---|---|
| 坡道式 | 坡道纵向坡度 $i$ | 微型、小型车 | 直线坡道≤15%，曲线坡道≤12% | 《车库建筑设计规范》JGJ 100—2015 第4.2条 |
| | | 轻型车 | 直线坡道≤13.3%，曲线坡道≤10% | |
| | | 中型车 | 直线坡道≤12%，曲线坡道≤10% | |
| | | 大型车 | 直线坡道≤10%，曲线坡道≤8% | |
| | | 斜楼板坡度 | ≤5% | |
| | 缓坡长度（m） | 直线缓坡≥3.6，曲线缓坡≥2.4 | 当车道纵坡 $i$＞10%时，坡道上、下端应设缓坡 | |
| | 缓坡坡度 | ＝ $i/2$ | | |
| | 坡道转弯超高 | 环道横坡度（弯道超高）2%～6% | | |
| | 坡道转弯处最小环形车道内半径 | $\alpha$≤90°　　90°＜$\alpha$＜180°　　$\alpha$≥180°　　4m　　5m　　6m | | $\alpha$—坡道连续转向角度 |

### 2.2.9　机动车之间以及机动车与墙柱护栏之间最小净距

机动车之间以及机动车与墙柱护栏之间最小净距　　　　　表 2.2.9

| 机动车与机动车、墙、柱、护栏之间最小净距（m） | 最小净距 | | 微型、小型车 | 轻型车 | 中、大型车 | 规范依据 |
|---|---|---|---|---|---|---|
| | 平行式停车时机动车间纵向净距 | | 1.20 | 1.20 | 2.40 | 《车库建筑设计规范》JGJ 100—2015 第4.1.5条 |
| | 垂直、斜列式停车时机动车间纵向净距 | | 0.50 | 0.70 | 0.80 | |
| | 机动车间横向净距 | | 0.60 | 0.80 | 1.00 | |
| | 机动车与柱子间净距 | | 0.30 | 0.30 | 0.40 | |
| | 机动车与墙、护栏及其他构筑物间净距 | 纵向 | 0.50 | 0.50 | 0.50 | |
| | | 横向 | 0.60 | 0.80 | 1.00 | |

### 2.2.10　停车库、场的停车区域设计要点

停车库、场的停车区域设计要点　　　　　表 2.2.10

| 项目 | 内　容 | 设　计　要　点 | | | | | 规范依据 |
|---|---|---|---|---|---|---|---|
| 车库内车道 | 环形通车道最小内半径 | 微型车、小型车≥3m | | | | | 《车库建筑设计规范》JGJ 100—2015 第4.1.10条、第4.3条、第4.4条《城市停车设施建设指南》第2.2.1.11条 |
| | 小型车通（停）车道最小宽度 | 平行后停 | 30°、45°停 | 垂直前停 | 垂直后停 | 60°前（后）停　复式机械后停 | |
| | | 3.8m | 9m | 5.5m | 4.5m（4.2m）　5.8m | | |
| | 通道长度 | 场、库内一般通道长度宜≤68m，且逆时针单向循环 | | | | | |
| | 错层式停车坡道 | 两段坡道中心线之间的距离应≥14m | | | | | |
| 标志和标线 | 车库入口 | 应设停车库入口标志、规则牌、限速标志、限高标志、禁止驶出标志和禁止烟火标志 | | | | | |
| | 车行道 | 应设置车行出口引导标志、停车位引导标志、注意行人标志、车行道边缘线和导向箭头 | | | | | |
| | 停车区域 | 应设置停车位编号、停车位标线和减速慢行标志 | | | | | |
| | 每层出入口 | 应在明显部位设置楼层及行驶方向标志 | | | | | |
| | 人行通道 | 应设置人行道标志和标线 | | | | | |
| | 车库出口 | 应设置出口指示标志和禁止驶入标志 | | | | | |
| | 地面 | 应采用醒目线条标明行驶方向，用10～15cm宽线条标明停车位 | | | | | |
| | | 库内一般通道宜采用逆时针单循环，避免小半径右转弯 | | | | | |

续表

| 项目 | 内 容 | 设 计 要 点 | 规范依据 |
|---|---|---|---|
| 标志和标线 | 标志辨识 | 应将标志设在明亮的地方，以保证人们能正常地辨认标志<br>应保证引导标志信息的连续性、设置位置的规律性和引导内容的一致性 | |
| 构造 | 电梯 | ≥4F 的多层机动车库或≤-3F 的地下机动车库应设置乘客电梯，电梯服务半径宜≤60m | 《车库建筑设计规范》JGJ 100—2015 第4.1.10 条、第 4.3 条、第 4.4 条<br>《城市停车设施建设指南》第 2.2.1.11 条 |
| | 排水 | 地面应设地漏或排水沟等排水设施，地漏（或集水坑）的中距宜≤40m<br>地面排水应 $i ≥ 0.5\%$ | |
| | 防护 | 地面和坡道应防滑、防雨、防倒灌、防雪 | |
| | | 柱子、墙阳角、凸出结构等处应防撞 | |
| | | 坡道上方应防坠物 | |
| | | 停车库及坡道应设防眩光设施 | |
| | 轮挡 | 宜设于距停车位端线为机动车前悬或后悬的尺寸减 0.2m 处（一般为后端线往里≥1.0m 处），高度宜为 0.15m。车轮挡不得阻碍楼地面排水 | |
| | 护栏和道牙 | 入库坡道横向侧无实体墙时，应设护栏和道牙 | |
| | | 道牙（宽度 × 高度）应≥0.30m×0.15m | |
| | 出入口及坡道口 | 应设置≥出入口和坡道宽度的截水沟、耐轮压沟盖板和闭合的挡水槛 | |
| | | 出入口地面的坡道外端应设置防水反坡 | |

## 2.2.11 停车库、场给排水设施要求

**停车库、场给排水设施要求** 表 2.2.11

| 类 别 | 要 求 | 规范依据 |
|---|---|---|
| 给水 | 生产给水、生活给水和消防给水系统应分开设置，水量应符合现行国家标准<br>冲洗用水宜优先采用中水<br>停车库、场内车辆清洗区域应设给水设施，并宜优先采用排水沟排水 | 《城市停车设施建设指南》第 2.2.1.15 条 |
| 排水、截水 | 停车场、敞开式停车库排水设施应满足排放雨水的要求<br>停车库、场应设≥0.5% 的排水坡度和相应的排水系统<br>停车库应按停车层设置楼地面排水系统，排水点的服务半径宜≤20m，当采用地漏排水时，地漏管径宜≥DN100<br>停车库、场应设置地漏或排水沟等排水设施。地漏（或集水坑）的中距宜≤40m<br>出入口和坡道处，应设置不小于出入口和坡道宽度的截水沟和耐轮压沟盖板以及闭合的挡水槛。出入口地面的坡道外端应设置防水反坡<br>车库的坡道出入口低端宜设置截水沟；当地下坡道的敞开段无遮雨设施时，在坡道敞开段的较低处应增设截水沟<br>地下车库应设防雨水倒灌的设施 | |

## 2.2.12 停车库、场通风系统要求

**停车库、场通风系统要求** 表 2.2.12

| 类 别 | 要 求 | 规范依据 |
|---|---|---|
| 通风 | 当车库停车区域自然通风达不到稀释废气标准时，应设置机械排风系统，并应符合国家现行标准<br>设有机械通风系统的停车库，机械通风量应按容许的废气量计算，且排风量不应小于按换气次数法或单台机动车排风量法计算的风量<br>车库通风系统可结合消防排烟系统设置 | 《城市停车设施建设指南》第 2.2.1.17 条 |
| 换气 | 停车库换气次数应符合表 2.2.12a 规定，单台机动车排风量应符合表 2.2.12b 规定 | |
| | 机动车停车区域通风换气次数宜为 1 ~ 2 次 /h | |

| 类 别 | 要 求 | 规范依据 |
|---|---|---|
| 送、排风 | 停车库送风、排风系统宜独立设置 | 《城市停车设施建设指南》第2.2.1.17条 |
| | 车库的送风、排风系统应使室内气流分布均匀，送风口宜设在主要通道上 | |
| | 中型及以上停车库送风、排风机宜选用多台并联或变频调速，运行方式宜采用定时启、停风机或根据室内 CO 气体浓度自动控制风机运行 | |

**停车库换气次数** 表 2.2.12a

| 序号 | 建筑类型 | 换气次数（次/h） |
|---|---|---|
| 1 | 商业类建筑 | 6 |
| 2 | 住宅类建筑 | 4 |
| 3 | 其他类建筑 | 5 |

**单台机动车排风量** 表 2.2.12b

| 序号 | 建筑类型 | 单台机动车排风量（m³/h） |
|---|---|---|
| 1 | 商业类建筑 | 500 |
| 2 | 住宅类建筑 | 300 |
| 3 | 其他类建筑 | 400 |

### 2.2.13 停车库、场照明系统要求

**停车库、场照明系统要求** 表 2.2.13

| 类 别 | 要 求 | 规范依据 |
|---|---|---|
| 照明 | 停车库、场内照明应亮度分布均匀，避免眩光，各部位照明标准值宜符合表 2.2.13a 的规定，当有特殊要求时，照明标准值可提高或降低一级 | 《城市停车设施建设指南》第2.2.1.20条 |
| 应急照明 | 停车库、场内的人员疏散通道及出入口、配电室、值班室、控制室等用房均应设置应急照明 | |
| 过渡照明 | 地下车库坡道式出入口处应设过渡照明，白天入口处亮度变化可按 10∶1～15∶1 取值，夜间室内外亮度变化可按 2∶1～4∶1 取值 | |
| 控制 | 停车库、场内停车区域照明应集中控制，特大型和大型停车库宜采用智能控制 | |

**照明标准值** 表 2.2.13a

| 名 称 | | 规定照度作业面 | 照度 | 眩光值 | 显色指数 | 功率密度（W/m²） | |
|---|---|---|---|---|---|---|---|
| | | | lx | UGR | Ra | 现行值 | 目标值 |
| 机动车停车区域 | 行车道（含坡道） | | 50 | 28 | 60 | 2.5 | 2 |
| | 停车位 | 地面 | 30 | 28 | 60 | 2 | 1.8 |
| | 停车位 | | 50 | — | 60 | 2.5 | 2 |
| 保修间、洗车间 | | 地面 | 200 | — | 80 | 7.5 | 6.5 |
| 管理办公室、值班室 | | 距地 0.75m | 300 | 19 | 80 | 9 | 8 |
| 卫生间 | | 地面 | 75 | — | 60 | 3.5 | 3 |

### 2.2.14 路内机动车停车泊位设置要点

**路内机动车停车泊位设置要点** 表 2.2.14

| 项 目 | 设置要点 | 规范依据 |
|---|---|---|
| 停车时段 | 按道路等级及功能、地上杆线及地下管线、车辆及行人交通流量组织疏导能力等情况，可适当设置限时停车、夜间停车等分时段临时占用道路的机动车泊位 | 《城市停车设施建设指南》第2.2.3条、第2.2.4条 《城市停车规划规范》GB/T 51149—2016 第4.2.4条、第5.2.15条、第5.2.16条 |
| | 采取白天短时停车和夜间长时停车相结合的规划原则，提高路内停车位周转率和利用率，发挥出行车位和基本车位供给的双重补充作用 | |
| 交通影响 | 路内停车泊位布设应与用地性质及街道景观协调，减少对其他交通方式的影响 | |

| 项　目 | 设　置　要　点 | 规范依据 |
|---|---|---|
| 优先措施 | 在路内停车需求较大又难以增加路外停车泊位时，应优先采取提升区域公共交通服务的措施 | |
| 设置顺序 | 设置路侧停车泊位时，应按车行道、停车带、机非隔离带、自行车道的顺序依次布置，禁止占用步行道、减少占用自行车道停放机动车 | |
| 设置位置 | 宜设置在道路负荷度小于 0.7 的城市次干路及支路上 | |
| | 满足交通安全、综合防灾时，居住区周边道路可在夜间临时设置路内停车位 | |
| | 不得影响非机动车通行、侵占消防通道及行人过街设施 | |
| | 在临近急救站、公交车站、交叉路口的路段上设路内停车位应符合道路安全相关规定 | |
| | 建筑前区不宜设置，建筑出入口前不应设置 | |
| | 不得侵占公交车的停靠，宜在公交停靠站前后施划地面公交专属停车泊位标线或布设岛式车站 | |
| 过街影响 | 不得侵占行人过街空间或影响行人过街视线，宜在过街横道两侧 4m 内施划禁止停车标线，或在过街横道处进行路缘石延展设计 | |
| 无障碍泊位 | 残障车位、母婴车位和卸货车位应相应设置缘石坡道 | |
| 泊位尺寸及排列要求 | 大型车 | 长 15.60m、宽 3.25m | 不应采用倾斜式停放 | 《城市停车设施建设指南》第 2.2.3 条、第 2.2.4 条 《城市停车规划规范》GB/T 51149—2016 第 4.2.4 条、第 5.2.15 条、第 5.2.16 条 |
| | 小型车 | 长 6.0m、宽 2.0～2.5m | 可采用纵向平行式和倾斜式，宜采用平行式 | |
| | 纵向平行式 | 泊位与机动车道间宜留 1m（最小 0.5m）的开门区空间 | |
| | 斜列式 | 宜标明：停车后，车头方向朝向行车道 | |
| | 多泊位相连 | 应分组，每组长度宜≤60m，组间间隔应≥4m | |
| | 住区内泊位 | 应考虑交通稳静化技术，可采用港湾式停车泊位 | |
| 禁设路段 | 快速路主路和交通性主、次干路 | |
| | 公交车专用道、人行道内（步行道内的行人通过区） | |
| | 交叉口、铁路道口、急弯路、桥梁、陡坡、隧道以及距离上述地点＜50m 的路段 | |
| | 单位和居住小区出入口两侧 10m 以内的路段 | |
| | 公交站、急救站、加油站、消防栓或消防队（站）门前及距离上述地点＜30m 的路段 | |
| | 距路口渠化区域起点（渐变段起点）20m 以内的路段 | |
| | 水、电、气等地下管道工作井以及距离上述地点 1.5m 以内的路段 | |
| | 城市规划确定的具备救灾和应急疏散功能的道路上 | |
| | 在上述容易被路边停车侵占的地段，应设置和施划醒目的禁止停车标志和标线 | |
| 停车诱导系统 | 按所在地区、道路编号，可建立相应的停车诱导系统，并与路外停车诱导系统、城市的交通管理系统等有机衔接 | |
| 住区停车挖潜改造 | 住宅停车和公建停车在时间和空间上可资源共享 | |
| | 通过道路改造、交通组织增加路内临时停车泊位 | |

| 项　目 | 设　置　要　点 | | | 规范依据 |
|---|---|---|---|---|
| 住区停车挖潜改造 | 泊位合理尺寸 | 老住区路内停车位可以长 5.5m、宽 2.0m | | 《城市停车设施建设指南》第 2.2.3 条、第 2.2.4 条《城市停车规划规范》GB/T 51149—2016 第 4.2.4 条、第 5.2.15 条、第 5.2.16 条 |
| | | 部分区域可因地制宜地设置长 4.0 ～ 5.5m、宽 2.0m 的非标准车位 | | |
| | 通行道路最小宽度 | 双向通行、双向停车 | 宽度≥10m | |
| | | 单向通行、双侧停车 | 宽度≥8m | |
| | | 单向通行、单侧停车 | 宽度≥6m | |
| | 在满足绿地率标准的宅间空地挖潜建设地下停车库 | | | |
| | 通过合理的单向交通组织，充分利用道路资源，消除拥堵点，在到达性为主的主要进出道路上设置管理岗亭，有效规范行车秩序 | | | |
| | 同步完善治安监控、停车诱导智能管理系统，用信息化手段保障 24 小时不间断管理 | | | |
| | 完善公共交通，提升公共交通服务水平，在住区与公交站间建立安全、快捷、舒适的步行和自行车通道 | | | |
| 建立机制 | 应制定设置路内停车位的效益评估和退出机制 | | | |

## 2.2.15　机械式停车库特点

**机械式停车库特点**　　　　　　　　　　　　　　　　表 2.2.15

| 类　别 | 主　要　特　点 |
|---|---|
| 全自动停车库 | 库内无车道且无人员停留，采用机械设备进行垂直或水平移动来实现自动存取汽车 |
| 复式停车库 | 库内有车道、有人员停留的，同时采用机械设备传送，在一个建筑层内布置一层或多层停车架的汽车库 |

## 2.2.16　机械式汽车库设备分类及停车数据

**机械式汽车库设备分类及停车数据**　　　　　　　　表 2.2.16

| 车库类别 | 设备类别 | 最少出入口数（个／套） | 停车位最小外廓尺寸（m） | | | 规范依据 |
|---|---|---|---|---|---|---|
| | | | 宽度 | 长度 | 高度 | |
| 复式机械车库 | 升降横移类 | 沿入位层可全部设置 | 车宽＋0.50（通道） | 车长＋0.20 | 车高＋微升降高度＋0.05，且≥1.60，兼作人行通道时应≥2.00 | 《车库建筑设计规范》JGJ 100—2015 第 5.3.1 条、第 5.3.2 条《机械式停车库设计图册》第 5.1.1 条 |
| | 简易升降类 | 1 | | | | |
| 全自动机械车库 | 垂直升降类 | 1 | 车宽＋0.15 | 车长＋0.20 | 车高＋微升降高度＋0.05，且≥1.60 | |
| | 巷道堆垛类 | 3 | | | | |
| | 平面移动类 | 3 | | | | |
| | 垂直循环类 | 1 | | | | |
| | 水平循环类 | 1 | | | | |
| | 多层循环类 | 1 | | | | |

### 2.2.17 适停车型外廓尺寸及重量

**适停车型外廓尺寸及重量表**　　　　　　　　表 2.2.17

| 适停车型 | 组别代号 | 外廓尺寸（长×宽×高，m） | 重量（kg） | |
|---|---|---|---|---|
| 小型车 | X | ≤4.40×1.75×1.45 | ≤1300 | |
| 中型车 | Z | ≤4.70×1.80×1.45 | ≤1500 | 《车库建筑设计规范》 |
| 大型车 | D | ≤5.00×1.85×1.55 | ≤1700 | JGJ 100—2015 第 5.1.3 条 |
| 特大型车 | T | ≤5.30×1.90×1.55 | ≤2350 | |
| 超大型车 | C | ≤5.60×2.05×1.55 | ≤2550 | |
| 客车 | K | ≤5.00×1.85×2.05 | ≤1850 | |

### 2.2.18 机械式汽车库设计要点

**机械式汽车库设计要点**　　　　　　　　表 2.2.18

| 项　目 | 设　计　要　点 | 规范依据 |
|---|---|---|
| 建筑设计 | 居住建筑配建停车设施其机械停车数量不得超过停车位总数的 90% | |
| | 停车及充电设备选型应与建筑设计同步进行，应结合停车设备的技术要求与合理的柱网关系进行设计 | |
| | 应预留安装操作空间，且操作空间的宽度和高度应根据停车设备类型进行确定 | |
| 防火设计 | 应符合现行国家标准《汽车库、修车库、停车场设计防火规范》GB 50067 的规定 | |
| 结构设计 | 宜采用混凝土基础，且混凝土的厚度宜≥0.2m，强度等级宜≥C25 | 《车库建筑设计规范》JGJ 100—2015 第 5.1 条、第 5.4 条 |
| | 高于两层的多层停车设备钢架与基础之间宜采用直接预埋、埋设预埋件等方式连接，预埋件的尺寸、位置和精度等应满足停车设备安装的要求 | 《机械式停车库工程技术规范》第 3.1 条 |
| | 埋设预埋件的结构混凝土厚度宜≥0.2m，当混凝土厚度＜0.2m 时，应对连接构造采取加强措施 | 《城市停车规划规范》GB/T 51149—2016 第 5.2.6 条 |
| | 停车设备钢架的形式宜便于现场拼装，并应满足机械车库对钢架的强度和刚度要求 | 《城市停车设施建设指南》第 2.2.2 条 |
| | 当停车设施与建（构）筑物主体结构连接时应对原建（构）筑物进行检测和符合性验算，再根据结果进行连接设计 | |
| | 机械车库与主体建筑物结构连接时，应根据设备运行特点采取隔振、防噪措施 | |
| 防水、给排水 | 机械式车库地下室和各底坑应做好防、排水设计 | |
| | 机械式停车库外宜设置清洗停车设备的给水点 | |
| 通风、排烟 | 当不具备自然通风条件或自然通风不能满足车库内空气品质要求时，应设置机械通风，并符合国家现行《工业企业设计卫生标准》GBZ 1 的规定 | |
| | 车库内 CO 浓度应符合现行国家标准《工作场所有害因素职业接触限值第 1 部分：化学有害因素》GBZ 2.1—2019 的规定 | |
| | 全封闭的机械式停车库宜设置机械排烟系统，风管应采用难燃材料 | |
| | 当输送介质温度≥280℃时，排烟风机应至少能连续工作 30 分钟，并在介质温度冷却至环境温度时仍能连续正常运转 | |

| 项 目 | 设 计 要 点 | 规范依据 |
|---|---|---|
| 电气 | 车库的配电宜采用双回路供电，且两个回路之间应设自动切换装置，当采用单回路供电时，宜配置备用电源 | 《车库建筑设计规范》JGJ 100—2015 第5.1条、第5.4条<br>《机械式停车库工程技术规范》第3.1条<br>《城市停车规划规范》GB/T 51149—2016 第5.2.6条<br>《城市停车设施建设指南》第2.2.2条 |
| 电气 | 停车设备的电源应采用三相五线制，并与消防配电、停车照明和监控系统等线路分设 | |
| 电气 | 停车库的人员疏散出入口、配电室、控制室及管理室等应配置备用电源 | |
| 电气 | 停车库内应设检修检插座箱或检修插座，并宜分别设置 36V、220V、380V 的电源插座 | |
| 电气 | 应设检修灯或检修灯插座 | |
| 电气 | 宜预留电动车充电设施接口，并应设置电池充满自动断电装置 | |
| 噪声指标 | 应符合现行国家标准《社会生活环境噪声排放标准》GB 22337 的规定 | |
| 设备管线 | 车库内消防、通风、电缆桥架等管线不得侵占停车位空间 | |
| 设备管线 | 在停车设备的运行空间范围内，不得设置或穿越与停车设备无关的管道、电缆等管线 | |
| 检修通道 | 机械式车库应根据需要设置检修通道，且宽度≥0.60m，净高≥停车位净高，设检修孔时边长≥0.70m | |
| 安全设计 | 人员疏散出口和车辆疏散出口应分开设置 | |
| 安全设计 | 车库内外凡是可能使人跌落入坑的地方，均应设置防护栏 | |
| 安全设计 | 机械式停车库的设备操作位置应能看到人员和车辆的进出，当不能满足要求时，应设置反射镜、监控器等设施 | |
| 安全设计 | 停车设备的出入口、操作室、检修场所等明显可见处应设置安全标志，并符合现行国家标准《安全标志》GB 2894 和《安全标志使用导则》GB 16179 的要求 | |

## 2.2.19 机械式汽车库出入口及车道设计要求

机械式汽车库出入口及车道设计要求表　　　　　　　　表 2.2.19

| 出入口形式 | | 适用车库 | 设 计 要 求 | 规范依据 |
|---|---|---|---|---|
| 复式 | 汽车通道＋载车板 | 升降横移、简易升降类 | 出入口满足汽车后进停车时，通道宽度应≥5.8m | 《车库建筑设计规范》JGJ 100—2015 第5.2条、第5.3.1条、第5.3.8条<br>《机械式停车库工程技术规范》第3.1.5条<br>《机械式停车库设计图册》第5.2.3条 |
| 复式 | 汽车通道＋载车板 | 升降横移、简易升降类 | 出入口场地尺寸应满足车辆转向进入载车板的要求，且其宽度宜≥6.0m | |
| 全自动 | 管理、操作室＋回转盘 | 垂直升降、巷道堆垛、平面移动、垂直循环、水平循环、多层循环类 | 出入口处应设≥2个候车位；当出入口分设时，每个出入口处至少应设 1 个候车位，当机动车需要转向而受场地限制时，可设置机动车回转盘 | |
| 全自动 | 管理、操作室＋回转盘 | 垂直升降、巷道堆垛、平面移动、垂直循环、水平循环、多层循环类 | 出入口净宽≥设计车宽＋0.50m 且≥2.50m，净高≥2.00m | |
| 全自动 | 管理、操作室＋回转盘 | 垂直升降、巷道堆垛、平面移动、垂直循环、水平循环、多层循环类 | 管理操作室宜近出入口，应有良好视野或视频监控系统。管理室可兼作配电室，室内净宽≥2m，面积≥9m²，门外开 | |
| 全自动 | 管理、操作室＋回转盘 | 垂直升降、巷道堆垛、平面移动、垂直循环、水平循环、多层循环类 | 出入口处应防雨水倒灌，回转盘底坑应做好防、排水设计 | |

## 2.2.20 各类停车设备运行方式和对应的建筑设计要求及简图

各类停车设备运行方式和对应的建筑设计要求及简图　　　　　　　表 2.2.20

| 类别 | 基本运行方式、建筑设计要求、设备布置简图 |
|---|---|
| 升降横移类 | 基本运行方式：每车位有一块载车板，利用载车板在机械传动装置驱动下，沿轨道升、降、横向平移存取车辆 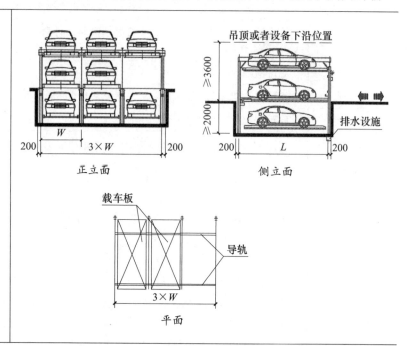 |
| 简易升降类 | 基本运行方式：利用设备的升降或仰俯机构驱动载车板上下移动存取车辆（含垂直升降式和仰俯摇摆式） 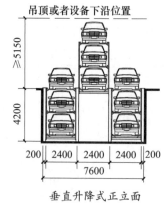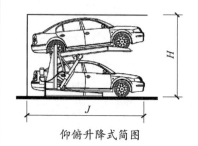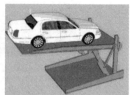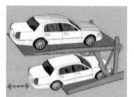 |

**升降横移类 停车空间尺寸要求（mm）**

| 车位宽度 W | 2350～2500 |
|---|---|
| 车位长度 L | 5500～6000 |
| 设备净高 出入层 | ≥2000 |
| 设备净高 二层 | 3500～3650 |
| 设备净高 三层 | 5650～5900 |
| 设备净高 四层 | 7450～7700 |
| 设备净高 五层 | 9030～9550 |
| 设备净高 六层 | 11150～11400 |
| 设备净高 地坑 | ≥2000 |

重列式净高应增加 100～200

出入口净高宜 ≥2000

正立面　　侧立面　　平面

**简易升降类 停车空间尺寸要求（mm）**

| | 垂直升降式 | 仰俯式 |
|---|---|---|
| 车位宽度 | ≥适停车宽+500 | C ≥ 2330 |
| 车位长度 | ≥适停车长+200 | J ≥ 5100 |
| 停层净高 | H ≥ 2000 | H = 2800～3150 |

垂直升降式正立面　　垂直升降式侧立面

仰俯升降式简图

| 类别 | 基本运行方式、建筑设计要求、设备布置简图 |
|---|---|
| 垂直升降类 | 基本运行方式：利用升降机将载车板升降到指定层后用升降机上的横移机构搬运车辆实现存取 |

**塔库平面尺寸（mm）要求**

| 塔库宽度 | $\geqslant 6900$ |
|---|---|
| 塔库长度 | $\geqslant 6150$ |
| 停层净高 | $\geqslant 1650$ |
| 机房净高 $H_{S2}$ | $\geqslant 2000$ |
| 底坑深度 $H_{S1}$ | $\geqslant 1200$ |
| 存车层数 | $20 \sim 25$ |

**出入口尺寸（mm）要求**

| 净宽 | $\geqslant$ 车宽 + 500 且 $\geqslant 2250$ |
|---|---|
| 净高 | $\geqslant$ 车高 + 150 且 $\geqslant 2000$ |

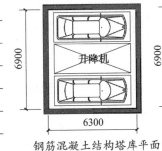

钢筋混凝土结构塔库平面　钢结构塔库平面

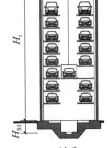

剖面

基本运行方式：用巷道堆垛起重机或桥式起重机，将进到搬运器上的车辆水平、垂直移动到存车位，用存取机构将车辆存取到车位上

**车库基本尺寸（mm）要求**

| | 车位纵向式布置 | 车位横向式布置 |
|---|---|---|
| 长度 | $L = 1000 + \sum L_c + 1750$ | $L = 1500 + \sum W_c + \sum W_q + 600$ |
| 宽度 | $W = 2W_c + 2W_s$ | $W = 2L_c + W_s$ |
| 高度 | $H = H_t + \sum H_c + 700$ | $H = H_s + \sum H_c + \sum H_b + H_t + 200$ |

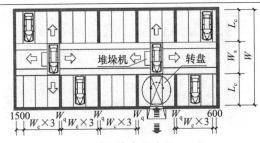

横向停车位平面

停车设备层数宜 $2 \sim 6$ 层，每层停车位宜 $20 \sim 100$ 个，每套停车设备宜设 $30 \sim 100$ 个停车位，巷道底坑应平整，坑长高差应 $\leqslant 20mm$

巷道堆垛类

| $L_c$：停放车位长度 | $H_s$：设备安装基坑高度 |
|---|---|
| $H_c$：停放车位高度 | $W_c$：停放车位宽度 |
| $H_b$：结构楼板厚度 | $W_s$：堆垛机运行宽度 |
| $H_t$：堆垛机结构高度 + $H_c$ | $W_q$：承重墙（柱）宽度 |

**出入口设置规定**

| 数量 | 每台堆垛机一个出入口 | |
|---|---|---|
| 候车位 | 2 个 | |
| 转换区 | 双车道，宽度宜 $\geqslant 5.5m$ | 必要时应设回转盘 |
| | 单车道，宽度宜 $\geqslant 3.0m$ | |

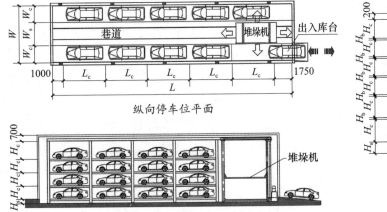

纵向停车位平面

纵向停车位剖面

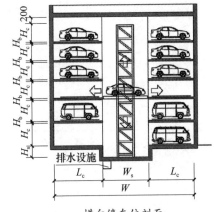

横向停车位剖面

续表

| 类别 | 基本运行方式、建筑设计要求、设备布置简图 |
|---|---|
| 平面移动类 | 基本运行方式：在同一层上用搬运台车或起重机平面移动车辆，或使载车板在平面内往返存取车辆，当设多层停车架时，需增加升降系统 |

<table>
<tr><td colspan="3">车库基本尺寸（mm）要求</td></tr>
<tr><td></td><td>纵向停车</td><td>横向停车</td></tr>
<tr><td>车位纵向尺寸</td><td>≥5450</td><td>≥5200</td></tr>
<tr><td>车位横向尺寸</td><td>≥2000</td><td>≥2200</td></tr>
<tr><td>中间巷道宽度</td><td>3000</td><td>5400</td></tr>
<tr><td>层高</td><td>≥2200</td><td>≥1950</td></tr>
</table>

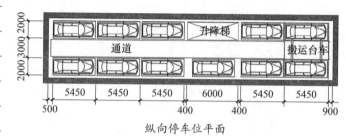

纵向停车位平面

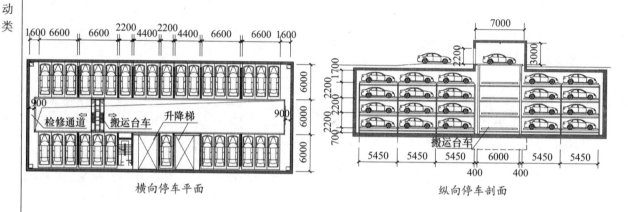

横向停车平面

纵向停车剖面

基本运行方式：由停车架和机械传动装置组成，每个车位均有一个停车架，在机械传动装置驱动下，沿垂直方向循环运动，到地面层位置时进行车辆存取

**垂直循环类**

| 车库基本尺寸（mm）要求 | |
|---|---|
| 出入口位置 | 下部出入 |
| 停车规格 | ≤5000×1850×1550 |
| 车位长度 | ≥7000 |
| 车位宽度 | ≥5400 |
| 车库高度 | $H = 4250 + 825n$（n- 容车数量，取偶数） |
| 出入口净宽 | ≥车宽＋500 且≥2250 |
| 出入口净高 | ≥车高＋150 且≥1800 |

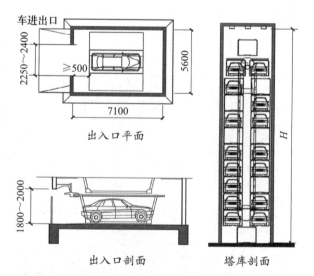

出入口平面

出入口剖面

塔库剖面

| 类别 | 基本运行方式、建筑设计要求、设备布置简图 |
|---|---|
| 水平循环类 | 基本运行方式：车辆搬运器在同一水平面内排列成≥2列做连续循环移动，实现车辆存取<br>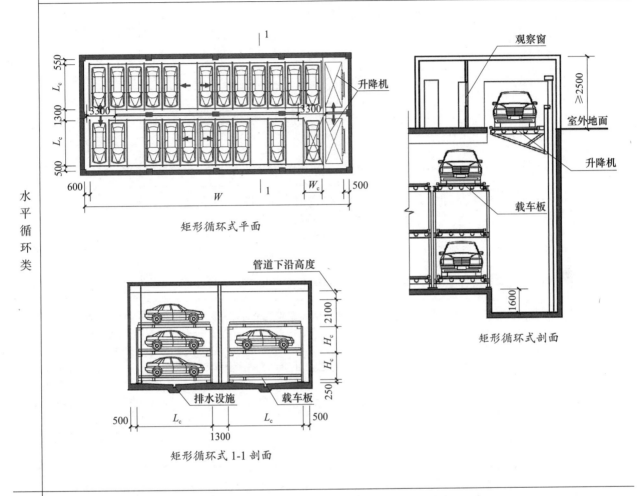<br>矩形循环式平面　　矩形循环式剖面　　矩形循环式1-1剖面 |
| 多层循环类 | 基本运行方式：载车板在机械传动装置驱动下做上、下、水平循环运动，实现车辆存取<br>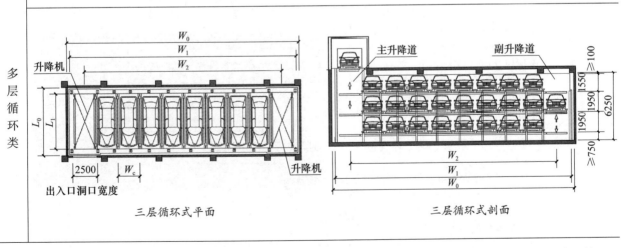<br>三层循环式平面　　三层循环式剖面 |

规范依据：《车库建筑设计规范》JGJ 100—2015 第5.1条～第5.3条，《机械式停车库工程技术规范》第3.1条～第3.6条，《机械式停车库设计图册》

### 2.2.21 电动汽车停车设计要点

电动汽车停车设计要点                                表 2.2.21

| 项 目 | 设 计 要 点 | | 规 范 依 据 |
|---|---|---|---|
| 电动汽车停车位 | 停车位+配套充电设施位 | | 《电动汽车分散充电设施工程技术标准》第3.0.3条、第3.0.4条、第4.0条<br><br>《电动汽车充电基础设施建设技术规程》第4.1.3条、第4.1.4条、第4.2条<br><br>《城市停车设施建设指南》第2.2.6条<br><br>《深圳市重点区域建设工程设计导则》第4.2.3.3条 |
| 充电方式 | 交流充电 | 住宅及单位的停车库、场宜采用 | |
| | 直流充电 | 公建停车、社会公共停车、路内临时停车宜采用 | |
| 设置比例 | 符合各级政府部门和规划部门对相应类型建筑物停车场所要求的充电车位配置要求,并按文件要求充分预留安装条件 | | |
| 车位设置 | 车位及充电设施建设不得妨碍消防车通行、登高操作和人员疏散 | | |
| | 公建附建及工业建筑停车库、场应设快、慢充结合 | 住宅附建停车库以慢充、自用充电设备为主,适当配置快充 | |
| | 大型停车库、场应设多个分散的电动车停车区,并靠近出口处 | | |
| | 停车区宜靠近供电电源端,并便于供电电源线路进出 | | |
| | 应设置区别于其他停车位的明显标识及停车指引。车库应设置停车区指引标识 | | |
| | 配建充电基础设施的停车场、汽车库应设置充电停车区域导向、电动汽车停车位以及安全警告等标识,电动汽车充电设施标志设计应符合现行国家标准《图形标志电动汽车充换电设施标志》GB/T 31525 的规定 | | |
| 充电设施及相关电气设备房设置 | 应一位一充且靠近电动车位;宜靠墙、柱或相邻车位中间设置;在室外时,应设防雨顶棚 | | |
| | 不应设于有爆炸危险场所的正上、下方,毗邻时应满足《爆炸和火灾危险环境电力装置设计规范》GB 50058 的规定,不应设在有明火或散发火花的地点,不应设于有剧烈振动或高温的场所 | | |
| | 不宜设于有多尘、水雾或有腐蚀性和破坏绝缘的有害气体及导电介质的场所,否则应设于此类场所的常年主导风向下风侧 | | |
| | 不应设在防、排水设施不完善的地方、厕所、浴室或其他经常积水等场所的正下方,或贴邻布置。因条件限制必须设时,应采用相应的防护措施 | | |
| | 不应设于室外地势低洼、易产生积水的场所 | | |
| | 不应设在修车库内以及甲、乙类物品运输车的汽车库、停车场内 | | |
| | 充电设备外廓距充电车位边线缘的净距宜≥400mm | | |
| | 室内充电设施基座高度应≥50mm,室外充电设施基座高度应≥200mm,充电设施安装基座应为不燃构件 | | |
| | 设备基础宜大于充电设备长宽外廓尺寸不低于50mm;充电设施外宜设防撞措施充电设备应垂直安装,偏离垂直位置任一方向的误差不应大于5° | | |

续表

| 项 目 | 设 计 要 点 | 规 范 依 据 |
|---|---|---|
| 充电设施及相关电气设备房设置 | 充电设备采用壁挂式安装方式时，应竖直安装于与地平面垂直的墙面，墙面应符合承重要求，充电设施应固定可靠 | 《电动汽车分散充电设施工程技术标准》第3.0.3条、第3.0.4条、第4.0条 《电动汽车充电基础设施建设技术规程》第4.1.3条、第4.1.4条、第4.2条 《城市停车设施建设指南》第2.2.6条 《深圳市重点区域建设工程设计导则》第4.2.3.3条 |
| | 壁挂式充电设备安装高度宜为设备人机操作区域水平中心线距地面1.5m | |
| | 充电设备不应遮挡行车视线，电动汽车在停车位充电时不应妨碍区域内其他车辆充电与通行 | |
| | 充电设备不应布置于疏散通道上，且充电时不应影响人员疏散 | |
| | 充电设备应在醒目位置特别标识"有电危险""未成年人禁止操作"警示牌及安全注意事项，室外场所还应特别标识"雷雨天气禁止操作"警示牌 | |
| | 应设置在消防力量便于到达的场所 | |
| | 电动汽车的室内集中充电场所，应设置火灾探测器和火灾图像视频监控系统 | |

### 2.2.22 停车换乘设施设置要求

停车换乘设施设置要求　　　　　　　　　　　　　　　表 2.2.22

| 项　　目 | | 设 置 要 求 | 规 范 依 据 |
|---|---|---|---|
| 换乘规划 | 布设 | 结合城市中心区以外的轨道交通车站、公交枢纽站和公交首末站进行 | 《城市停车规划规范》GB/T 51149—2016 第5.2.10条 《城市停车设施建设指南》第2.2.5条 |
| | 车位供给规模 | 应综合考虑接驳站点客流特征和周边交通条件确定 | |
| | | 与轨道交通结合的，不宜小于轨道交通线网全日客流量的1‰，且不宜大于3‰ | |
| 区域位置 | | 空间布局主要集中在中心城区以外和新城集中建设区边缘地区，宜结合公交枢纽站与轨道交通的车站设置 | |
| 设施规模 | | 单个停车换乘设施的停车位规模原则上宜≤500个 | |
| 占地形式 | | 用地应以与其他用地综合使用为主，确实不具备用地综合使用条件的可采取独立占地形式，且应考虑立体建设 | |

## 2.3　城市停车设施功能提升

### 2.3.1　优化交通组织

优化交通组织　　　　　　　　　　　　　　　　　　　表 2.3.1

| 优化目标 | | 优 化 方 式 | 规 范 依 据 |
|---|---|---|---|
| 多层停车库 | | 应按停车库的层数及内部布局选择适当的交通组织形式，确保交通安全（表2.3.1a） | 《城市停车设施建设指南》第2.3.1条 |
| 停车区域 | | 设计宜采用单向交通组织，以减少内部车辆交织，提高运行安全性（如下图） | |
| | | | |
| 行车通道 | | 充分利用驾驶行为学、车辆行驶动态限界和动视域分析工具，优化车行通道，合理组织车行路线，提高车辆在停车场、库内进出的便捷性 | |
| 行车流线 | 主动线 | 设计应体现交通主动线；主动线上诱导信息密度适当加大，优于其他通道 | |
| | 一般通道 | 一般通道长度不宜>68m，宜采用逆时针单循环，避免小半径右转弯 | |

**机动车停车库内部交通组织方式**  表 2.3.1a

| 单斜路中央型 | 单斜路单边型 | 单直线斜路两侧型 | 平行直线斜路单边型 |
|---|---|---|---|
| | | | |
| 倾斜楼板式两侧型 | 倾斜楼板式分离型 | 倾斜楼板式三面型 | 对行直线斜路两侧型 |
| | | | |
| 倾斜楼板式连续型 | 圆形坡道两侧型 | 对行直线斜路连续型 | |
| | | | |

内容依据：《城市停车设施建设指南》第 2.3.1 条

## 2.3.2　优化平面布局

**优化平面布局**  表 2.3.2

| 项目 | 优 化 措 施 | 规范依据 |
|---|---|---|
| 车道宽度 | 保证停车场、库内行车效率和行人安全时，合理规划通道宽度，充分利用停车场、库空间资源 | |
| 泊位数量 | 基于人防分区、消防分区、柱网分布、设备层分布，对停车空间系统优化，增加停车泊位数量 | |
| 区域辨识 | 根据停车设施的不同服务业态、停车需求，结合停车场、库物理结构和防火分区等，对停车场、库进行合理的功能分区和色彩设计，便于用户辨识停车区域 | |
| 通视要求 | 场地内道路转弯时，应保证具有良好视野，弯道内侧的边坡、绿化及建筑物不应影响行车的有效视距 | 《城市停车设施建设指南》第 2.3.2 条 |
| 立柱影响 | 方法一：移动坡道范围内的立柱，立柱设置形式可沿着坡道边线设置<br><br>方法二：移除坡道范围内的立柱，加横向反梁、周边立柱做加强，同时确保最小净空高度要求<br><br> | |

### 2.3.3 智能停车技术

智能停车技术                    表 2.3.3

| 类　　别 | 技　术　内　容 | | | 规范依据 |
|---|---|---|---|---|
| 智能停车管理系统 | 通过计算机控制系统，实现车辆进出、收费及停车设备自动化管理，采集数据和信息存入信息系统，统计、查询和打印报表 | | | 《城市停车设施建设指南》第 2.3.3 条 |
| | 电子停车收费技术 | 提高停车设施管理与利用效率 | | |
| | | 应符合国家和地方的相关技术标准和规范 | | |
| | 手机收费管理系统 | 通过电话、短信、移动互联网等通信手段进行停车、取车登记；管理中心从手机终端所对应的预付费或银行账户或话费中扣费 | | |
| | 停车管理系统的组成 | 居住小区 | 智能卡、全自动道闸、读卡机、收费显示屏、自动发卡机、管理计算机、图像对比摄像设备系统 | |
| | | 公共停车库、场 | 入口管理站、出口管理站（停车收费）、计算机监控中心和停车库、场内部信息系统 | |
| | | 出入口管理站 | 闸门机、感应式阅读器、指示显示入口机、电子显示屏、自动取卡机和彩色摄像机 | |
| 停车信息系统 | 建立统一的数据接口和交换机制，统一管理全市停车泊位信息与使用数据 | | | |
| | 加强停车信息的互联互通，强化停车数据挖掘分析与多样化信息发布，为政府停车管理提供决策支持信息，为市民日常出行提供停车服务信息 | | | |
| | 建设应包含 | 基于自动化办公系统的停车管理信息系统 | | |
| | | 包括停车空间信息与属性信息的信息管理平台系统 | | |
| | | 各类停车场、库停车信息采集传输与管理系统 | | |
| | 基本功能应包含 | 接收数据，并对数据进行融合及存储 | | |
| | | 通过合理组织管理，将数据转化成为能够理解的信息 | | |
| | | 根据服务请求和查询权限为客户系统提供信息服务 | | |
| | | 可视化的停车场库管理功能 | | |
| | | 动态数据、静态数据实时分析功能 | | |
| | 信息采集与技术方案包括 | 手机、感应线圈检测、视频检测、IC 卡、手持 POS 机、超声波探测器等 | | |
| | 停车与互联网融合发展 | | | |
| | 移动终端互联网停车应用 | | | |
| | 通过手机等移动通信工具，查询、预约车位以及进行付费 | | | |
| 停车诱导系统 | 组成 | 信息采集、信息传递、信息处理以及信息发布等 | | |
| | 信息处理 | 包括停车诱导控制中心、控制分中心的信息处理和停车设施管理端的信息处理 | | |

续表

| 类　别 | 技　术　内　容 | | 规范依据 |
|---|---|---|---|
| 停车诱导系统 | 信息传递 | 包括停车诱导控制中心与停车诱导控制分中心之间、停车诱导控制分中心与停车信息管理分中心之间的信息传递 | 《城市停车设施建设指南》第2.3.3条 |
| | | 方法 有线、无线等多种方式 | |
| | 信息发布设施 | 可变信息显示屏、交通广播电台、互联网、车载终端、手持终端 | |
| | 信息发布内容 | 停车设施位置、泊位数、车位使用情况、收费情况、道路交通状况、交通管制措施、停车场周边服务设施分布情况、行车路线、预约服务信息等 | |
| | 停车诱导标志地点的设置考虑 | 分层次 根据诱导信息的不同，设置的位置距离停车设施远近也不同 | |
| | | 间隔合理 各诱导标志设置地点之间应有合理的间距 | |
| | | 疏密有序 根据路段不同，需求大小不同，在不同区域选择不同数量、地点进行设置 | |

**参考文献：**

［1］城市停车设施建设指南 .

［2］城市停车规划规范 GB/T 51149—2016.

［3］车库建筑设计规范 JGJ 100—2015.

［4］民用建筑设计统一标准 GB 50352—2019.

［5］深圳市重点区域建设工程设计导则 .

［6］机械式停车库工程技术规范 JGJ/T 326—2014.

［7］机械式停车库设计图册 .

［8］电动汽车分散充电设施工程技术标准 GB/T 51313—2018.

［9］电动汽车充电基础设施建设技术规程 DBJ/T 15—150—2018.

# 3 城市慢行系统

## 3.1 总 则

城市慢行系统是指步行或自行车等以人力为空间移动动力的交通系统，由步行交通与自行车交通两部分组成。城市建设应大力发展与改善慢行交通系统环境，鼓励发展独立步行系统和自行车系统。

| 相 关 术 语 | | 表 3.1 |
| --- | --- |
| 术 语 | 定 义 |
| 路权 | 指道路交通主管部门为了提升道路使用效率、确保道路使用者的安全，根据道路交通工程与管理的原理，由道路交通法规、交通控制设施，在一定空间、时间内，规范道路使用者使用道路的权利 |
| 独立路权自行车道 | 自行车与机动车、行人分开，自行车拥有独立路权的自行车道 |
| 共享路权自行车道 | 自行车与机动车、行人共享路权的自行车道 |

## 3.2 自行车道

| 一 般 规 定 | | | 表 3.2.1 |
| --- | --- | --- | --- |
| 技 术 规 定 | | | 规 范 依 据 |
| 在轨道接驳、交通枢纽、商业中心、旅游景点周边等人流密集的重点区域，因地制宜设置自行车道；若设置禁止自行车通行的道路，其100m范围内应有与之平行、满足服务要求的自行车通道，并提供清晰的导引系统 | | | 《深圳市片区交通综合整治标准指引》 |
| 根据"以人为本"的理念优化道路断面分配，合理新增自行车道。道路改造原则上按照行人、自行车、机动车、绿化（灌木或草坪）优先层级，充分考虑交通需求、工程可行、安全可靠等因素，形成5种慢行设施改造基本断面 | | | |
| 独立路权自行车道 | A1 | 自行车高峰交通量≥200辆/h，且 $L$ ≥5m | |
| | A2 | 自行车高峰交通量≥200辆/h，且3.5m≤ $L$ <5m | |
| | | 200辆/h>自行车高峰交通量≥100辆/h，且 $L$ ≥3.5m | |
| | A3 | 自行车高峰交通量≥200辆/h，且 $L$ <3.5m[2] | |
| | — | 考虑另觅自行车道，串联路线，并进行自行车道评估[3] | |

续表

| 技 术 规 定 | | | 规范依据 |
|---|---|---|---|
| 共享路权自行车道 | S1 | 200 辆/h＞自行车高峰交通量≥100 辆/h，且 2.5m≤$L$＜3.5m | 《深圳市片区交通综合整治标准指引》 |
| | | 自行车高峰交通量＜100 辆/h，且 $L$≥2.5m | |
| | S2 | 自行车高峰交通量＜100 辆/h，且 2m≤$L$＜2.5m | |
| | — | 考虑另觅自行车道，串联路线，并进行自行车道评估[4、5] | |

注：1. $W$＝车道宽度；$L$＝慢行有效宽度，为人行道和可梳理绿化带（如灌木、草坪）宽度，不包括乔木带和设施带宽度。

2. $L$＜3.5m，且同时符合以下条件：（1）属于次路、支路、辅路；（2）$W$≥3.5m；（3）次路、支路机动车道设计速度＜60km/h。

3. $L$＜3.5m，但不符合本表注 2 所述的任何一种情况。

4. 共享路权自行车道，200 辆/h＞自行车高峰交通量≥100 辆/h，且 $L$＜2.5m。

5. 共享路权自行车道，自行车高峰交通量＜100 辆/h，且 $L$＜2m

**独立路权自行车道**　　　　　　　　　　　　　　　　　　　　　　表 3.2.2

| 类　别 | | 技 术 要 求 | | 典 型 构 造 | 规范依据 |
|---|---|---|---|---|---|
| 独立路权自行车道 A1 | 要点 | 行人道和自行车专用道共板，行人道与自行车道之间采用绿化或物理隔离 | | | 《深圳市片区交通综合整治标准指引》 |
| | 适用性 | 快速路、主干道等高等级道路 | | | |
| | 高峰最低通行量要求 | ≥200 辆/h | | | |
| | 慢行有效宽度 | $L$≥5m | | | |
| | 自行车道宽度建议 | 2.5～3.0m | | | |
| | 通行 | 双向 | | | |
| 独立路权自行车道 A2 | 要点 | 行人道和自行车专用道共板、铺装识别，建议行人道与自行车道之间设置适当高差 | | | |
| | 适用性 | 主干道、次干道等 | | | |
| | 高峰最低通行量要求 | ≥200 辆/h | ≥100 辆/h | | |
| | 慢行有效宽度 | 3.5m≤$L$＜5m | $L$≥3.5m | | |
| | 自行车道宽度建议 | 1.5～2.0m | 1.5～2.0m | | |
| | 通行 | 双向 | 双向 | | |

| 类　别 | | 技 术 要 求 | 典 型 构 造 | 规范依据 |
|---|---|---|---|---|
| 独立路权自行车道 A3 | 要点 | 压缩机动车道，设置自行车专用道 | | 《深圳市片区交通综合整治标准指引》 |
| | 适用性 | 次干道、支路等较低等级道路 | | |
| | 高峰最低通行量要求 | ≥200辆/h | | |
| | 慢行有效宽度 | $L < 3.5m$ | | |
| | 次、支、辅路车道宽度 | $W ≥ 3.5$ | | |
| | 自行车道宽度建议 | 1.5～2.0m | | |
| | 通行 | 双向 | | |

注：1. $W$ =车道宽度；$L$ =慢行有效宽度，为人行道和可梳理绿化带（如灌木、草坪）宽度，不包括乔木带和设施带宽度。

　　2. 如果高峰最低通行量要求≥200辆/h，$L < 3.5m$，且不符合以下任一条件时，考虑另觅自行车道，串联路线，并进行自行车道评估：（1）属于次路、支路、辅路；（2）$W ≥ 3.5m$；（3）次路、支路机动车道设计速度＜60km/h

共享路权自行车道　　　　　　　　　　　　表 3.2.3

| 类　别 | | 技 术 要 求 | | 典 型 构 造 | 规范依据 |
|---|---|---|---|---|---|
| 共享路权自行车道 S1 | 要点 | 步行道和自行车道相对共享，通过划线识别，建议自行车道采用透水混凝土路面 | | | 《深圳市片区交通综合整治标准指引》 |
| | 适用性 | 主干道、次干道、支路等各类型道路 | | | |
| | 高峰最低通行量要求 | ≥100辆/h | ＜100辆/h | | |
| | 慢行有效宽度 | 2.5m≤$L$≤3.5m | $L ≥ 2.5m$ | | |
| | 自行车道宽度建议 | 1.5～2.0m | 1.5～2.0m | | |
| | 通行 | 双向 | 双向 | | |
| 共享路权自行车道 S2 | 要点 | 步行道和自行车道完全共享，统一铺装 | | | |
| | 适用性 | 次干道、支路等 | | | |
| | 高峰最低通行量要求 | ＜100辆/h | | | |
| | 慢行有效宽度 | 2m≤$L$＜2.5m | | | |
| | 自行车道宽度建议 | — | | | |
| | 通行 | 双向 | | | |

注：1. $L$ =慢行有效宽度，为人行道和可梳理绿化带（如灌木、草坪）宽度，不包括乔木带和设施带宽度。

　　2. 如果高峰最低通行量≥100辆/h，$L < 2.5m$，考虑另觅自行车道，串联路线，并进行自行车道评估。

　　3. 如果高峰通最低行量＜100辆/h，$L < 2m$，考虑另觅自行车道，串联路线，并进行自行车道评估

**临市政交通设施自行车道的设置要求**                                    表 3.2.4

| | | |
|---|---|---|
| 临公交站设置的自行车道 | 应通过合理设计、铺装和标识等协调进站车辆、自行车、候车及上下车乘客之间的冲突<br><br>自行车道向公交站台后绕行，保证自行车道的连续性<br><br>穿越自行车道前往站台处设置斑马线<br><br>自行车道向外蜿蜒使站台有足够面积，并降低自行车车速 | |
| 临地铁出入口设置的自行车道 | 应考虑沿地铁出入口内侧或外侧绕行，通过合理设计、铺装和标识等协调出入口、自行车、行人之间的冲突<br><br>自行车道由人行道绕行时，应设置行人优先区，自行车道在优先区两端设置减速措施<br><br>当绿化带宽度足够时，自行车道可由绿化带绕行连续设置，自行车道的宽度应与标准段一致，自行车道边线与机动车道边缘及地铁口构筑物侧壁需保证0.5m的安全间距 | |
| 临天桥、地下通道出入口设置的自行车道 | 应考虑沿出入口内侧或外侧绕行，通过合理设计、铺装和标识等协调出入口、自行车、行人之间的冲突<br><br>尽量利用天桥、地下通道出入口与机动车道中间间隙位置设置自行车道、减少步行与自行车通行冲突<br><br>条件受限时，自行车道需绕行天桥、地下通道出入口进行统筹设计 | |
| 临路边临时停车位设置的自行车道 | 应通过合理设计、铺装和标识等协调车辆、自行车交通、行人之间的冲突 | |
| | 自行车道与路边停车位宜物理隔离，设置宽度≥0.3m的车辆开门缓冲空间 | |

*《深圳市片区交通综合整治标准指引》*

### 3.2.5 自行车道的其他要求

表 3.2.5

| 类　别 | 技　术　要　求 | 规 范 依 据 |
|---|---|---|
| 铺装要求 | 自行车道路面结构应满足平整、抗滑、耐磨、美观等要求，并与周边环境和街道整体外观相协调<br><br>自行车道宜采用新型环保材料连续铺装，应结合路基地质情况选用全透水式或半透水式结构。铺装结构可采用（不限于）以下形式：透水水泥混凝土面层＋级配碎石基层、透水沥青混凝土面层＋透水水泥混凝土和级配碎基层<br><br>自行车道上面积＞0.09m² 的市政管道检查井盖宜采用下沉式（凹形）铺装井盖。井盖铺装面的材质、颜色及铺装样式应完全与周边一致<br><br>自行车道上雨水算的格栅长边应与自行车行驶方向垂直 | 《深圳市道路设计指引2017》第4.2.6条 |
| 自行车行驶和车道标志设置要求 | 在自行车道的起点及各交叉口入口前适当位置应设置自行车行驶和车道标志；版面上头应正对车道，箭头方向向下；在标志无法正对车道时，可调整箭头方向，指向车道<br><br>自行车图形为指示自行车道的地面标识。白色，图形高宽比为3：5，宽度为自行车道宽度的一半。沿自行车道每隔100～200m施划一组，自行车道的起终端及自行车慢行区、过街自行车横道的两端均应施划<br><br>自行车行驶方向箭头为指示自行车行驶方向的地面标识，一般与自行车图形一起施划。白色，长 120～180cm<br><br>车道边线用于指示自行车道外边缘的界线，为白色实线，线宽10cm<br><br>车道分界线用于分隔同向或对向自行车道，一般为白色虚线，线宽10cm，实线长100cm，之间净距200cm。自行车道起终端20m范围、自行车慢行区外侧20m范围、陡坡或急弯路段应采用白色实线，禁止变换车道、超车或跨越 | 《深圳市道路设计指引2017》第4.2.7条 |
| 停车设施设置要求 | 停车设施按照因地制宜和应设尽设的原则设置。停放区半径宜≤50m，并结合轨道车站、广场、重要公共建筑等人流集散地设置<br><br>自行车停放区占用人行道设置时，剩余可供通行的人行道宽度不得＜2m<br><br>综合考虑自行车交通需求分布情况，合理布置停放点 — 行道树（行道树间隔≥5m）<br><br><br><br>综合考虑自行车交通需求分布情况，合理布置停放点 — 人行道（路口外侧行人道，转弯半径≥10m）<br><br> | 《深圳市片区交通综合整治标准指引》 |

续表

| 类　别 | 技　术　要　求 | | 规　范　依　据 |
|---|---|---|---|
| 停车设施设置要求 | 综合考虑自行车交通需求分布情况，合理布置停放点 | 轨道站点（出入口相反方向的区域，与出入口保持一定距离）<br>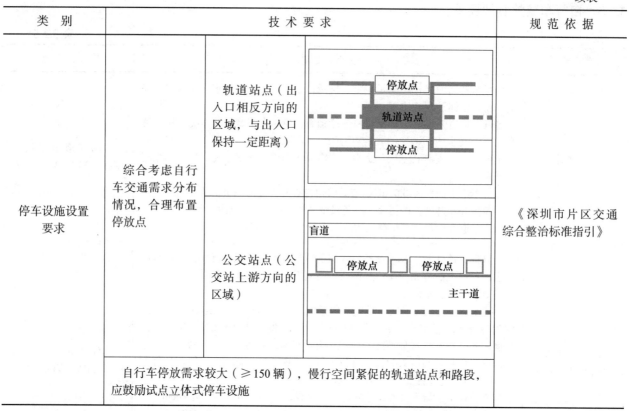<br>公交站点（公交站上游方向的区域） | 《深圳市片区交通综合整治标准指引》 |
| | 自行车停放需求较大（≥150辆），慢行空间紧促的轨道站点和路段，应鼓励试点立体式停车设施 | | |

# 3.3 人行道

## 3.3.1 一般规定

一　般　规　定　　　　　　　　　　　　表 3.3.1

| 技　术　要　求 | | | | | | 规　范　依　据 |
|---|---|---|---|---|---|---|
| 人行道宽度应依据行人流量、行人特征，并综合考虑道路规划红线宽度、道路性质等级及沿线用地情况等因素设置 | | | | | | 《深圳市片区交通综合整治标准指引》 |
| 旧路改造工程，受条件限制人行道宽度达不到最小宽度要求时，不得小于原有人行道宽度 | | | | | | |
| 交叉口范围内的人行道宽度不宜小于路段上的宽度 | | | | | | |
| 最小宽度不得 ≥ 2m | | | | | | |

| 道路等级 | 人行道宽度（m） | | | | | |
|---|---|---|---|---|---|---|
| | 一般居住 | 办公 | 商业 | 景观休闲 | 交通 | 其他综合 |
| 快速路 | — | — | — | — | 3 | 3 |
| 主干路 | 3.5～4.5 | 3.5～4 | 4～5.5 | 4～5.5 | 3.5 | 3.5 |
| 次干路 | 3.5～4.5 | 3.5～4 | 3.5～5.5 | 3.5～5.5 | 3.5 | 3.5 |
| 支路 | 2.5～4.5 | 3～4 | 3～5.5 | 3～5.5 | 3 | 3 |

### 3.3.2 人行道的其他要求

**人行道的其他要求**                                    表 3.3.2

| 类　别 | 技 术 要 求 | 规范依据 |
|---|---|---|
| 铺装要求 | 人行道铺装应平整、美观，铺装的材质、颜色及图案应与周边环境协调。（1）交通性道路人行道铺装宜采用彩色透水材料，色彩宜选用无色调（深浅黑白灰），铺装肌理简洁。（2）生活性道路人行道铺装宜采用彩色透水材料，色彩宜选用1～2种相似色，或与无色调（深浅黑白灰）搭配，铺装肌理精致，塑造适宜的环境景观。（3）大型商业、商务区域，重要景观道路的人行道可采用花岗石等天然石材铺装，但宜与海绵城市设施配合使用<br><br>人行道铺装宜采用新型环保材料，应结合路基地质情况选用全透水式或半透水式结构，铺装结构可采用（不限于）以下形式：彩色环保透水砖面层＋透水水泥混凝土和级配碎石基层、彩色透水烧结砖面层＋透水水泥混凝土和级配碎石基层、彩色透水水泥混凝土面层＋级配碎石基层、砂基透水砖面层＋透水水泥混凝土及级配碎石基层<br><br>人行道上面积＞0.09m²的市政管道检查井盖宜采用下沉式（凹形）铺装井盖。井盖铺装面的材质、颜色及铺装样式应完全与人行道一致<br><br>人行道铺装颜色、图案应统一、连续，应注重边角及与构造物衔接处的铺装细节处理设计 | 《深圳市道路设计指引2017》第4.1.3条 |
| 人行道上公共设施的设置不得影响正常行人交通 | 道路上设置的各类设施，应避免妨碍行人通行及引起视觉混乱。鼓励采用"多杆合一、一箱多用"等方式对设施进行整合设计<br><br>下列路侧带区域内，只允许设置交通安全及管理设施，设施的形式和位置应满足安全视距和通行要求。（1）交叉口（含地块机动车出入口）转角区及缘石曲线段以外10m范围。（2）人行天桥、人行地道等过街设施和轨道交通站点出入口10m范围。（3）公交车站站台两侧15m范围 | 《深圳市道路设计指引2017》第4.1.4条 |

# 3.4 慢行空间挖潜

**慢行空间挖潜**                                    表 3.4

| 类　别 | 技 术 要 求 | 规范依据 |
|---|---|---|
| "背向式"公交站台 | 针对有条件的路段开展公交站台改造，通过设置"背向式"公交站台，增加慢行有效通行空间 | 《深圳市片区交通综合整治标准指引》 |
| 城市中心区及对景观要求较高的区域，以及步行空间不足2m的区域 | 针对有条件的路段开展道路树池改造，统一树池边框和算子的材质、规格<br>要求树池边框、算子顶面与人行道齐平<br>通过树池填平，增加慢行有效通行空间 | |
| 合理控制机动车道规模，增加慢行空间 | 以商业和生活服务功能为主的次干、支路应尽量压缩机动车道宽度，拓宽慢行空间<br><br>缩减车道前街道尺寸<br> | |

续表

<table>
<tr><th>类　别</th><th colspan="3">技 术 要 求</th><th>规范依据</th></tr>
<tr><td>合理控制机动车道规模，增加慢行空间</td><td>缩减车道后街道尺寸</td><td colspan="2">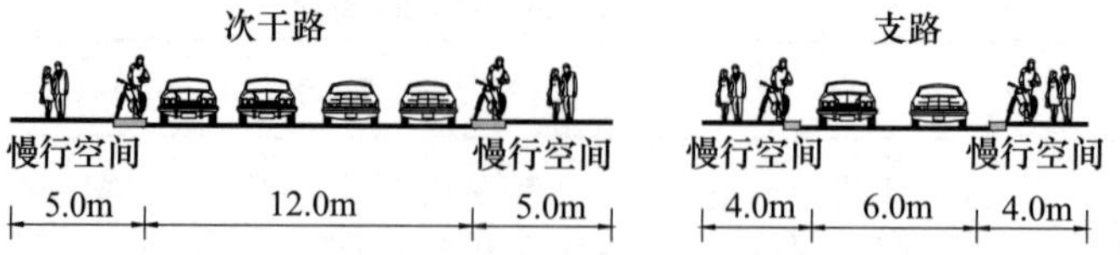
次干路
慢行空间
慢行空间
5.0m
12.0m
5.0m
支路
慢行空间
慢行空间
4.0m
6.0m
4.0m</td><td rowspan="17">《深圳市片区交通综合整治标准指引》</td></tr>
<tr><td>设置人行天桥、过街地道、轨道站点出入口等设施时</td><td colspan="3">应保障步行畅通；特殊困难地段，行人道至少应保留 2m 宽<br>鼓励人行天桥的楼梯、过街地道和轨道站点出入口结合退界空间集约设置</td></tr>
<tr><td rowspan="7">根据建筑前区（建筑退线区域）的业态和功能，合理处理其与慢行空间的关系</td><td colspan="3">当在建筑前区间距不足 4m，种栽乔木可能占用步行空间时，则不应设置乔木景观树或行道树</td></tr>
<tr><td colspan="3">当道路红线内用地无法提供足够的慢行空间时，道路红线外沿街有条件退让用地的，宜提供≥ 2m 的慢行空间；无退让条件的，可通过压缩绿化带、设施带等手段，保证慢行空间宽度≥ 2m</td></tr>
<tr><td rowspan="4">临街建筑前区具有经营性功能时，应加强管理执法，禁止侵占道路红线内空间，并鼓励其与道路红线保持一定间距，避免步行通行与沿街活动相互干扰</td><td>沿街建筑前区功能</td><td>建筑前区与红线间的距离（m）</td></tr>
<tr><td>停车场</td><td>0.5 ～ 1</td></tr>
<tr><td>室外商品展示、设置室外餐饮</td><td>1.5 ～ 2</td></tr>
<tr><td>特色餐饮、酒吧街道</td><td>2 ～ 3</td></tr>
<tr><td colspan="3">建筑前区（建筑退线区域）的铺装尽量与人行道在材质、风格等方面保持统一，保证风貌整体性，形成风格协调的完整街区</td></tr>
<tr><td colspan="3">沿街建筑首层、退界空间与人行道应保持相同标高，形成开放、连续的室内外活动空间</td></tr>
<tr><td rowspan="7">各类设施应集约布局在设施带内，避免妨碍慢行通行</td><td colspan="3">设施带沿路缘石布置，集中布局，一般设置在非机动车道与车行道之间</td></tr>
<tr><td rowspan="6">设施带宽度控制在 1.5 ～ 2.0m</td><td>项目</td><td>不同设施独立设置时占用宽度（m）</td></tr>
<tr><td>行人护栏</td><td>0.25 ～ 0.5</td></tr>
<tr><td>灯柱</td><td>1.0 ～ 1.5</td></tr>
<tr><td>邮箱、垃圾箱</td><td>0.6 ～ 1.0</td></tr>
<tr><td>长凳、座椅行道树</td><td>1 ～ 2</td></tr>
<tr><td>行道树</td><td>1.2 ～ 1.5</td></tr>
</table>

## 3.5　附属设施

**附　属　设　施**　　**表 3.5**

| 类别 | 技 术 要 求 | 规范依据 |
|---|---|---|
| 过街设施 | 根据行人过街需求设置过街设施，合理控制过街设施间距，使行人能够就近过街<br>道路交叉口应设置自行车骑行过街设施，避免人车混行，提高骑行畅达；过街骑行道宽度≥ 1.5m | 《深圳市片区交通综合整治标准指引》 |

| 类别 | 技术要求 | | 规范依据 |
|---|---|---|---|
| 过街设施 | 合理设置立体慢行过街设施 | 横过交叉口的一个路口的步行人流量大于5000人/h，且同时进入该路口的当量小汽车交通量大于1200辆/h时，应设置过街天桥或地下通道<br>若相邻的两平面交叉口间距小于400m，中间的主干路路段上过街需求较大，宜设置立体过街设施；若设置天桥，则应满足行车视距要求 | 《深圳市片区交通综合整治标准指引》 |
| | 在地面空间条件允许的情况下，立体过街设施应设置独立的骑乘坡道，保持骑行的连续性 | 骑行坡道坡度比原则上≤2.5%<br>当骑行坡道双向通行时，应设置物理分隔带<br>在骑行坡道出口处设置减速带 | |
| | 自行车穿越立体过街设施，无法骑乘的，应设置或增设独立自行车牵引道或推行坡道 | 桥梁与连接处线形应采用相同宽度，以保证线形整体性<br>跨越坡度宜小于8%，若有特殊高差需克服，最大应<12%<br>推行坡道宽度必须满足两辆自行车侧身推行通过，最小宽度≥0.5m<br>必须采用防滑设计，配合环境、地方特色选择适当的造型、材质及颜色<br>行车牵引道设置规格：采用不锈钢板高压成型；牵引道车轮凹槽50~100mm宽；凹槽内粘合陶瓷颗粒防滑 | |
| | 右转机动车流量较大时（≥800辆/h），建议对右转机动车采取相应的信号控制，保证同侧自行车过街不受干扰 | | |
| | 自行车（≥360辆/h）或行人（≥1500人/h）过街流量较大的平面过街斑马线处，可视情况试点设置自行车（行人）过街专用信号灯 | | |
| | 结合步行和自行车交通量，合理设置二次过街安全岛，为驻留行人提供安全、舒适的庇护 | 人行横道长度超过16m或者双向四车道以上，设置二次过街安全岛，宽度宜≥1.5m，最窄不得<0.8m<br>长度宜不小于人行横道宽度，过街量较大的路段，驻足区面积应根据交通流量确定<br>二次过街的人行横道宜采用错位人行横道<br>设置岛头并延伸至人行横道外，配置路缘石、护坡和绿化 | |
| 稳静化设施 | 在车流量较小、以慢行为主的支路汇入主、次干路口，交叉口宜抬高至与人行道平齐，采用连续人行、自行车道铺装代替人行横道，斜坡坡度≤1:10 | | 《深圳市片区交通综合整治标准指引》 |
| | 在车流较少及人流量较高的新建、改建支路—支路交叉口，应采用特殊材质或人行道铺装，抬高至与人行道平齐，斜坡坡度≤1:10 | | |
| | 沿街（住宅小区、学校、医院）地块内通道与街道的衔接路口，建议抬高至与人行道标高平齐，机动车出入口处的人行道应沿机动车行驶轨迹外侧设置阻车桩（车止石） | | |
| | 慢行平面过街系统须设置三面坡缘石坡道设施，保证与路面无缝衔接 | 坡度应缓于1:20<br>坡道下口必须与路面齐平，并与人行横道等宽 | |
| | 为防止机动车驶入人行道范围，缘石坡道等处应设置车止石或人行道防护桩。车止石与人行道防护桩设置应规范、整齐，要求坚固美观，与周边环境协调，不应妨碍行人及无障碍通行，并应满足机动车通视要求 | 花岗石车止石：圆柱状，截面直径25cm，总高80cm，外露高50cm<br>镀锌钢管车止石：圆柱状，截面直径8.9cm，总高73cm，外露高43cm<br>设置位置中心间距120~150cm，距机动车道边缘50cm | |

续表

| 类别 | | 技术要求 | 规范依据 |
|---|---|---|---|
| 自行车停车设施 | 布置 | 自行车停车设施应与机动车停车设施分开设置<br>自行车停车设施可结合周边建筑设置，一般采用地面停车场形式<br>商业、办公、医院、学校等人流聚集场所附近应根据需求设置自行车停车设施<br>公交车停靠站、轨道交通站点等需进行交通转换的位置，应就近设置驻车换乘停车场，并按高峰小时换乘客流每 100 人配建 1～2 个停车位<br>自行车停车需求较小的公交站，可利用路侧绿化设施带、桥下空间布设自行车停车处，并确保自行车停放空间不侵入机动车道、人行道和自行车道建筑限界<br>自行车停车设施应直接或通过人行道与自行车道连接，并设置自行车停车场指示标志<br>自行车停车设施的间距宜为 300～500m，停车规模宜≥20 辆 | 《深圳市道路设计指引 2017》第 4.5 条 |
| | 设计 | 自行车停车场应设置在硬质铺装上<br>自行车停车场出入口不宜少于 2 个，出入口宽度应≥2.5m<br>自行车停车场宜设置停车架，提供安全方便的锁车条件<br>自行车停放时间较长的停车场宜设置车棚遮阳避雨<br>自行车停车场宜根据需要设置照明、监控等设施 | |
| 无障碍设施 | | 城市道路人行系统无障碍设计应符合《无障碍设计规范》GB 50763—2012 的规定<br><br>城市道路无障碍设施宜与周边建筑的无障碍设施衔接<br><br>城市道路无障碍设施设置应符合以下规定：（1）人行道在各种路口、各种出入口位置必须设置缘石坡道。（2）人行横道两端必须设置缘石坡道。（3）缘石坡道坡度应≤1：20；缘石坡道坡口应与车行道路面齐平，并与人行横道和自行车横道等宽。（4）行进盲道的宽度宜为 250～500mm，当人行道宽度较窄时，宜取低值。（5）交通安全岛宜整体下沉，方便轮椅推行，但应满足排水要求。（6）交叉口转角处相邻缘石坡道间距较小时可采用整体连通式。（7）盲道下方的检查井盖，应采用下沉式（凹形）铺装，保证盲道连续、顺直。（8）城市中心区及视觉障碍者集中区域的人行横道，宜配置过街音响提示装置。（9）人行道高差宜采用不大于 1：12 的缓坡处理，当采用台阶方式时应设置轮椅坡道。（10）人行天桥及人行地道宜设置轮椅坡道，当设置轮椅坡道困难时，可设置无障碍电梯。（11）人行道设置休息座椅时，应设置轮椅停留空间，其水平长度应≥1.50m。（12）轨道站点、人行天桥和地道出入口盲道系统应与人行道盲道系统连接 | 《深圳市道路设计指引 2017》第 4.6 条 |

**参考文献：**

[1] 深圳市片区交通综合整治标准指引（征求意见稿）.

[2] 深圳市道路设计指引 2017.

# 4 城市公共家具

## 4.1 基本规定

| | 基　本　规　定 | 表 4.1 |
|---|---|---|
| 项目 | 内　　容 | 内容依据 |
| 概念 | 城市家具一词起源于20世纪60年代的欧洲。英国称为街道家具，西班牙称为城市元素，法国称为城市家具。美国风景园林师加勒特·埃克博称其为城市街道家具，其定义是设置在街道和高速廊道上的所有不可移动元素，作为表面基本铺装、公用构筑物、界面墙体、围栏或围墙及其附属物，包括廊道内的照明设施、信息设施、标志、报刊亭、垃圾箱、座椅、饮水机、公厕、树木花坛、种植器、路档、格栅等 | 城市家具及其类型学规划设计方法研究——以珠海市城市家具设置规划为例 |
| 分类 | 兼顾城市家具的功能属性及管理归属，对城市家具各类设施进行系统性分类，分为铺装设施、公共照明、市政设施、街道家具和智能交通设施5大系统 | |

## 4.2 城市公共家具单体设计要点

| | 铺　装　设　施 | 表 4.2 |
|---|---|---|
| 类别 | 技　术　要　点 | 文件依据 |
| 人行道铺装 | 人行道铺装需符合《城市道路工程设计规范》CJJ 37—2012、《城市综合交通体系规划标准》GB/T 51328—2018、《深圳市道路设计指引》、《深圳市步行和自行车交通系统规划设计导则》和《城市步行和自行车交通系统规划设计导则》中的相关标准要求 | 《福田区街道设计导则》第7.1.1条《深圳市罗湖区完整街道设计导则》第5.2.1条 |
| | 色彩控制。铺装颜色应考虑与周边建筑、城市景观风貌的协调统一，避免饱和度、明度过高的色彩；除非特殊设计需要，人行道铺装不宜使用在街道环境中容易显得突兀的铺装颜色；人行道铺装推荐以下两个色系：偏冷和中性的灰色系、偏暖强调亲切柔和的暖黄系。铺装色差不能太大 | |
| | 尺寸控制。与活动形态的关系：通过活动形态确定，如停留空间选择尺寸较小的铺装，更加亲切宜人；集散和通行空间选取尺寸较大的铺装，更加简洁大气。与周边环境的关系：根据建筑与步行空间的高宽比进行设计，过大或过小的材料尺寸，难以体现空间的整体感，显得突兀；与建筑外立面的贴面呼应，进行一体化设计。与空间尺度的关系：根据空间大小进行设计，宽阔的步行区域不宜采用小尺寸铺装，以免割裂空间整体性，显得杂乱细碎；狭窄的设施带、绿化带间隔区域则考虑采用较小的材料尺寸，使空间协调一致 | |
| | 形式控制。通行空间铺装重点：推荐采用顺人流动线方向的线性铺装形式，暗示行人不作停留，并具有导向性。停留空间铺装重点：多色混拼，降低方向性，形式丰富多样；强调空间的场所感。集散空间铺装重点：出入口设置地标，暗示停留空间端头位置（开始或结束）；突出场地的中心地位，吸引人群注意 | |

| 类别 | 技 术 要 点 | 文件依据 |
|---|---|---|
| 人行道铺装 | 材料。混凝土：造价较低，适用于重要性较低的街道使用；PC砖：适用于重要街道，重点区域，排水需求较低的路面；透水砖：适用于非历史街区的大部分城市人行道，和对避免积水要求较高的街道；另外配合海绵城市构建，可广泛应用用于海绵城市试点区域；人造花岗石：适用于市内重要的市民公共场所，用于特定区域以突出该区域的重要性；天然石材：包括天然花岗石、天然大理石、天然青石等多种类型，适用于历史街区的改造，体现及还原特定街区的历史文化特征；点缀石材：包括马蹄石、卵石、碎石等，适用于街道、广场入口、休憩空间等区域，起到点缀装饰以及提高空间辨识度等作用 | 《福田区街道设计导则》第7.1.1条 《深圳市罗湖区完整街道设计导则》第5.2.1条 |
| 自行车道铺装 | 自行车道需符合《城市综合交通体系规划标准》GB/T 51328—2018、《城市道路标志和标线设置规范》GB 51038—2015、《深圳市道路设计指引》、《深圳市步行和自行车交通系统规划设计导则》和《城市步行和自行车交通系统规划设计导则》中的相关标准要求 | 《福田区街道设计导则》第7.1.2条 《深圳市罗湖区完整街道设计导则》第5.3.1条 |
| | 基本要求。经济性：自行车道铺装选材应该选择经久耐用的材料，以便于后期维护；安全性：为了应对深圳多雨的天气，自行车道铺装材料应具有较好的防滑性，以保证骑行者的安全；环境协调：自行车铺装材料应与人行道铺装材料，以及周边环境相协调，尤其是在运用彩色自行车道时，必须保证其视觉上与整体空间环境的协调一致 | |
| | 推荐面层材料为透水混凝土和透水沥青。透水混凝土能够将雨水迅速渗入地表还原成地下水，及时补充地下水资源，提高地表的透气、透水性，保持土地湿度，提升城市生态环境。透水性路面材料具有较大的孔隙率，能蓄积较多的热量，有利于调节城市地表的温湿度。透水沥青颜色多样，高温稳定性、抗损坏性、耐久性都很好，具有良好的弹性、柔性和防滑性，舒适度高，但不耐脏，尤其是浅颜色路面，材料贵，造价高，后期修补工艺繁琐，成本高 | |
| | 综合维护管理、后期效果和环境协调问题，推荐透水混凝土原色。长期使用彩色透水混凝土容易褪色，后期维护较困难，色彩饱和度高的材质与整体环境颜色难以协调。为保证骑行平稳，透水混凝土保持粒径在3～5mm | |
| 路缘石 | 路缘石分为屏障式和可跨越式两类。屏障式又称为障碍式，垂直面，高约12～15cm，可跨越式为斜坡面，高10cm。路缘石的设置须避免碰撞导致的二次伤害：如果缘石高于15cm，当车辆与其相撞时会严重损害车体与车辆转向系统，限速高的路段甚至可能导致车辆腾空飞跃及侧翻，增加事故的严重性。根据国外不可跨越式缘石的相关设置案例，采用12～15cm高的缘石是此类缘石设置的国际趋势。限速低的道路，使用可跨越式路缘石明晰道路轮廓、保护行人安全 | 《福田区街道设计导则》第7.1.5条 |
| | 注意事项：（1）设计速度较高的道路原则上不应设置缘石，若设置缘石，则必须设置半刚性护栏（例如W型钢板护栏）或柔性护栏，且缘石必须设置在护栏表面的后方或至少与护栏表面齐平。（2）设计速度渐变的路段应谨慎使用缘石，如果要设置缘石，则路侧净区的宽度也适当加大。而且缘石的设置也应具有连续性，不可有缺口或凸出。（3）人行道在交叉路口、单位出入口、广场出入口、人行横道及桥梁、隧道、立体交叉范围等行人通行位置，通行线路存在立缘石高差的地方，均应设置平缘石 | |
| | 路缘石的尺寸规格应当与铺装、复合式雨水篦子等内容尺寸成模数关系，方便对缝美观 | |
| | 路口转弯处的需弧形定制；衔接口路缘石有高度或宽度差异时也采取定制 | |
| | 路缘石长度尺寸不低于600mm，否则会导致视觉上接缝过密，景观艺术感太差（建议900～1200mm） | |

| 公 共 照 明 | | 表 4.3 |
|---|---|---|
| 类别 | 技 术 要 点 | 文件依据 |
| 一般规定 | 照明设施需符合《城市容貌标准》GB 50449—2008、《城市道路照明设计标准》CJJ 45—2015、《城市夜景照明设计规范》JGJ/T 163—2008、《城市道路照明施工及验收规程》CJJ 89—2012、DGJ 08206—2012 中的相关标准要求 | 《深圳市罗湖区完整街道设计导则》第5.8.1条 |
| | 城市地面道路应设置人工照明设施，为机动车、非机动车及行人提供出行的视觉条件；道路照明应根据道路功能及等级确定其设计标准；照明设施应安全可靠、技术先进、经济合理、节能环保和维修方便 | |
| 商业步行街照明 | 照明要求。（1）丰富性与功能性的平衡：在满足功能照明的前提下，步行商业街更应强调气氛照明；（2）统筹管理各照明主体：明确照明重点对象，对区域内照明进行统筹规划；（3）动与静结合：路灯外的照明设施须达到融声、光、电、色于一体的动静结合状态；（4）打造符合人的心理需求的夜间交往空间 | 《福田区街道设计导则》第7.3条 |
| | 光源：推荐新建道路使用 LED 灯具 | |
| | 灯具选型。（1）装饰性道路灯具：步行商业街道路照明，风格与周围建筑物相称，主要以外表的艺术造型来美化街区。（2）草坪灯：通常为 40～70cm 高，最高不超过 1m。常用于局部照明，尺度适合人行道和其他人行区域。（3）吸壁式灯具：常用于照亮邻近建筑的区域或者室外踏步。通常是不对称配光，以便照亮邻近区域 | |
| 植树道路照明 | 基本要求。（1）新建道路种植的树木不应影响道路照明，树木布置轴线不宜与灯杆布置轴线重合；（2）对扩建和改建道路中影响照明效果的树木应进行移植；（3）不应在高杆灯架维修半径范围内种植乔木；（4）在树木严重影响道路照明的路段可采用下列措施：①修剪遮挡光线的树枝；②修改灯具的安装方式，采用横向悬索布置或延长悬挑长度；③减小灯具的间距，或降低安装高度 | |
| | 注意事项。（1）灯具选型应结合行道树绿化：以行道树树种成年时期苗木的分支点、冠幅为参考，在灯具选型时考虑灯杆高度、悬挑长度是否合适；（2）预留维护作业空间：由于目前使用的高杆灯大多为灯盘升降形式，为便于维修，下部必须留有作业空间，地面绿化不能影响灯盘升降和维护作业 | |

| 市 政 施 设 | | 表 4.4 |
|---|---|---|
| 类别 | 技 术 要 点 | 文件依据 |
| 井盖 | 各类井盖需符合《检查井盖》GB/T 23858—2009、《室外给水设计规范》GB 50013—2006、《室外排水设计规范》GB 50014—2006、《检查井图集》06MS201、《室外有消火栓安装》07MS1011 和《井盖设施建设技术规范》DBJ 440100T 160-2013 中的相关标准要求 | 《深圳市罗湖区完整街道设计导则》第5.8.1条 |
| | 基本要求。（1）井盖设施应满足功能、承载力、外观和尺寸、材料和标识规范的要求。（2）井盖设施的实用功能应符合以下规定：①设置在机动车道上的井盖应有控制沉降的措施；②设置在机动车道和非机动车道上的井盖应有减振、防跳、防响措施；③井盖设施应保证专业检修人员能用简单工具打开；④金属类井盖应设有内置式防盗装置；⑤污水、雨水检查井及深度超过2m或常年有水（或有毒性）或直径大于600mm的其他检查井应设置防坠网或双层井盖；⑥井盖设施应根据井盖材料、管线类型、安装地点等选择合适的防腐材料和方法。（3）盖板顶面不应有拱度，盖板与井座的表面应完整、光滑，材质均匀，无影响产品使用的裂纹、冷隔、缩松、鼓包、砂眼和气孔等缺陷，不得补焊。（4）盖板与井座的接触面应平整、光滑，盖板落座面与井座支承面应进行机械加工，保证盖板与静坐接触平稳。（5）井盖设施施工时，应做好安全文明措施，确保在施工范围内封闭作业，及时疏导社会车辆、行人。（6）井盖设施应与检查井的中心点重合。（7）铰接井盖的铰接轴应与行车方向垂直并安装在来车方向。（8）井盖设施安装完毕后，应开启和关闭盖板一次，并检查和清理盖板与井座间的砂石，确保井盖设施处于正当常使用状态 | |

| 类别 | 技 术 要 点 | 文件依据 |
|---|---|---|
| 公交站点、站台及站牌 | 公交站需符合《城市道路工程设计规范》CJJ 37—2012、《城市道路交通设施设计规范》GB 50688—2011、《深圳市公交中途站设置规范》SZDB/Z 12—2008、《城市道路公共交通站、场、厂工程设计规范》CJJ/T 15—2011、《深圳市道路设计指引》和《城市交通设计导则》中的相关标准要求 | 《深圳市罗湖区完整街道设计导则》第 5.8.5 条《福田区街道设计导则》第 7.4.1 条《深圳市重点区域建设工程设计导则》第 6.4.13 条 |
| | 布置形式。当布设公交站亭后，人行道的通行宽度小于 2.5m 时采用反向式公交站台，通行宽度大于 2.5m 时采用常规公交站亭 | |
| | 基本要求：（1）公交站的规划与设计须遵循需求适应、土地节约、人车安全、交通顺畅、换乘方便及经济合理等原则。（2）新建和改造道路必须同步开展公交站的设计和建设工作。（3）公交站必须与站点所在的道路、交叉口，及站点周边的人行过街通道等交通设施进行一体化设计。（4）公交站的建设应选用节能、环保、耐用和易维护的材料。（5）公交站应设置在公交线路沿途所经过的各主要客流集散点上；在新建道路上，公交中途站应优先布置在规划或现状居住、商业、工业等人流密集路段。（6）长途客运汽车站、火车站以及轨道站点等客流密集区的主要行人出入口 50m 范围内应设公交中途站；在用地允许的条件下宜建设港湾式公交中途站。（7）公交站前后 50m 范围内不宜设置出租车停靠站。（8）公交站应设候车站台，站台与机动车道的高差应在 15～20cm 内。（9）站台表面应平整，不应绿化，并选用透水材料以保持站台干燥；人流过大时应在站台的一侧设置护栏。（10）公交站范围内车辆加减速段及停车位处的路面宜采用高标号混凝土进行局部加强。（11）公交候车亭顶棚高度不应小于 2.5m，有效使用宽度不宜小于 2.5m，并宜随站台宽度增长而相应增加顶棚宽度。（12）公交候车亭的长度宜与停车区长度相同；在客流较少的街道上设置的公交中途站，候车亭长度可适当缩小，最小不宜小于 5m。（13）公交候车亭内设置的广告灯箱应按照统一的规格进行设计，并不宜超过候车亭立面总面积的 50%。（14）当人行道较窄且道路拓宽改造条件受限时，可采用"背向式"公交候车亭。（15）公交车站顶棚设计中为了阻止水由竖向表面流到底侧表面而使电子设备受潮，沿结构下部周围布置的凹槽状部位，即滴水线（也叫作滴水槽）。（16）结合公交站的广告牌做抬高处理，给行人抬腿和跨步预留空间，避免公物损坏和行人磕碰等。（17）站台有效通行宽度不应小于 1.50m。（18）在车道之间的分隔带设公交车站时，应方便乘轮椅者使用 | |
| 公共标识 | 公共标识需符合《城市容貌标准》GB 50449—2008、《城市道路标志和标线设置规范》GB 51038—2015、《城市道路交通设施设计规范》GB 50688—2011、《公共信息导向系统导向要素的设计原则与要求》和《深圳市道路设计指引》中的相关标准要求 | 《深圳市罗湖区完整街道设计导则》第 5.8.6 条 |
| | 基本要求。（1）人行导向设施应根据规划条件、道路布置情况统一设置。服务设施设置应与景观、环境相协调。（2）应与其他交通设施协调布置，避免相互干扰，影响使用。（3）服务设施的布置应符合无障碍环境设计要求。（4）人行导向设施的设置应符合下列规定：①步行街、商业区、比赛场馆、车站和交通枢纽等人流密集区域，以及道路交叉口和公共交通换乘点附近，宜设置人行导向设施；路段导向设施的设置间距应为 300～500m；②导向设施应内容明确、易懂，具有良好的可视性、避免遮挡，保持标识面的清晰、整洁；③枢纽、广场、比赛场馆和大型建筑物周边道路的人行导向设施，应结合其内部人行系统进行设置；④导向设施的设置可结合周边环境艺术化设置，但要易于辨认，清晰、易懂；⑤人行导向设施布置应保证行人通行的连续性和安全性，构成完整的人行导向标识系统；人行导向设施可有路线指示设施和地图导向设施等；⑥路线导向设施应反映 1000m 范围内的人行过街设施、公共设施、大型办公和居住区的行进方向。地图导向设施应反映附近人行过街设施、公共设施、大型办公和居住区的位置。（5）路名牌的设置应符合下列规定：①城市道路交叉口位置应设置路名牌，两个交叉口间的距离大于 300m 的路段应在路段范围内设置路名牌；②路名牌应平行于道路方向，版面应含有道路名称、方向，并应有号码 | |

| 类别 | 技 术 要 点 | 文件依据 |
|---|---|---|
| 中央分隔带护栏、侧分隔带护栏、路侧护栏 | 护栏需符合《城市道路交通设施设计规范》GB 50688—2011、《城市道路公共服务设施设置规范》DB 11/T 500—2007、《城市容貌标准》GB 50449—2008、《深圳市道路设计指引》中的相关标准要求 | 《福田区街道设计导则》第7.4.5条 |
| | 设计要求。路侧护栏的净高不宜低于1.0m，有跌落危险处的栏杆，垂直杆件之间的净间距不应大于0.11m，防止行人穿行引发交通事故；当栏杆结合花盆设置时，必须有防止花盆坠落的措施；路侧护栏不宜采用蹬踏面结构。组成：出于维护目的，护栏应由可更换部件组成，不要焊接在一起。路面距离：设置护栏以距离路缘面450mm为宜 | |
| | 设置位置。路口：交叉口人行道边及需要防止行人穿越机动车道的路边，宜设置路侧护栏，但在人行横道处需断开。当设置路侧护栏不能保证安全视距时，应采用通透型路侧护栏样式。机非分隔：路侧禁止机动车停车（道路标线为实线）的路段两侧；路段：斑马线1.5m处开始往路段方向设置，长度30m；路段过街：路段人行过街横道两侧30m；等等 | |
| 挡车桩／车阻石 | 根据设置位置与功能需求的不同，可分为石材车阻石、球墨铸铁车阻石、不锈钢车阻石、混凝土车阻石、自动升降式车阻石、艺术车阻石、弹性车阻石等 | 《福田区街道设计导则》第7.1.7条 |
| | 基本要求：坚固耐用、便于安装、易于维护，宜为组装式；颜色应该醒目，没有照明时表面应能反光，应满足交通管理需求，不得妨碍行人通行安全，不妨碍无障碍通行，建议间距为1.5～2m；针对自行车的车止石，应该采用柔性材料，针对机动车的车止石应具有防撞功能；规范、整齐、美观，降低对周边景观的影响 | |
| | 设置位置。人车冲突区：交叉路口人行道边缘、行人汇聚点的车道边缘、公交车站及出租车上下客点，交叉口安全岛，小区出入口，步行街路口，广场入口，学校、银行、停车场、政府单位大门；行人非机动车冲突区：人行道、自行车道入口 | |
| 风雨连廊 | 风雨连廊需符合《城市容貌标准》GB 50449—2008、《建筑遮阳工程技术规范》JGJ 237—2011、《城市道路交通设施设计规范》GB 50688—2011、《深圳市人行天桥和连廊设计指引》中的相关标准要求 | 《深圳市罗湖区完整街道设计导则》第5.8.8条《福田区街道设计导则》第7.4.3条《深圳市人行天桥和连廊设计指引》第4.7条 |
| | 布设位置：覆盖地铁站点周边200m范围区域，连接范围内的公交站点、办公区、商业区、居住区、大型公共建筑区，与地下通道及二层连廊、建筑骑楼、建筑挑檐构结合建筑完善的遮阳避雨通道 | |
| | 基本要求：（1）根据气候特征、经济技术条件、使用功能等确定风雨连廊的形式和措施，并应满足夏季遮雨遮阳以及自然通风采光的要求。（2）顶棚净空宜控制在2.5～3.0m，顶棚宽度宜大于2m，以保证在太阳斜照和一般飘雨情况下不丧失遮阳和挡雨两大功能，可结合具体工程的朝向做日照分析。（3）地面连廊拱腹高度应大于3.0m。（4）在风雨连廊整个长度上保持水平高度以满足人行需求。（5）地面竖向高差有变化的时候，应设置斜道予以调整。（6）步道应方便残疾人通行。（7）连廊设置应尽可能考虑与城市景观之间的协调。（8）连廊与其他公共设施衔接应当注意衔接位置的排水问题。（9）连廊支撑柱不应造成行人安全隐患。（10）连廊的建设应当尽量减少对于现有交通设施的迁改或破坏。（11）应满足遮阳、挡雨等功能需求，并注重景观效果。（12）不宜采用全封闭结构 | |
| 雨水口 | 联合式雨水口。（1）设施特点：排水结构灵活轻便，造型简洁大方，边沿设计一体化，防滑、强度高；排水量大，不易堵塞；铸铁材质坚硬牢固、使用寿命长。（2）适用于有立缘石的道路 | 《福田区街道设计导则》第7.1.8条 |
| | 偏沟式雨水口。（1）设施特点：满足雨水篦子的功能需求，兼具艺术美感；工艺较为复杂，破损修复难度较大，需要定期维护。（2）适用于无缘石的路面、地面低注聚水处、公园广场等区域 | |
| | 缝隙式截水沟。（1）设施特点：采用高强度塑料加工而成，强度高，耐腐蚀，不易损坏，使用寿命长；雨水口更换方便，只需取出旧件更换新件即可，省时省力；安装工艺较复杂。（2）建议在所有街道广泛使用 | |

街 道 家 具 表 4.5

| 类别 | 技 术 要 求 | 文件依据 |
|---|---|---|
| 休息设施 | 休息设施需符合《城市绿地设计规范》GB 50420—2007、《城市容貌标准》GB 50449—2008 和《深圳市道路设计指引》中的相关标准要求 | 《福田区街道设计导则》第 7.4.4 条《深圳市罗湖区完整街道设计导则》第 5.9.1 条 |
| | 尺寸：符合人体工程学，可休憩但防止行人躺睡 | |
| | 基本要求：（1）居住、商业、办公、政府社团设施、公共绿地用地周边的街区步行路和地块连通径均应设置休息座椅，商业（包括大型商住综合体）、公共绿地周边片区主通道宜设置休息座椅。（2）休息座椅宜设置在绿化带空间内，无绿化带但人行道宽度大于 4m 时可设置在人行道（紧邻用地一侧）。核心步行片区和重要步行片区内商业服务业设施、公共管理与服务设施、公园绿地和广场等用地和设施沿线的片区主通道和街区步行路，其内休息座椅的设置间距宜为 50～100m。（3）居住、商业、办公、公共管理和服务设施及公共绿地等用地前广场，宜结合道路绿化带设置景观休息座椅，具体形式有圆形、方形、条形树池等。（4）核心步行片区、重要步行片区和行人专用区休息座椅的数量及分布应根据周边行人流量加多、加密，其座椅设计宜根据周边环境采用安全、舒适、独特的设计 | |
| | 布置：（1）设置在有吸引力的公共空间和纳凉的树荫下。（2）在材料、颜色、风格上应尽量统一，避免混乱的情况。（3）沿道路布局的座椅不能影响交通，应给人以足够的活动空间 | |
| | 材质：坐凳的坐面和靠背面的材质推荐选用木材 | |
| | 多设施合一，提供便捷高效的户外环境，如结合 WiFi 和户外充电设施 | |
| 垃圾箱 | 垃圾箱需符合《城市绿地设计规范》GB 50420—2007、《城市容貌标准》GB 50449—2008、《城市环境卫生设施规划规范》GB 50337—2003 和《深圳市道路设计指引》中的相关标准要求 | 《深圳市罗湖区完整街道设计导则》第 5.9.2 条 |
| | 基本要求。（1）在如非必要的街道空间中建议尽量减少垃圾桶投放数量，以集约公共空间同时引导行人降低垃圾产生量，保持街道整洁。（2）在道路两侧以及各类交通客运设施、公共设施、广场和社会停车场等的出入口附近可适当设置垃圾箱。（3）垃圾箱的设置应满足行人生活垃圾的分类收集要求，行人生活垃圾分类收集方式应与分类处理方式相适应，实行可回收物、有害垃圾、大件垃圾、废旧衣物、年桔年花、绿化垃圾、果蔬垃圾、餐厨垃圾等八大类垃圾的分流，尽可能标明二级分类；保持清洁，不得污染环境。（4）设置在道路两侧的垃圾箱，其间距按道路功能划分：①商业、金融业街道：50～100m；②主干路、次干路、有辅道的快速路：100～200m；③支路、有人行道的快速路：200～400m。（5）垃圾箱应根据以下标准进行放置：①垃圾箱的位置选择不应造成通行带障碍；②垃圾箱应放置在公共设施带内，距路边至少 450mm；③当人行道受限时，壁挂式垃圾箱也可在特殊情况下被使用；④不应妨碍交通通行能见度；⑤进入周边私人地块不应受限制；⑥应考虑维护和使用需求；⑦垃圾箱的设置应与其他城市家具和设施相协调。（6）应定期维护和更新，设施完好率不应低于 95%，并应运转正常。（7）建议和其他城市家具设施合设、整合，以节约用地 | |
| 树篦子 | 树篦子需符合《城市道路公共服务设施设置规范》DB11/T 500—2007、《城市容貌标准》GB 50449—2008、《城市环境卫生设施规划规范》GB 50337—2003、《城市道路绿化规划与设计规范》CJJ 75—1997 和《深圳市道路设计指引》中的相关标准要求 | 《深圳市罗湖区完整街道设计导则》第 5.9.3 条 |
| | 基本要求：（1）行道树树穴应尽量与人行道平齐，减少对行人通行的阻碍。树穴抬高形成坐凳的，高度应符合人体工程学设计。（2）同一条道路的树穴整治形式应尽量统一，如路段长、树穴多、情况复杂的，也应按照不同类型进行区分，同一类型采用同一形式，例如同一路段的公交车站采用同一形式的树篦子平铺，普通路段采用同一种植物种植。（3）行道树树穴的设置不应过密，如原有树木种植较密的应采用树带式进行处理。（4）在行人流量大的城市中心区、商业区及对景观要求较高的区域，宜布设树池篦子。篦子内设圆孔或方孔，内径一般 50～80cm，具体尺寸可根据人行道宽度、树种、树径等综合确定。（5）树池边框、篦子顶面应与人行道齐平。（6）树篦子颜色的选择应尽量接近道板砖，护树设施也应采用同一色调。（7）安装树篦子时应预留相应的植物生长空间，并根据植物的生长情况适时调整 | |

| 类别 | 技 术 要 求 | 文件依据 |
|---|---|---|
| 公共艺术设施 | 公共艺术设施需符合《城市道路公共服务设施设置规范》DB11/T 500—2007、《城市容貌标准》GB 50449—2008、《城市绿地设计规范》GB 50420—2007、《市容环境卫生术语标准》CJJ/T 65—2004 和《深圳市道路设计指引》中的相关标准要求 | 《深圳市罗湖区完整街道设计导则》第5.9.5条 |
| | 基本要求。(1)街道公共艺术陈设(包括城市雕塑、艺术装置、艺术墙和临时展览等)应坚持内容健康、形式美观的原则,符合公共空间开放、交流、共享的特征,并符合以下要求:①步行通廊交汇处、重要临山或临水景观点应至少设置一处公共艺术品;②大型交通设施出入口、重要公共建筑出入口、大型广场和城市制高点应结合相关主题设置一处公共艺术品;③居住或商业功能集中片区内的步行主通道宜沿街道设置艺术墙,在人流集中点设置城市雕塑或艺术装置;④核心步行片区、行人专用区至少设置一处公共艺术品。(2)街道艺术陈设工程建设应符合土地及城市规划相关法律法规的要求。(3)城市街道艺术品工程建设应与周边区域人文、自然环境相协调。(4)街道艺术陈设应具有耐久性、防腐性、环保性和安全性,适宜长期放置。(5)街道艺术陈设的设计严禁抄袭,不得侵犯他人的知识产权。(6)行政主管部门应对街道艺术陈设的质量负责 | |
| 商业外摆 | 商业外摆需符合《城市道路公共服务设施设置规范》DB11/T 500—2007、《城市容貌标准》GB 50449—2008、《市容环境卫生术语标准》CJJ/T 65—2004、《深圳市"门前三包"责任制管理办法》和《深圳市道路设计指引》中的相关标准要求 | 《福田区街道设计导则》第7.4.8条《深圳市罗湖区完整街道设计导则》第5.9.6条 |
| | 设计要点:(1)行人优先:街道设计应当遵循行人优先的原则,建筑退线空间可以很好地弥补人行道通行能力不足的问题。因此,建筑前空间商业外摆的设置应当根据相邻人行道的通行状况,酌情设置,尽可能地保障人行通行畅通。(2)确保安全。商业外摆的设置不能影响原先建筑设计的消防疏散扑救,外摆区域的装饰装潢应当满足消防要求 | |
| | 设置时间:外摆区经营不允许对周边居民的正常生活产生不利影响,因此应明确规定经营时间,保证街道秩序。居住商业混合街道6:30～21:00,商业街道9:00～22:00,办公商业混合街道9:00～21:00 | |
| | 设置位置。(1)结合建筑前区设置:具有设置形式多样、安全性高的优势,在设置时应与步行道之间设置物理隔离设施,条件不允许时,应采取标线隔离以区分外摆区与步行通行区,保证步行道顺直通畅。b. 结合设施带设置:适用于人行道较窄或步行交通量较大的情况,在设置时外摆区与路侧车道之间必须设置物理隔离设施,保证安全性,同时禁止破环或影响设施带内其他公共设施 | |
| 报刊亭 | 报刊亭需符合《城市道路公共服务设施设置规范》DB11/T 500—2007、《城市容貌标准》GB 50449—2008、《城市步行和自行车交通系统规划设计导则》和《深圳市道路设计指引》中的相关标准要求 | 《福田区街道设计导则》第7.4.7条《深圳市罗湖区完整街道设计导则》第5.9.7条 |
| | 基本要求:(1)城市交通性主干路人行道原则上不得占道设置报刊亭,原有报刊亭应就近退入城市次干路、支路或建筑物退缩范围内,逐步实现入室经营。(2)宽度小于3.5m的人行道不设报刊亭,宽度3.5～5m的人行道可设小型报刊亭,宽度大于5m的人行道可根据实际情况设置中型或小型报刊亭;宜保证设置报刊亭后人行道净宽至少大于3.5m,并根据各路段实际人流量及基地情况现场调整布局;报刊亭应背向机动车道,面向人行道经营。(3)人行道上邻近绿化带、人行天桥出入口、立交桥下、公交车站、地铁车站、地下通道出入口、隧道出入口、通风口及建有其他现有市政设施的地方,人流疏散方向20m范围内的人行道不应设置报刊亭。(4)报刊亭不得超出经批准的占道面积、扩大经营的范围;不得占压盲道、市政管道井盖位置,不得妨碍沿路其他市政公用设施的使用;不得阻挡消防通道、建筑出入口;不得侵占城市公共绿地;不得遮挡治安监控探头。(5)报刊亭等应保持干净整洁,亭内外玻璃立面应净洁透明,各类物品应规范、有序放置,严禁跨门营业。(6)报刊亭的样式、材料、色彩等,应根据城市区域建筑特点统一设计、建造,宜兼顾功能适用与外形美观,组合设计,一亭多用 | |
| | 未来趋势:可结合户外WiFi、户外充电、全自助无人工化设施(如自助雨伞、自助充电宝、自助零售等)等设施,利用风能、太阳能、动能发电,环保节能,宣传绿色健康生活 | |

续表

| 类别 | 技术要求 | 文件依据 |
|---|---|---|
| 太阳能手机充电站 | 利用太阳能电池板吸收太阳光能量，转为电能为手机充电，形成集新能源、电子设备充电、广告展示、休憩等多功能于一身的低碳环保便民设施 | 《公共场所安装使用的太阳能充电装置的制造方法》 |

**智能交通设施**　　　　　　　　　　　　　　　　　　　　　　　表 4.6

| 类别 | 技术要点 | 文件依据 |
|---|---|---|
| | 智慧交通设施需符合《城市道路交通设施设计规范》GB 50688—2011、《智慧社区建设指南》中的相关标准要求 | |
| 一般规定 | 基本要求：在符合法律法规标准、设施功能需求、确保安全性的前提下，智能服务设施的设置应按照下列标准设置。（1）科学选择智能设施类型、布置位置，以达到集约利用街道空间的目的。（2）鼓励新建设施选用智能技术，对原有设施进行更新，提升城市服务水平。（3）提倡街道整体智能化，包括各类设施、沿街立面，促进智慧完整街道的建设。（4）鼓励"三线"入地，减少各类管线杂乱铺设的情况，促进街道容貌整洁有序。（5）普及智能公交、智能慢行，提升交通信号灯智能化水平，提供有效实时的公共交通信息发布，提供周边交通设施情况，促进智能出行，协调停车供需。（6）实现街道监控设施全覆盖、呼救设施定点化，实现电子预警实时化，提高信息传播的有效性，关注弱势需求，维护城市安全。（7）加强街道环境监测保护，促进智能感应并降低能耗 | 《深圳市罗湖区完整街道设计导则》第 5.8.9 条 |
| 安全警示设施 | 类别。（1）地磁感应设施：通过磁场信号的变化对机动车进行检测。（2）热感应设备：通过热量变化检测行人和机动车。（3）智慧道钉：有行人经过时会发光闪烁，提醒车辆注意行人。（4）测速提示牌：对车辆的瞬时车速进行提示，警示车辆注意车速，用于行人过街处。（5）红外对射：检测非机动车信号，提醒注意行人，用于非机动车与行人冲突区。（6）智能发光导向箭头：与地磁感应设施配合使用，公交车驶出港湾时会发光提醒社会车辆注意礼让公交车。（7）人行感应闪烁灯：与热感应设施配合使用，检测到有行人经过时会发光闪烁提醒车辆，用于行人过街处。（8）地面红绿灯：提醒低头族注意过街安全。（9）蜂鸣器、报警器：配合检测设施使用，检测到行人时发声发光报警，用于地库出入口。（10）智能黄闪立柱：与热感应设施配合使用，检测到有行人经过时会发光闪烁提醒车辆，用于有右转渠化的信控过街处 | |
| | 设置位置：地库出入口、交叉口过街、公交站台、路段过街 | |
| 信息发布设施 | 交叉口信息发布设施：主要面向行人指示方向，发布周边道路及地铁公交站位置信息 | 《福田区街道设计导则》第 7.5 条 |
| | 路段信息发布设施：主要面向行人，显示路段周边重要建筑出入口及实时交通信息，兼具天气预报等辅助信息发布功能 | |
| | 地铁／公交站信息发布设施：主要面向乘客发布下班次车辆到站时间及线路信息 | |
| 监测设施 | 摄像及视频检测设备。（1）设施功能；实时监控道路交通状况；准确判别道路异常情况；实时交通违法监控与治安监控。（2）设置位置：在交叉口、限速路段、路内停车位、出入口处设置，结合路侧杆件设置 | |
| | 雷达及车辆检测器。（1）设施功能；提供车流量等交通参数；可检测逆向行驶、超速行驶等交通事件。（2）设置位置：车辆检测器一般设置在路面下，雷达一般结合交通杆件与视频监测设备设置在一起 | |
| | 交通灯信号检测器。（1）设施功能；检测红绿灯信号。（2）设置位置：与视频监控设备配合使用，结合电警杆设置 | |
| | 智能井盖：对井盖防盗、井内积水情况进行实时监测 | |
| | 环境监测设备：实时检测区域的环境数据，主要是 $PM_{2.5}$、$PM_{10}$、温湿度、噪声和 CO 等，面向公众发布，一般结合杆件设置 | |
| | 桥梁监测传感器：选取交通功能重要、跨度大、交通负荷大的立交桥，布设桥梁监测传感器，监测桥梁的应力应变状态 | |

| 类别 | 技 术 要 点 | 文件依据 |
|---|---|---|
| 趣味停留设施 | 设置原则：选取休闲、文化、娱乐等户外活动多、人流聚集性强的片区，采用现代科技，为市民提供新的兴趣点 | |
| | 幸福抓拍设施：在人流量较大的路口、广场上设置，通过摄像头识别抓拍并发布笑脸，并可定期举办"最幸福奖""最美湾区人"等活动扩大宣传和提升人气 | |
| | 异地互动设施：在行人逗留较多的街道、广场设置大型互动屏，实现实时远程语音视频互动，吸引市民逗留，增加异地之间的交流，同时可作为日常新闻、广告、活动等的播报媒介 | |
| | 智能走道屏显设施：通过安装在人行道上方建筑物上的投影机，将实时行车信息直接投影显示在人行道路面上，并为行人提供附近交通信息，包括预计步行时间、地铁站位置及下一班的到达时间 | |
| 智慧路灯 | 智能照明：自适应调整照明亮度 | 《福田区街道设计导则》第7.5条 |
| | 视频监控：道路险情识别；设施损坏识别；交通事件检测；交通拥堵监测 | |
| | 车路协同：公交优先控制；车路协同预警 | |
| | 物联网中继：智慧道钉；智能边坡；智能井盖；智能垃圾桶 | |
| | 环境监测：温湿度；排放物；噪声 | |
| | 无线网络：沿线设施宽带接入；无线APP；人群聚集监测 | |
| | 信息发布：交通路况；险情预警；停车位信息；公车到站信息 | |
| | 险情上报：紧急呼叫/上报险情；与信息发布屏互动；与视频监控互动 | |
| 多杆合一 | 应遵循保证功能、安全可靠、美观协调的原则 | |
| 多箱合一 | 合箱原则。（1）数量"做减法"：在满足使用功能的前提下，进行有机整合，达到最小化室外箱数量及体量。（2）选址合理：将功能相关的设施整合起来设于一处，从视觉上增加识别性，形成有序的城市景观。（3）预留空间：箱体的设计要考虑到业务的长远需求，预留相应功能的位置空间 | |
| | 合箱方案。（1）交警箱多箱合一：需安放的设备包括交通信号控制机、高清电警路口主机及光纤收发器、治安监控、OUN设备、USP电源，同时预留空间。采用双箱结构，交通信号控制机占一个独立箱体，其他设施占用一个独立箱体。（2）通信箱多箱合一：主要为电信运营商的光电交接箱，分属移动、电信、联通及其他运营单位，外形及尺寸规格存在差异，将各单位的光电交接箱合一后迁移到绿化带设置，无法迁移的就地美化 | |

**参考文献：**

[1] 深圳市福田区街道设计导则.

[2] 深圳市罗湖区完整街道设计导则.

[3] 深圳市重点区域建设工程设计导则.

[4] 深圳市人行天桥和连廊设计指引（试行）.

[5] 公共场所安装使用的太阳能充电装置的制造方法.

[6] 城市家具及其类型学规划设计方法研究——以珠海市城市家具设置规则为例.

[7] 城市综合交通体系规划标准GB/T 51328—2018.

# 5 超高层建筑

## 5.1 一般规定

**超高层建筑一般规定**　　　　　　　　　　　　　　　　　　表 5.1

| 类 | 别 | 技 术 要 求 | 规 范 依 据 |
|---|---|---|---|
| 基本概念 | 主要功能 | 以办公功能为主，融商业、酒店、公寓、公共设施等于一体，一般由超高层的塔楼和多层裙房所组成。其建筑高度一般在 100m 以上<br>以多种功能竖向叠层式综合开发建设的方式为主要特征，突出超高尺度的塔楼建筑对城市的标志性意义 | 《建筑设计资料集第三分册》（第三版） |
| | 周边条件 | 位于城市核心区，基地毗邻 2 条及以上城市主要市政道路，以及轨道交通站点、公交系统站点、出租车停靠站等<br>基地周边具有完善的市政基础设施。基地周边配套的城市广场、城市公园等公建配套设施，有助于形成良好的城市环境，同时促进城市的平衡发展 | |
| | 城市定位 | 超高层建筑的建设一般选择在国际大都市、省会城市、副省级城市和地级市规划建设<br>通过城市广场、绿化景观等公共空间在城市界面上形成良好公共空间，作为城市天际线的重要组成部分，对城市天际线的轮廓有着决定性作用 | |
| 城市利用 | 区域交通 | 轨道交通、公交车等大容量公共交通应成为首选的出行方式。区域规划路网采用"小街廓、密路网"的结构，营造适于步行和以公共交通为导向的可持续城市交通环境 | 《建筑设计资料集第三分册》（第三版） |
| | 人行交通 | 合理利用地下空间、地面、空中城市步行系统，形成地下地上步行交通体系，保障全天候人行交通 | |
| | 能源综合利用 | 合理利用区域集中供热、集中供冷、区域热水、区域直饮水、区域中水、区域真空垃圾收集等系统 | |

## 5.2 场地设计与交通组织

**场地设计与交通组织**　　　　　　　　　　　　　　　　　　表 5.2

| 类 | 别 | 技 术 要 求 | 规 范 依 据 |
|---|---|---|---|
| 总平面 | 城市道路关系 | 建筑基地与城市道路邻接的总长度不应小于建筑基地周长的 1/6 | 《民用建筑设计统一标准》GB 50352—2019 第 4.2.5 条 |
| | 出入口 | 建筑基地的出入口不应少于 2 个，且不宜设置在同一条城市道路上 | |
| | 集散场地 | 建筑物主要出入口前应设置人员集散场地，其面积和长宽尺寸应根据使用性质和人数确定<br>当建筑基地设置绿化、停车或其他构筑物时，不应对人员集散造成障碍 | |

| 类　别 | | 技　术　要　求 | 规　范　依　据 |
|---|---|---|---|
| 交通组织 | 主要功能分布 | 办公、公寓、酒店、观光、商业、会所等功能一般应单独设置入口空间 | 《建筑设计资料集第三分册》（第三版） |
| | 后勤系统 | 超高层建筑中酒店功能的货运服务装卸区一般单独设置，其他功能的装卸区根据条件也可合并设置。后勤员工入口一般单独设于首层 | |
| | 主要功能步行系统 | 步行导入空间组织方式由业态组成决定。业态组成较简单，采用首层平面分流组织方式；业态组成复杂，采取立体组织方式，如结合下沉广场、架空连廊、上下层组合设置、利用自动扶梯联系等 | |

## 5.3　平面设计与竖向分区

平面设计与竖向分区　　　　　　　　　　　　　　　　　　表 5.3

| 类　别 | | 技　术　要　求 | 规　范　依　据 |
|---|---|---|---|
| 平面设计 | 中心式 | 常见的超高层平面设计方式。核边距一般为 10～15m；结构布置合理，使用部分占有最佳位置，各向采光、视线良好，交通路线短捷 | 《注册建筑师设计手册》2016 年版 |
| | 分置式 | 结构布置合理，进深一般控制在 20～35m；内部可以形成大空间，布置灵活，消防疏散容易满足 | |
| | 偏置式 | 常见于建筑高度较低的板式建筑。结构布置偏心，但可为核心筒争取到良好的采光通风，内部可以形成大空间，布置灵活 | |
| | 分离式 | 常见于建筑高度较低的板式建筑。结构布置偏心，但使用部分完整，有利于形成大空间；空间灵活，不受核心筒的影响；进深一般不大于 25m | |
| 竖向分区 | 塔顶 | 塔顶位于超高层最上部，具有观光功能及造型意义 | 《建筑设计资料集第三分册》（第三版） |
| | 塔身 | 超高层的主要组成部分，常见功能为办公、酒店、公寓住宅等，建筑的主要使用功能都集中于此区段<br>区间转换段，通常结构加强层、交通转换层及设备层结合避难层一起设置 | |
| | 塔底 | 裙房联接城市，建筑对外的公共及接待功能，常见业态为商业、会议展示、高档餐厅等<br>地下商业空间、停车场及各类机房等，有效联系城市各类功能，形成高效的步行和交通网络 | |

## 5.4　核心筒设计

核心筒设计　　　　　　　　　　　　　　　　　　　表 5.4

| 类　别 | | 技　术　要　求 | 规　范　依　据 |
|---|---|---|---|
| 电梯配置 | 办公建筑面积 | 2000m²/台 | 《全国民用建筑工程设计技术措施 规划·建筑·景观》2009 年版 |
| | 办公有效使用面积 | 1000m²/台 | |
| | 办公人数 | 250 人/台 | |
| | 旅馆 | 70 客房/台 | |
| | 住宅 | 30 户/台 | |

续表

| 类　别 | | 技　术　要　求 | 规 范 依 据 |
|---|---|---|---|
| 平面排列 | 一型 | 用于建筑层数不多、高度不太高的建筑。单边电梯布置台数不宜超过 4 台 | 《建筑设计资料集第三分册》（第三版） |
| | Ⅱ型 | 多用于标准层平面为长方形、矩形的超高层建筑 | |
| | 十型 | 适用于高度在 200～350m 之间，较为规整的建筑平面 | |
| | L 型 | 多用于高度不超过 200m 的超高层建筑 | |
| | T 型 | 适合功能不太复杂、高度低于 300m 的超高层建筑 | |
| | Y 型 | 适用于高度在 200～350m 之间，较为规整的建筑平面 | |
| 垂直分区 | 功能组成 | 根据标准层面积及层数设置穿梭电梯、分区直达电梯系统 | 《建筑设计资料集第三分册》（第三版） |
| | 建筑高度 | 宜以建筑高度 50m 为一个区 | 《注册建筑师设计手册》2016 年版 |
| | 电梯层站 | 宜以 10～12 层站为一个区 | |
| | 分段梯速 | 最低区 1.75m/s，以上逐区加速一级，每级加速 1.0～1.5m/s | |
| | 空中换乘 | 25～35 层分段，段内再行分区，多用于建筑高度超过 300m 的超高层建筑 | |

## 5.5　避难层设计

避难层设计　　　　　　　　　　　　　　　　　　　　　　　　　表 5.5

| 类　别 | | 技　术　要　求 | 规 范 依 据 |
|---|---|---|---|
| 设置高度及间隔高度 | 第一避难层 | 第一避难层的楼地面至灭火救援场地地面的高度不应大于 50m | 《建筑设计防火规范》GB 50016—2014（2018 年版）第 5.5.23 条 |
| | 间隔高度 | 避难层之间的高度不宜大于 50m | |
| 避难层面积 | 净面积 | 净面积宜按 5 人 /m² 计算 | 《建筑设计防火规范》GB 50016—2014（2018 年版）第 5.5.23 条 |
| | 负担楼层数 | 为该避难层至上一避难层之间的楼层数 | |
| | 避难人数 | 为该避难层所负担楼层的总人数 | |
| 避难层及设备 | 设备管道 | 宜集中布置，其中的易燃、可燃液体或气体管道应集中布置 | 《建筑设计防火规范》GB 50016—2014（2018 年版）第 5.5.23 条 |
| | 避难区分隔 | 设备管道区应采用耐火极限不低于 3.00h 的防火隔墙，管道井和设备间应采用耐火极限不低于 2.00h 的防火隔墙 | |
| | 防火门 | 确需直接开向避难区时，与避难层区出入口的距离 ≥5m，且应采用甲级防火门 | |

## 5.6　擦窗机、停机坪设计

擦窗机、停机坪设计　　　　　　　　　　　　　　　　　　　　　表 5.6

| 类　别 | | 技　术　要　求 | 规 范 依 据 |
|---|---|---|---|
| 擦窗机 | 工作范围 | 一般设置在建筑物顶部，竖向工作范围控制在 30 层左右。建筑物高度较大时，可在中间结合避难层分段设置 | 《建筑设计资料集第三分册》（第三版） |

| 类　别 | | 技　术　要　求 | 规　范　依　据 |
|---|---|---|---|
| 擦窗机 | 常用分类 | 屋面轨道式，适用于屋面结构较为规整，且有足够的空间通道和承载力的建筑物<br>轮载式，适用于屋面结构较规整，有一定承载力的刚性屋面<br>插杆式，适用于裙房、屋面空间窄小部位<br>悬挂式，适用于屋面较多、建筑造型复杂、不易安装的场合<br>滑梯式，适用于内外弧形、倾斜、球形等异形结构 | 《注册建筑师设计手册》2016 年版 |
| 停机坪 | 设置标准 | 建筑高度大于 100m 且标准层建筑面积大于 2000m² 的公共建筑宜设置 | 《建筑设计防火规范》GB 50016—2014（2018 年版）第 7.4 条 |
| | 突出物 | 设置在屋顶平台上时，距离各类型突出物不应小于 5m | |
| | 出入口 | 建筑通向停机坪的出口不应少于 2 个，每个出口的宽度不宜小于 0.90m | |
| | 起飞区 | 停机坪大小应为直升机的全长 / 全宽中较大者的 1.5 倍 | 《建筑设计资料集第三分册》（第三版） |
| | 安全区 | 停机坪周边应预留大于 3m 或 0.25$D$ 宽中较大者作为安全区（$D$＝机翼直径或全长） | |

## 5.7　主要外墙材料类型及连接方式

**主要外墙材料类型及连接方式**　　　　　　　　　　　　　　　表 5.7

| 类　别 | | 技　术　要　求 | 规　范　依　据 |
|---|---|---|---|
| 连接方式 | 构件式 | 现场在主体结构上安装立柱、横梁及各种面板的建筑幕墙，主要应用于裙房或局部特殊部位 | 《建筑设计资料集第三分册》（第三版） |
| | 单元式 | 在工厂将面板和金属框架组装为幕墙单元，在现场完成安装施工的框支承玻璃幕墙，超高层建筑通常采用单元式幕墙 | |
| | 组合式 | 基本幕墙单元与其他功能层叠加组合成的多功能幕墙单元，主要应用于少量的超高层建筑或特殊部位 | |
| 材料类型 | 玻璃 | 常用玻璃类型有钢化玻璃、中空玻璃、夹层玻璃、镀膜玻璃 | |
| | 金属 | 常用金属板材类型有铝合金单板、不锈钢单板、复合板 | |
| | 陶板 | 材料自重大，不宜大量使用 | |
| | 石材 | 不宜在外墙大量使用 | |
| | 预制混凝土 | 具有很强的造型能力，板材饰面类型多 | |

# 6 体育建筑

## 6.1 定位、选址和用地规模

定位、选址和用地规模　　　　　　　　　　　　　　　　　表 6.1

| 类别 | 技术要求 | 规范依据 |
|---|---|---|
| 定位 | 体育建筑等级应依据其使用要求分级，且应符合下表规定：<br><br>| 等级 | 主要使用要求 |<br>|---|---|<br>| 特级 | 举办亚运会、奥运会与及世界级比赛主场 |<br>| 甲级 | 举办全国性和单项国际比赛 |<br>| 乙级 | 举办地区性和全国性单项比赛 |<br>| 丙级 | 举办地方性、群众性运动会 | | 《体育建筑设计规范》JGJ 31—2003 第 1.0.7 条 |
| 选址 | 体育建筑基地的选择，应符合城镇当地总体规划和体育设施的布局要求，讲求使用效益、经济效益、社会效益和环境效益，符合下列要求：<br>1. 适合开展运动项目的特点和使用要求；<br>2. 根据体育设施规模大小，基地至少应分别有一面或两面临接城市道路，该道路应有足够的通行宽度，以保证疏散和交通；<br>3. 便于利用城市已有基础设施；<br>4. 与污染源、高压线路、易燃易爆物品场所之间的距离达到有关防护规定，防止洪涝、滑坡等自然灾害，并注意体育设施使用时对周围环境的影响 | 《体育建筑设计规范》JGJ 31—2003 第 3.0.1 条、第 3.0.2 条 |
| 用地规模 | 市级体育设施用地面积不应小于下表规定：<br><br>（见下表）<br><br>注：当在特定条件下，达不到规定指标下限时，应利用规划和建筑手段来满足场馆在使用安全、疏散、停车等方面的要求 | 《体育建筑设计规范》JGJ 31—2003 第 3.0.3 条 |

市级体育设施用地面积不应小于下表规定：

| 规模 | 100 万人口以上城市 | | 50 万～100 万人口城市 | | 20 万～50 万人口城市 | | 10 万～20 万人口城市 | |
|---|---|---|---|---|---|---|---|---|
| | 规模（千座） | 用地面积（1000m²） | 规模（千座） | 用地面积（1000m²） | 规模（千座） | 用地面积（1000m²） | 规模（千座） | 用地面积（1000m²） |
| 体育场 | 30～50 | 86～122 | 20～30 | 75～97 | 15～20 | 69～84 | 10～15 | 50～63 |
| 体育馆 | 4～10 | 11～20 | 4～6 | 11～14 | 2～4 | 10～13 | 2～3 | 10～11 |
| 游泳馆 | 2～4 | 13～17 | 2～3 | 13～16 | — | — | — | — |
| 游泳池 | — | — | — | — | — | 12.5 | — | 12.5 |

| 类别 | 技 术 要 求 | 规范依据 |
|---|---|---|
| 用地规模 | 城市公共体育场、体育馆、游泳馆用地控制指标不应大于下表规定：<br><br>**城市公共体育场**<br><br>**城市公共体育馆**<br><br>**城市公共游泳馆**<br><br>注：表中公共体育场、体育馆、游泳馆的用地面积均为上限指标，当座席数在表中未显示时，其用地面积应采用插值法计算。计算公式如下：<br><br>$$S = S_2 + (S_1 - S_2)/(N_1 - N_2) \times (N - N_2)$$<br><br>$S$：拟建座席数体育场馆用地面积；<br>$S_1$：拟建座席数上分档限用地面积；<br>$S_2$：拟建座席数下分档限用地面积；<br>$N$：拟建体育场馆座席数；<br>$N_1$：拟建座席数上分档限座席数；<br>$N_2$：拟建座席数下分档限座席数<br><br>超过40000座以上的城市公共体育场、超过15000座以上的城市公共体育馆、超过4000座以上的城市公共游泳馆，用地规模确定应根据土地使用标准的相关政策要求，开展建设项目节地评价 | 《城市公共体育场馆用地控制指标》国土资规〔2017〕11号 |

**城市公共体育场**

| 座席数（座） | 40000～30000 | 29999～20000 | 19999～10000 | 9999～5000 | 4999以下 |
|---|---|---|---|---|---|
| 用地面积（m²） | 207900～185200 | 185200～156100 | 86400～63400 | 63400～51900 | 51900 |

**城市公共体育馆**

| 座席数（座） | 15000～10000 | 9999～6000 | 5999～3000 | 2999～1500 | 1499以下 |
|---|---|---|---|---|---|
| | 含冰球或体操场地 | 含冰球或体操场地 | 不含冰球或体操场地 | 不含冰球或体操场地 | 不含冰球或体操场地 | 不含冰球或体操场地 |
| 用地面积（m²） | 72800～56300 | 56300～43900 | 35500 | 32500～19900 | 19900～14400 | 14400 |

**城市公共游泳馆**

| 座席数（座） | 4000～3000 | 2999～1500 | 1499～1000 | 999以下 |
|---|---|---|---|---|
| | 含跳水 | 含跳水 | 不含跳水 | 不含跳水 | 不含跳水 |
| 用地面积（m²） | 36900～33100 | 33100～25900 | 24800～17600 | 16900～16300 | 16300 |

## 6.2 总体布局

| | 总 体 布 局 | 表 6.2 |
|---|---|---|
| 类别 | 技 术 要 求 | 规范依据 |
| 总平面 | 总平面设计应符合下列要求：<br>1. 全面规划远、近期建设项目，一次规划、逐步实施，并为可能的改建和发展留有余地；<br>2. 建筑布局合理，功能分区明确，交通组织顺畅，管理维修方便，并满足当地规划部门的相关规定和指标；<br>3. 满足各运动项目的朝向、光线、风向、风速、安全、防护等要求；<br>4. 注重环境设计，充分保护和利用自然地形和天然资源（如水面、林木等），考虑地形和地质情况，减少建设投资 | 《体育建筑设计规范》JGJ 31—2003 第3.0.4 条 |

续表

| 类别 | 技 术 要 求 | 规范依据 |
|---|---|---|
| 出入口和内部道路 | 出入口和内部道路设计应符合下列要求：<br>　1. 总出入口布置应明显，不宜少于 2 处，并以不同方向通向城市道路，观众出入口的有效宽度不宜小于 0.15m/ 百人的室外安全疏散指标。<br>　2. 观众疏散道路应避免集中人流与机动车流相互干扰，其宽度不宜小于室外安全疏散指标。<br>　3. 道路应满足通行消防车的要求，净宽度不应小于 3.5m，上空有障碍物或穿越建筑物时净高不应小于 4m。体育建筑周围消防车道应环通；当因各种原因消防车不能按规定靠近建筑物时，应采取下列措施之一满足对火灾扑救的需要：<br>　（1）消防车在平台下部空间靠近建筑主体；<br>　（2）消防车直接开入建筑内部；<br>　（3）消防车到达平台上部以接近建筑主体；<br>　（4）平台上部设消火栓。<br>　4. 观众出入口处应留有疏散通道和集散场地，场地不得小于 0.2m²/ 人，可充分利用道路、空地、屋顶、平台等 | 《体育建筑设计规范》JGJ 31—2003 第 3.0.5 条 |
| 停车场 | 停车场设计应符合下列要求：<br>　1. 基地内应设置各种车辆的停车场，并应符合下表的要求，其面积指标应符合当地有关主管部门规定，停车场出入口应与道路连接方便。<br><br>（见下表）<br><br>　2. 如因条件限制，停车场也可在邻近基地的地区，由当地市政部门统一设置。但部分专用停车场（贵宾、运动员、工作人员等）宜设在基地内。<br>　3. 承担正规或国际比赛的体育设施，在设施附近应设有电视转播车的停放位置 | 《体育建筑设计规范》JGJ 31—2003 第 3.0.6 条 |

| 等级 | 管理人员 | 运动员 | 贵宾 | 官员 | 记者 | 观众 |
|---|---|---|---|---|---|---|
| 特级 | 有 | 有 | 有 | 有 | 有 | 有 |
| 甲级 | 兼用 | | 兼用 | | 有 | 有 |
| 乙级 | 兼用 | | | | | 有 |
| 丙级 | 兼用 | | | | | |

## 6.3 场地、看台设计

**场地、看台设计**　　　　　　　　　　　　　　　　　　　　　　　表 6.3

| 类别 | 技 术 要 求 | 规范依据 |
|---|---|---|
| 场地 | 综合各种使用要求合理确定场地尺寸，避免场地规模过小造成使用效率低及规模过大造成资源浪费等问题。<br><br>一般体育馆常用场地规模（单位：m）<br><br>（见下表）<br><br>场地规模的确定，应考虑对多种体育比赛项目的兼容性并为群众健身提供尽量多的活动场地 | 《建筑设计资料集 第 6 分册》（第三版） |

| 分　类 | 场地尺寸（长 × 宽） | 备　注 |
|---|---|---|
| 小型（篮球／排球） | 38×27 | 含缓冲区要求 5 ～ 6 |
| 中型（手球／篮球） | 48×27 | 含缓冲区要求 2 ～ 4 |
| 大型（体操） | 70×40 | — |
| 多功能（Ⅰ型） | （44 ～ 48）×（32 ～ 38） | — |
| 多功能（Ⅱ型） | （53 ～ 55）×（32 ～ 38） | — |
| 多功能（Ⅲ型） | （70 ～ 72）×（40 ～ 42） | — |

| 类别 | 技术要求 | 规范依据 |
|---|---|---|
| 场地 | 对于不同比赛时场地规模的变化，应考虑利用活动看台进行调节并保证观看比赛时的视觉质量<br>场地多功能设计应结合活动座席、活动地板、活动吊顶、活动隔断等进行综合设计 | 《建筑设计资料集 第6分册》（第三版） |

观众看台功能分类应符合下表的规定：

| 等级 | 主席台 | 包厢 | 记者席 | 评论员席 | 运动员席 | 一般观众席 | 残疾观众席 |
|---|---|---|---|---|---|---|---|
| 特级 | 有 | 有 | 有 | 有 | 有 | 有 | 有 |
| 甲级 | 有 | 有 | 有 | 有 | | 有 | 有 |
| 乙级 | 有 | 无 | 兼用 | | | 有 | 有 |
| 丙级 | 有 | | 兼用 | | | | 有 |

规范依据：《体育建筑设计规范》JGJ 31—2003 第4.3.3条

| 类别 | 技术要求 | 规范依据 |
|---|---|---|
| 看台 | 观众看台应符合下列要求：<br>1. 观众看台区通常包括一般观众看台、无障碍看台及包厢等。一般观众看台应根据视线要求及疏散要求合理设计；无障碍看台区的座席数不少于总座席数量的0.2%，并可在无障碍座席旁为陪同人员提供位置；无障碍看台应位于最利于疏散的位置；包厢一般位于上下层看台之间，应设置独立的休息室、卫生间等，并提供一定数量的室外看台。<br>2. 主席台看台区为贵宾、体育联合会官员等专门设置的看台区域，一般位于场地长轴一侧的看台中央。<br>3. 运动员看台区宜尽量靠近座席前排，与运动员出入口及运动员用房有便捷联系。<br>4. 裁判员看台区应依据不同运动项目具体设置。<br>5. 媒体记者看台区一般包括文字记者席、摄影记者席及评论员席。媒体记者看台区应预留设备连接端口，并设工作台。<br>6. 评论员席应有良好的视线，并能够方便、全面地观察比赛。普通评论员席面积约为 $3 \sim 4m^2$，大约占用4个普通座席，另外还应设置 $1 \sim 2$ 个重要用户评论席，面积 $6 \sim 8m^2$；各评论员席间作声音隔离，避免相互间干扰 | 《建筑设计资料集 第6分册》（第三版） |

# 6.4 辅助用房设计

| 辅助用房设计 | | 表6.4 |
|---|---|---|

| 类别 | 技术要求 | 规范依据 |
|---|---|---|
| 一般规定 | 辅助用房应包括观众（含贵宾、残疾人）用房、运动员用房、竞赛管理用房、新闻媒体用房、计时记分用房、广播电视用房、技术设备用房和场馆运营用房等，其功能布局应满足比赛要求，便于使用和管理，并应解决好平时与赛时的结合 | 《体育建筑设计规范》JGJ 31—2003 第4.1.1条 |
| | 内部辅助用房应有一定的适应性和灵活性，当若干体育设施相连时，应考虑设备、附属设施的综合利用 | 《体育建筑设计规范》JGJ 31—2003 第4.4.6条 |
| | 商业、餐饮设施应与观众休息厅有方便联系，赛时使用不应影响疏散，宜考虑商业的赛后独立利用，考虑进货、存贮方便 | 《建筑设计资料集 第6分册》（第三版） |
| | 库房应与场地区有紧密的联系，库门大小、开启方向和地坪标高应考虑便于器材搬运，库内应面积充足并注意器材的垂直、水平运输和通风问题，以方便使用并保护器材，一般多利用看台下部空间 | 《建筑设计资料集 第6分册》（第三版） |

| 类别 | 技术要求 | 规范依据 |
|---|---|---|
| 观众用房 | 观众用房应符合下列要求：<br>　1. 观众用房（含贵宾、残疾人）应与其看台区接近，面积应与其使用要求及使用人数相一致，并配置相应的服务设施；<br>　2. 一般观众休息区可根据场馆性质和当地气候条件，采取位于室内、室外或室内外结合的方式；<br>　3. 贵宾休息区应与一般观众休息区分开，并设单独出入口；<br>　4. 观众医务室应设置在观众容易看见且易到达的位置；<br>　5. 观众用房最低标准应符合下表的规定： | 《体育建筑设计规范》JGJ 31—2003 第4.4.2 条<br>《建筑设计资料集 第6分册》（第三版） |

观众用房标准

| 等级 | 包厢 | 贵宾休息区 | | | 观众休息厅 | 卫生间 | 残疾观众卫生间 | 共用电话 | 急救室 |
|---|---|---|---|---|---|---|---|---|---|
| | | 休息室 | 饮水设施 | 卫生间 | | | | | |
| 特级 | 2～3m²/席 | 0.5～1.0m²/人 | 有 | 见第6条 | 0.2～0.3m²/人 | 见第6条 | 有 | 有 | 有 |
| 甲级 | | | | | | | 厕所内设专用厕位 | | |
| 乙级 | 无 | | | | | | | | |
| 丙级 | | 无 | | | | | | | |

　6. 观众卫生间应与观众休息厅有方便联系，遇大型赛事时可利用临时设施弥补厕位的不足；卫生间厕位超过20个时宜设2个出入口，以提高使用效率；应妥善解决采光、通风问题，宜设明厕，有机械通风时可设暗厕；应解决好排水、防漏等构造处理，确保卫生条件；卫生间应设前室，卫生间门不得开向比赛大厅，卫生器具应符合下表的规定：

贵宾卫生间厕位指标（厕位／人数）

| 贵宾席规模 | 100人以内 | 100～200人 | 200～500人 | 500人以上 |
|---|---|---|---|---|
| 每个厕位使用人数 | 20 | 25 | 30 | 35 |

注：男女比例1:1，男厕大小便厕位比例1:2

观众卫生间厕位指标（厕位／人数）

| 项目 | 男厕 | | | 女厕 |
|---|---|---|---|---|
| | 大便器（个/1000人） | 小便器（个/1000人） | 小便槽（m/1000人） | 大便器（个/1000人） |
| 指标 | 8 | 20 | 12 | 30 |
| 备注 | 二者取一 | | | |

注：男女比例1:1

　7. 男女卫生间均应设残疾人专用便器或单独设置专用卫生间

| 运动员用房 | 运动员用房应符合下列规定：<br>　1. 运动员用房应包括运动员休息室、兴奋剂检查室、医务急救室和检录处等；<br>　2. 运动员休息室应由更衣室、休息室、厕所、盥洗室、淋浴等成套组合布置，根据需要设置按摩台等；<br>　3. 医务急救室应接近比赛场地或运动员出入口，门外应有急救车停放处；<br>　4. 检录处应位于比赛场地运动员入场口和热身场地之间；<br>　5. 运动员用房除比赛时运动员使用外，也应具有一般使用者利用的可能性；<br>　6. 运动员用房最低标准应符合下表的规定： | 《体育建筑设计规范》JGJ 31—2003 第4.4.3 条 |

| 类别 | 技术要求 | 规范依据 |
|---|---|---|

**运动员用房**

运动员用房指标

| 等级 | 运动员休息室（m²） | | | 兴奋剂检查室（m²） | | | 医务救急（m²） | 检录处（m²） |
|---|---|---|---|---|---|---|---|---|
| | 更衣 | 厕所 | 淋浴 | 工作室 | 候检室 | 厕所 | | |
| 特级 | 4套，每套不少于80 | 不少于2个厕位 | 不少于4个淋浴位 | 不小于18 | 10 | 男女各一间，每间约4.5 | 不少于25 | 不小于500 |
| 甲级 | | | | | | | | 不小于300 |
| 乙级 | 2套，每套不少于60 | | 不少于2个淋浴位 | | | | 不少于15 | 不小于100 |
| 丙级 | 2套，每套不少于40 | 不少于1个厕位 | | 无 | | | | 室外 |

注：兴奋剂检查厕所须用坐式便器

规范依据：《体育建筑设计规范》JGJ 31—2003 第4.4.3条

**竞赛管理用房**

竞赛管理用房应符合下列要求：

1. 竞赛管理用房应包括组委会、管理人员办公、会议、仲裁录放、编辑打字、复印、数据处理、竞赛指挥、裁判员休息室、颁奖准备室和赛后控制中心等；

2. 竞赛管理用房最低标准应符合下表的规定：

竞赛管理用房指标（1）

| 等级 | 组委会 | 管理人员办公 | 会议 | 仲裁录放 | 编辑打字 | 复印 |
|---|---|---|---|---|---|---|
| 特级 | 不少于10间，约20m²/间 | 不少于10间，约15m²/间 | 3～4间，约20～40m²/间 | 20～30m² | 20～30m² | 20～30m² |
| 甲级 | 不少于5间，约20m²/间 | 不少于5间，约15m²/间 | 2间，大40m²，小20m² | | | |
| 乙级 | 不少于5间，约15m²/间 | | 30～40m² | 15m² | 15m² | 15m² |
| 丙级 | 不少于5间，约15m²/间 | | 20～30m² | | 15m² | |

竞赛管理用房指标（2）

| 等级 | 数据处理 | | | 竞赛指挥室 | 裁判员休息室 | | | 赛后控制中心 | |
|---|---|---|---|---|---|---|---|---|---|
| | 电脑室 | 前室 | 更衣 | | 更衣室 | 厕所 | 淋浴 | 男 | 女 |
| 特级 | 140m² | 8m² | 10m² | 20m² | 2套，每套不少于40m² | | | 20m² | 20m² |
| 甲级 | 100m² | 8m² | 10m² | | 2套，每套不少于40m² | | | | |
| 乙级 | 60m² | 5m² | 8m² | 10m² | 2套，每套不少于40m² | | | 20m² | |
| 丙级 | 临时设置 | | | 10m² | 2间，每间10m² | 无 | | 无 | |

3. 根据实际需要安排场馆工作人员的休息及更衣室

规范依据：《体育建筑设计规范》JGJ 31—2003 第4.4.4条

**新闻媒体用房**

新闻媒体用房应符合下列要求：

1. 新闻媒体用房应包括新闻官员办公、记者工作用房、电传室、邮电所和无线电通信机房等；

2. 新闻记者工作区应区分文字记者工作室及摄影记者工作室，配备电脑、网络等信息传输设备；

3. 新闻媒体用房最低标准应符合下表的规定：

规范依据：《体育建筑设计规范》JGJ 31—2003 第4.4.5条

| 类别 | 技术要求 | 规范依据 |
|---|---|---|

**新闻媒体用房**

新闻媒体用房标准

| 等级 | 新闻官员办公（m²） | 记者工作室（m²） | | | 邮电所（m²） | | 照片冲洗室(m²) |
|---|---|---|---|---|---|---|---|
| | | 休息室 | 采编室 | 公告室 | 营业厅 | 机房 | |
| 特级 | | 50 | 100 | 100 | 100 | 30 | 30（临时设置） |
| 甲级 | 20 | 30 | 70 | 70 | 50 | | |
| 乙级 | | 15 | 50 | 50 | 30 | 20 | 无 |
| 丙级 | 无 | 50 | | | 无 | | 无 |

注：1. 采编室大间可分隔为采访室和编写室；
　　2. 邮电所机房为平时的电话总机室

4. 新闻发布厅应与运动员休息区及贵宾休息区方便联系

规范依据：《建筑设计资料集 第6分册》（第三版）

---

**计时记分用房**

计时记分用房应符合下列要求：

1. 计时记分用房应包括计时控制，计时与终点摄影转换、屏幕控制室、数据处理室等；

2. 计时记分牌位置应能使全场绝大部分观众看清，其尺寸及显示方式宜根据不同项目特点和使用标准确定；

3. 室外计时记分装置显示面宜朝北背阳，室内馆侧墙上计时记分装置底部距地应大于2.5m，当置于赛场上空时，其位置和安放高度不应影响比赛；

4. 控制室应能直视场地、裁判席和显示牌面；

5. 控制室内应设升降旗的控制台；

6. 计时记分用房最低标准应符合下表的规定：

计时记分用房标准

| 等级 | 计时控制（m²） | 计时与终点摄影转换（m²） | 显示屏幕控制室（m²） | 数据处理室 |
|---|---|---|---|---|
| 特级 | | | | |
| 甲级 | 15 | 12 | 40 | 见上页"竞赛管理用房指标（2）" |
| 乙级 | | | | |
| 丙级 | 临时设置 | | | |

规范依据：《体育建筑设计规范》JGJ 31—2003 第4.4.6条

---

**广播电视用房**

广播电视用房应符合下列要求：

1. 宜设置广播电视人员专用出入口和通道，出入口附近应能停放电视转播车，设置电视设备接线室，并提供临时电缆的铺放条件；

2. 应考虑架设电视摄像机和微波天线位置；

3. 广播电视用房配置标准应符合下表的规定：

广播电视用房标准

| 等级 | 广播和电视转播系统 | | | 内场广播 | | | 闭路电视接口设备机房 | 电视发送室 |
|---|---|---|---|---|---|---|---|---|
| | 播音室 | 评论员室 | 声控室 | 播音室 | 机房 | 仓库兼维修 | | |
| 特级 | 3～5间，4m²/间 | 5～8间，4m²/间 | 30m² | 4m² | 15m² | 15m² | 30m² | 30m² |
| 甲级 | 2～3间，4m²/间 | 3～5间，4m²/间 | 25m² | 4m² | 10m² | | | |
| 乙级 | 8m² | | 15m² | 10m² | | | 无 | 无 |
| 丙级 | 临时设置 | | | | | | | 无 |

注：内场广播也可列入竞赛管理用房的范围

规范依据：《体育建筑设计规范》JGJ 31—2003 第4.4.7条

| 类别 | 技 术 要 求 | 规范依据 |
|---|---|---|
| 广播电视用房 | 4. 评论员室应能直视比赛场地、主席台和计时记分牌等，可利用评论员席解决；评论员控制室应紧邻评论员席并有通道与评论员席相连；<br>5. 对外转播用房主要用于广播、电视转播，包括摄像系统、评论系统、转播系统及技术机房等；电视转播机房宜靠近新闻媒体用房及其专用出入口，并就近设置电视转播车停车位；<br>6. 电视转播时，摄像机位应设置在比赛场地、观众看台、运动员区等多个区域，并预留相应的电源和信号接口。位于比赛场地的摄像机位，应根据不同的比赛项目转播需要设置；在观众看台应设固定和临时摄像机位；在运动员区的入口、检录处等位置设临时摄像机位；在新闻媒体区的混合区、新闻发布厅等位置设临时摄像机位 | 《建筑设计资料集 第6分册》（第三版） |
| 技术设备用房 | 技术设备用房应符合下列要求：<br>1. 应包括灯光控制室、消防控制室、器材库、变配电室和其他机房等；<br>2. 灯光控制室应能看到主席台、比赛场地和比赛场地上空的全部灯光；<br>3. 消防控制室宜位于首层并与比赛场内外联系方便，应有直通室外的安全出口；<br>4. 器材库和比赛、练习场地联系方便；器材应能水平或垂直运输；应有较好的通风条件；出入口大小及门的开启方向应符合器材的运输需要；<br>5. 技术设备用房最低标准应符合下表规定：<br><br>技术设备用房配置标准<br><br>6. 当泵房、发电机房、空调机组等设备安放在场馆内时，应避免设备产生的噪声对比赛区和观众区的影响 | 《体育建筑设计规范》JGJ 31—2003 第4.4.8条 |

技术设备用房配置标准

| 等级 | 灯光控制（m²） | 消防控制（m²） | 器材库（m²） | 变配电室 |
|---|---|---|---|---|
| 特级 | 40 | 40 | 不小于300 | 按负荷决定 |
| 甲级 | | | | |
| 乙级 | 20 | 20 | | |
| 丙级 | 10 | | | |

# 6.5 视线设计

| 视 线 设 计 | | 表 6.5 |
|---|---|---|
| 类别 | 技 术 要 求 | 规范依据 |
| 视点选择 | 看台应进行视线设计，视点选择应符合下列要求：<br>1. 应根据运动项目的不同特点，使观众看到比赛场地的全部或绝大部分，且看到运动员的全身或主要部分；<br>2. 对于综合性比赛场地，应以占用场地最大的项目为基础；也可以主要项目的场地为基础，适当兼顾其他；<br>3. 当看台内缘边线（指首排观众席）与比赛场地边线及端线（指视点轨迹线）不平行（即距离不等）时，首排计算水平视距应取最小值或较小值；<br>4. 座席俯视角宜控制在28°～30°范围内；<br>5. 看台视点位置应符合下表的规定： | 《体育建筑设计规范》JGJ 31—2003 第4.3.10条 |

| 类别 | 技术要求 | | | | | 规范依据 |
|---|---|---|---|---|---|---|
| 视点选择 | 项目 | 视点平面位置 | 视点距地面高度（m） | 视线升高差 $C$ 值（m/每排） | 视线质量等级 | 《体育建筑设计规范》JGJ 31—2003 第 4.3.10 条 |
| | 篮球场 | 边线及端线 | 0 | 0.12 | Ⅰ | |
| | | | 0 | 0.06 | Ⅱ | |
| | | | 0.6 | 0.06 | Ⅲ | |
| | 手球场 | 边线及端线 | 0 | 0.06 | Ⅰ | |
| | | | 0.6 | 0.06 | Ⅱ | |
| | | | 1.2 | 0.06 | Ⅲ | |
| | 游泳池 | 最外泳道外侧边线 | 水面 | 0.12 | Ⅰ | |
| | | | 水面 | 0.06 | Ⅱ | |
| | 跳水池 | 最外侧跳板（台）垂线与水面交点 | 水面 | 0.12 | Ⅰ | |
| | | | 水面 | 0.06 | Ⅱ | |
| | 足球场 | 边线端线（重点为角球点和球门处） | 0 | 0.12 | Ⅰ | |
| | | | 0 | 0.06 | Ⅱ | |
| | 田径场 | 两直道外侧边线与终点线的交点 | 0 | 0.12 | Ⅰ | |
| | | | 0 | 0.06 | Ⅱ | |
| | | | 0.6 | 0.06 | Ⅲ | |

注：
1. 视线质量等级：Ⅰ级为较高标准（优秀）；Ⅱ级为一般等级（良好）；Ⅲ级为较低标准（尚可）。
2. 田径场首排计算水平视距以终点线附近看台为准，同时应满足弯道及东直道外侧线的视点高度在 1.2m 以下，并兼顾跑道外侧的跳远（及三级跳远）沙坑，视点宜接近沙面，在技术经济合理的原则下，可作适当调整。
3. 冰球场地由于场地实心界墙的影响，在视点选择时既要确定实心界墙的上端，同时又要确定距界墙 3.5m 的冰面处

| 类别 | 技术要求 | 规范依据 |
|---|---|---|
| 看台升起 | 看台各排地面升高应符合下列要求：<br>1. 视线升高差（$C$ 值）应保证后排观众的视线不被前排观众遮挡，每排 $C$ 值不应小于 0.06m；<br>2. 在技术、经济合理的情况下，视点位置及 $C$ 值等可采用较高的标准，每排 $C$ 值宜选用 0.12m | 《体育建筑设计规范》JGJ 31—2003 第 4.3.11 条 |

## 6.6 光环境设计

光环境设计 表 6.6

| 类别 | 技术要求 | 规范依据 |
|---|---|---|
| 一般规定 | 室内设施多数为多功能使用，为适应不同的布光方案，使照明灯具的调节和控制有充分的灵活性，灯具布置除采用顶部、两侧及混合布置的方式外，宜设置灯光马道，这样调节范围大，便于维修管理 | 《建筑设计资料集 第 6 分册》（第三版） |
| | 为防止照度不匀引起的眼睛疲劳和视力降低，尤其在高速比赛的场合要注意照度均匀。为此在场地内的主要摄像方向上，垂直照度最小值与最大值之比、平均垂直照度与平均水平照度之比以及场地水平照度最小值与最大值之比，均宜满足相应的规范值；体育场所观众席前排的垂直照度不宜小于场地垂直照度的规定值 | |

| 类别 | 技术要求 | 规范依据 |
|---|---|---|
| 天然采光 | 采光标准值不应低于下表的规定：<br><br>（见下表）<br><br>注：采光主要用于训练或娱乐活动 | 《建筑采光设计标准》GB 50034—2013 第 4.0.14 条 |

采光标准值表：

| 采光等级 | 场所名称 | 侧面采光 | | 顶部采光 | |
|---|---|---|---|---|---|
| | | 采光系数标准值（%） | 室内天然光照度标准值（lx） | 采光系数标准值（%） | 室内天然光照度标准值（lx） |
| IV | 体育馆场地、观众入口大厅、休息厅、运动员休息室、治疗室、贵宾室、裁判用房 | 2.0 | 300 | 1.0 | 150 |
| V | 浴室、楼梯间、卫生间 | 1.0 | 150 | 0.5 | 75 |

| 类别 | 技术要求 | 规范依据 |
|---|---|---|
| 电气照明 | 照明系统应不低于下表的规定：<br><br>**无电视转播的体育建筑照明标准值**<br>（见下表）<br><br>注：当表中同一格有两个值时，"/"前为内场的值，"/"后为外场的值；表中规定的照度应为比赛场地参考平面上的使用照度 | 《建筑采光设计标准》GB 50034—2013 第 5.3.12 条 |

无电视转播的体育建筑照明标准值：

| 运动项目 | | 参考平面及其高度 | 照度标准值（lx） | | | Ra | | 眩光指数（GR） | |
|---|---|---|---|---|---|---|---|---|---|
| | | | 训练和娱乐 | 业余比赛 | 专业比赛 | 训练 | 比赛 | 训练 | 比赛 |
| 篮球、排球、手球、室内足球 | | 地面 | 300 | 500 | 750 | 65 | 65 | 35 | 30 |
| 体操、艺术体操、技巧蹦床、举重 | | 台面 | | | | | | | |
| 速度滑冰 | | 冰面 | | | | | | | |
| 羽毛球 | | 地面 | 300 | 750/500 | 1000/500 | 65 | 65 | 35 | 30 |
| 乒乓球、柔道、摔跤、跆拳道、武术 | | 台面 | 300 | 500 | 1000 | 65 | 65 | 35 | 30 |
| 冰球、花样滑冰、冰上舞蹈、短道速滑 | | 冰面 | | | | | | | |
| 拳击 | | 台面 | 500 | 1000 | 2000 | 65 | 65 | 35 | 30 |
| 游泳、跳水、水球、花样游泳 | | 水面 | 200 | 300 | 500 | 65 | 65 | — | — |
| 马术 | | 地面 | | | | | | | |
| 射击、射箭 | 射击区、弹（箭）道区 | 地面 | 200 | 200 | 300 | 65 | 65 | — | — |
| | 靶心 | 靶心垂直面 | 1000 | 1000 | 1000 | | | | |
| 击剑 | | 地面 | 300 | 500 | 750 | 65 | 65 | — | — |
| | | 垂直面 | 200 | 300 | 500 | | | | |
| 网球 | 室外 | 地面 | 300 | 500/300 | 750/500 | 65 | 65 | 55 | 50 |
| | 室内 | | | | | | | 35 | 30 |
| 场地自行车 | 室外 | 地面 | 200 | 500 | 750 | 65 | 65 | 55 | 50 |
| | 室内 | | | | | | | 35 | 30 |
| 足球、田径 | | 地面 | 200 | 300 | 500 | 20 | 65 | 55 | 50 |
| 曲棍球 | | 地面 | 300 | 500 | 750 | 20 | 65 | 55 | 50 |
| 棒球、垒球 | | 地面 | 300/200 | 500/300 | 750/500 | 20 | 65 | 55 | 50 |

| 类别 | 技术要求 | | | | | | | | | | | 规范依据 |
|---|---|---|---|---|---|---|---|---|---|---|---|---|
| | 有电视转播的体育建筑照明标准值 | | | | | | | | | | | |
| | 运动项目 | | 参考平面及其高度 | 照度标准值（lx） | | | Ra | | Tcp（K） | | 眩光指数（GR） | |
| | | | | 国家、国际比赛 | 重大国际比赛 | HDTV | 国家、国际比赛，重大国际比赛 | HDTV | 国家、国际比赛，重大国际比赛 | HDTV | | |
| 电气照明 | 篮球、排球、手球、室内足球、乒乓球 | | 地面1.5m | 1000 | 1400 | 2000 | ≥80 | ≥80 | ≥4000 | ≥5500 | | 《建筑采光设计标准》GB 50034—2013 第5.3.12条 |
| | 体操、艺术体操、技巧、蹦床、柔道、摔跤、跆拳道、武术、举重 | | 台面1.5m | | | | | | | | | |
| | 击剑 | | 台面1.5m | | | | | | | | — | |
| | 游泳、跳水、水球、花样游泳 | | 水面0.2m | | | | | | | | — | |
| | 冰球、花样滑冰、冰上舞蹈、短道速滑、速度滑冰 | | 冰面1.5m | | | | | | | | 30 | |
| | 羽毛球 | | 地面1.5m | 1000/750 | 1400/1000 | 2000/1400 | | | | | 30 | |
| | 拳击 | | 台面1.5m | 1000 | 2000 | 2500 | | | | | 30 | |
| | 射箭 | 射击区、箭道区 | 地面1.0m | 500 | 500 | 500 | | | | | — | |
| | | 靶心 | 靶心垂直面 | 1500 | 1500 | 2000 | | | | | — | |
| | 场地自行车 | 室外 | 地面 | | | | | | | | 50 | |
| | | 室内 | 1.5m | | | | | | | | 30 | |
| | 足球、田径、曲棍球 | | 地面1.5m | 1000 | 1400 | 2000 | | | | | 50 | |
| | 马术 | | 地面1.5m | | | | | | | | — | |
| | 网球 | 室外 | 地面 | 1000/750 | 1400/1000 | 2000/1400 | ≥80 | ≥80 | ≥4000 | ≥5500 | 50 | |
| | | 室内 | 1.5m | | | | | | | | 30 | |
| | 棒球、垒球 | | 地面1.5m | | | | | | | | 50 | |
| | 射击 | 射击区、弹道区 | 地面1.0m | 500 | 500 | 500 | ≥80 | | ≥3000 | ≥4000 | — | |
| | | 靶心 | 靶心垂直面 | 1500 | 1500 | 2000 | | | | | — | |

注：HDTV指高清晰度电视，其特殊显色指数Ra应大于零；表中同一格有两个值时，"/"前为内场的值，"/"后为外场的值；表中规定的照度除射击、射箭外，其他均应为比赛场地主摄像机方向的使用照度值

| 类别 | 技 术 要 求 | 规范依据 |
|---|---|---|
| 电气照明 | 体育建筑其他场所照明的照度标准应符合下表的规定：<br><br>| 类别 | 参考平面及其高度 | 照度标准值（lx） |||<br>|---|---|---|---|---|<br>| | | 低 | 中 | 高 |<br>| 办公、会议室、贵宾室、接待室、医务、警卫、裁判用房 | 0.75m 水平面 | 75 | 100 | 150 |<br>| 计算机房、广播机房、转播机房、电话机房、计时计分控制室、灯光室 | 控制台面 | 100 | 150 | 200 |<br>| 记者评论室、检录处、兴奋剂检查 | 桌面 | 100 | 150 | 200 |<br>| 观众休息厅 开敞式 | 地面 | 30 | 50 | 75 |<br>| 观众休息厅 房间 | 地面 | 50 | 75 | 100 |<br>| 走道、楼梯间、浴室、厕所 | 地面 | 20 | 75 | 100 |<br>| 器材库 | 地面 | 15 | 20 | 30 | | 《体育建筑设计规范》JGJ 31—2003 第10.3.5条 |
| 色温 | 应根据体育运动项目的需要，有效地利用光源特性。运动场地电视转播用光源色温可根据该场所其他光源色温的特点，在光源的相关色温范围内适当选取；对于小型训练场所或非比赛用公共场所，可选用暖色光源，相关色温小于3300K；对于比赛或训练场所，可选用中间色或冷色光源，中间色光源的相关色温为3300～5300K，冷色光源的相关色温大于5300K；光源一般显色指数不应小于80，训练场地可以适当地降低要求 | 《建筑设计资料集 第6分册》（第三版） |
| 眩光 | 应防止眩光对运动员和观众，尤其是对运动员造成的障碍。眩光现象主要为直射眩光和反射眩光。直射眩光主要限制灯具最低安装高度和光束投射角，反射眩光应防止光泽的表面反射光源产生光斑 | |
| 频闪 | 当运动场地采取气体放电光源时，应有克服频闪效应的措施，宜采取末端无功补偿措施；重要比赛场地的灯头末端电压偏移，相互间不宜大于1%，线路保护元件的整速定值应考虑气体放电灯气动特性的影响 | |

## 6.7 热环境设计

**热环境设计** 表6.7

| 类别 | 技 术 要 求 | 规范依据 |
|---|---|---|
| 一般规定 | 特级和甲级体育馆应设全年使用的空气调节装置，乙级宜设夏季使用的空气调节装置；乙级以上的游泳馆应设全年使用的空气调节装置；未设空气调节的体育馆、游泳馆应设机械通风装置，有条件时可采用自然通风 | 《体育建筑设计规范》JGJ 31—2003 第10.2.2条 |
| 一般规定 | 空调系统的设置应符合下列要求：<br>1. 大型体育馆比赛大厅可按观众区与比赛区、观众区与观众区分区布置空调系统；<br>2. 游泳馆池厅的空气调节系统应和其他房间分开设置；乙级以上游泳馆池区和观众区也应分别设置空气调节系统；池厅对建筑其他部位应保持负压；<br>3. 场馆休息厅在气象条件适当的地方应充分利用自然通风，根据使用要求和当地经济条件亦可设置空调系统；<br>4. 运动员休息室、裁判员休息室等宜采用各房间可分别控制室温的系统；<br>5. 计时记分牌机房、灯光控制室等应考虑通风和降温措施，降温宜采用独立的空气调节设备 | 《体育建筑设计规范》JGJ 31—2003 第10.2.6条 |

续表

| 类别 | 技 术 要 求 | 规范依据 |
|---|---|---|
| 主要指标 | 比赛大厅空气调节设计参数宜按下表确定：<br><br>**比赛大厅空调工况推荐值**<br><br>（见下表） | 《体育建筑设计规范》JGJ 31—2003 第10.2.3 条 |

比赛大厅空调工况推荐值

| 房间名称 | | 夏季 | | | 冬季 | | | 最小新风量（m³/h·人） |
|---|---|---|---|---|---|---|---|---|
| | | 温度（℃） | 相对湿度（%） | 气流速度（m/s） | 温度（℃） | 相对湿度（%） | 气流速度（m/s） | |
| 体育馆 | | 26～28 | 55～65 | ≤0.5<br>≤0.2*1 | 16～18 | ≥30 | ≤0.5<br>≤0.2*1 | 15～20*2 |
| 游泳馆 | 观众区 | 26～29 | 60～70 | ≤0.5 | 22～24 | ≤60 | ≤0.5 | 15～20*4 |
| | 池区 | 26～29 | 60～70*5 | ≤0.2*3 | 26～28 | 60～70*5 | ≤0.2 | — |

注：
*1. 指乒乓球、羽毛球比赛时的风速，为建议值，乒乓球的高度范围取距地 3m 以下，羽毛球的高度范围取距地 9m 以下。
*2. 新风量按厅内不准吸烟计。
*3. 游泳馆池区气流速度主要是距地 2.4m 以内，跳水区包括运动员活动的所有空间在内。
*4. 乙级以上游泳馆的风量还应满足过渡季排湿要求。
*5. 池区相对湿度 ≤75%

采暖地区场馆辅助房间室内设计温度应符合下表的规定。非采暖地区乙级及以上场馆的运动员休息室、裁判员休息室、医务室、练习房、检录处等辅助房间的冬季室内设计温度宜按下表执行：

辅助用房空调工况推荐值

| 房间名称 | | 室内设计温度（℃） | |
|---|---|---|---|
| | | 夏季*1 | 冬季 |
| 运动员休息室 | | 25～27 | 20 |
| 裁判员休息室 | | 24～26 | 20 |
| 医务室 | | 26～28 | 20 |
| 联系房 | | 23～25 | 16 |
| 检录处 | 一般项目 | 25～27 | 20 |
| | 体操 | | 24 |
| 观众休息室 | | 26～28 | 16 |
| 一般库房、空调制冷机房 | | — | 10 |

注：
*1. 指有空气调节的体育馆

规范依据：《体育建筑设计规范》JGJ 31—2003 第10.2.4 条

| 气流组织 | 比赛大厅的气流组织应满足下列要求：<br>1. 体育馆比赛大厅的气流组织应保证比赛场地所要求的气流速度，温度分布、速度分布应满足观众的舒适感。<br>2. 体育馆比赛大厅采用侧送喷口时，宜采用可调节角度及可变风速的喷口。特级、甲级体育馆比赛大厅的气流组织，应满足举办不同比赛时进行调节的可能性。<br>3. 游泳馆的气流组织应根据池区和观众区的不同，根据防结露要求进行设计 | 《体育建筑设计规范》JGJ 31—2003 第10.2.7 条 |
|---|---|---|
| 通风系统 | 体育场馆的通风系统设置应符合下列要求：<br>1. 比赛大厅中心顶部宜设置排风系统，并考虑和消防排烟系统相结合；<br>2. 看台下经常有人活动的无外窗的房间应设机械通风系统，需要时可设空调系统；<br>3. 场馆的厕所、更衣、淋浴室应设机械通风系统，厕所、更衣室有条件时可设空调系统。<br>游泳池的排风系统宜设机械补风系统补入室外新风，冬季补风可设加热装置 | 《体育建筑设计规范》JGJ 31—2003 第10.2.8 条 |

## 6.8 声环境设计

| 声环境设计 | | 表 6.8 |
|---|---|---|

| 类别 | 技 术 要 求 | 规范依据 |
|---|---|---|
| 一般<br>规定 | 体育建筑应根据其类别、等级、规模、用途和使用特点，确定其声学设计指标，并在设计中采用实现预定指标的相应措施 | 《体育建筑设计规范》JGJ 31—2003 第 9.0.1 条 |
| | 体育建筑当有多种功能使用时，应按其主要功能确定声学指标，并通过扩声系统兼顾其他功能 | 《体育建筑设计规范》JGJ 31—2003 第 9.0.2 条 |
| | 体育建筑广播电视用房的播音室、评论员室、声控室等应按要求作声学处理，使之达到预定的指标；练习房（馆）、运动员休息室、教练室等设置有线广播和对讲系统应根据设施等级确定 | 《体育建筑设计规范》JGJ 31—2003 第 9.0.5 条 |
| 主要<br>指标 | 综合体育馆和游泳馆中频（500 ～ 1000Hz）满场混响时间，可分别根据体积和每座容积按下表的规定选择：<br><br>综合体育馆比赛大厅中频满场混响时间<br><br>| 容积（m³） | < 40000 | 40000 ～ 80000 | 80000 ～ 160000 | > 160000 |<br>\|---\|---\|---\|---\|---\|<br>| 混响时间（s） | 1.3 ～ 1.4 | 1.4 ～ 1.6 | 1.6 ～ 1.8 | 1.9 ～ 2.1 |<br><br>注：当比赛大厅容积大于表中列出的最大容积的 1 倍以上时，可允许其混响时间比 2.1s 适当加长。<br><br>游泳馆比赛大厅中频满场混响时间<br><br>| 每座容积（m³/座） | ≤ 25 | > 25 |<br>\|---\|---\|---\|<br>| 混响时间（s） | ≤ 2.0 | ≤ 2.5 |<br><br>各频率混响时间相对于中频混响时间的比值<br><br>| 频率（Hz） | 125 | 250 | 2000 | 4000 |<br>\|---\|---\|---\|---\|---\|<br>| 比值 | 1.0 ～ 1.3 | 1.0 ～ 1.2 | 0.9 ～ 1.0 | 0.8 ～ 1.0 | | 《建筑设计资料集 第 6 分册》（第三版） |
| | 体育场的主要声学指标宜符合下表的规定：<br><br>体育场声学设计指标推荐值<br><br>| 场内最大声压级（dB） | 声场不均匀度（dB） | 扩声系统传声增益（dB） | 地区有效频率范围（Hz） |<br>\|---\|---\|---\|---\|<br>| > 90 | < 10 | > 10 | 100 ～ 1000 |<br><br>注：根据体育场的不同规模，有关指标可以适当变动<br>体育场的声学设计在使用扩声系统时应符合下列要求：<br>1. 在观众席有足够的声级，满足体育场所必需的功能和要求；<br>2. 全部观众席被扩声所覆盖；<br>3. 传送语言时有足够的清晰度，传播音乐时有一定的丰满度；<br>4. 减少对场外的声干扰；<br>5. 结构安全、操作方便、维修容易、抗风防雨、性能可靠 | 《体育建筑设计规范》JGJ 31—2003 第 9.0.7 条、第 9.0.8 条 |

续表

| 类别 | 技 术 要 求 | 规范依据 |
|---|---|---|
| 噪声控制 | 当体育馆比赛大厅、贵宾休息室、扩声控制室、评论员室和扩声播音室无人占用时，在通风、空调、调光等设备正常运转条件下，厅（室）的背景噪声限值宜符合下表的规定：<br><br>体育馆、游泳馆比赛大厅等厅 / 室的背景噪声限值<br><br>表格见下方<br><br>注：以上值是在厅 / 室无人占用时，设备正常运转的条件下的要求<br><br>噪声控制和其他声学应符合下列要求：<br>1. 比赛大厅宜利用休息廊等隔绝外界噪声干扰，休息廊宜作吸声降噪处理；<br>2. 贵宾休息室围护结构的计权隔声量 $R_w$ 应根据其环境噪声情况确定；<br>3. 电视评论员室之间的隔墙应有足够的计权隔声量 $R_w$；评论员室的混响时间在频率 $125 \sim 4000Hz$ 的频率范围内不应大于 0.5s，因而室内必须作吸声处理；<br>4. 通往比赛大厅、贵宾休息室、扩声控制室、电视评论员室、扩声播音室等房间的送、回风管道均应采取消声、降噪和减振措施。风口处不宜有引起再生噪声的阻挡物 | 《体育建筑设计规范》JGJ 31—2003 第9.0.17条、第9.0.18条 |

体育馆、游泳馆比赛大厅等厅 / 室的背景噪声限值

| 厅 / 室类别 | 噪声限值 | | | | |
|---|---|---|---|---|---|
| | 比赛大厅 | 贵宾休息室 | 扩声控制室 | 评论员室 | 扩声播音室 |
| 特级、甲级 | NR-35 | NR-30 | NR-35 | NR-30 | NR-30 |
| 乙级、丙级 | NR-40 | NR-35 | NR-40 | NR-30 | NR-30 |

# 6.9 消防设计

消 防 设 计 表 6.9

| 类别 | 技 术 要 求 | 规范依据 |
|---|---|---|
| 一般规定 | 体育建筑的防火设计应按照现行国家标准《建筑设计防火规范》执行<br>根据观众厅的规模、耐火等级确定疏散时间，通常体育场的疏散时间为 6 ～ 8 分钟，体育馆的疏散时间为 3 ～ 4 分钟<br>疏散设计时，活动座席的数量计入总人数考虑。紧急情况下允许观众进入比赛场地内进行疏散；场地内向室外开口的数量和宽度应考虑这部分人流的疏散需求；当体育场馆承办文化娱乐活动时，比赛场地内往往设置大量临时座席，应考虑其疏散设计 | 《体育建筑设计规范》JGJ 31—2003 第8.1.1 条<br><br>《建筑设计资料集 第 6 分册》（第三版） |
| 疏散口数量 | 独立的看台至少应有两个安全出口，且每个安全出口的平均疏散人数，体育馆不宜超过 400 ～ 700 人，体育场不宜超过 1000 ～ 2000 人；当有横向通道时，每个疏散口可考虑 8 股人流；无横向通道时，每疏散口可考虑 4 股人流 | 《建筑设计资料集 第 6 分册》（第三版） |
| 疏散宽度 | 座席间的纵向通道应大于或等于 110cm；如按单股人流设计，其宽度应不小于 90cm；在出入口两侧的通道宽度以不小于 60cm 为宜；当观众席内设有横向通道时，横向通道宽度亦应大于或等于 110cm；观众席走道之间的连续座位数目，室内每排不宜超过 26 个；室外每排不宜超过 40 个；当仅有一侧有纵向走道时，座位数目应减半 | 《建筑设计资料集 第 6 分册》（第三版） |

| 类别 | 技 术 要 求 | | | | | | | 规范依据 |
|---|---|---|---|---|---|---|---|---|

安全出口和走道的有效总宽度均应按不小于下表的规定计算：

| 座位数和耐火等级 / 疏散部位 | | 室内看台（个） | | | 室外看台（个） | | | 规范依据 |
|---|---|---|---|---|---|---|---|---|
| | | 3000～5000 | 5001～10000 | 10001～20000 | 20001～40000 | 40001～60000 | 60001以上 | 《体育建筑设计规范》JGJ 31—2003 第4.3.8条 |
| | | 一、二级 | 一、二级 | 一、二级 | 一、二级 | 一、二级 | 一、二级 | |
| 门和走道 | 平坡地面 | 0.43 | 0.37 | 0.32 | 0.21 | 0.18 | 0.16 | |
| | 阶梯地面 | 0.50 | 0.43 | 0.37 | 0.25 | 0.22 | 0.19 | |
| 楼梯 | | 0.50 | 0.43 | 0.37 | 0.25 | 0.22 | 0.19 | |

注：表中宽度指标单位为 m/ 百人；较大座位数档次按规定指标计算出来的总宽度，不应小于相邻较小座位数档次按其最多座位数计算出来的疏散总宽度

| 类别 | 技 术 要 求 | 规范依据 |
|---|---|---|
| 疏散宽度 | 超过3000座的体育馆必须设置火灾自动报警系统，其他体育建筑的火灾自动报警系统的设计，应按现行国家标准执行 | 《体育建筑设计规范》JGJ 31—2003 第10.3.20条 |

**参考文献：**

［1］建设部，国家体育总局批准 . 体育建筑设计规范 JGJ 31—2003. 中国建筑工业出版社，2003.

［2］《建筑设计资料集》编委会 . 建筑设计资料集 第 6 分册（第三版）. 中国建筑工业出版社，2017.

［3］国土资源部 . 城市公共体育场馆用地控制指标（国土资规［2017］11 号）. 2017.

［4］建设部 . 建筑采光设计标准 GB 50033—2013. 中国建筑工业出版社，2013.

［5］住房和城乡建设部 . 建筑设计防火规范 GB 50016—2014. 中国建筑工业出版社，2014.

# 7 绿 色 建 筑

## 7.1　一般规定

### 7.1.1　绿色建筑的定义

在全寿命期内，节约资源、保护环境、减少污染，为人们提供健康、适用、高效的使用空间，最大限度地实现人与自然和谐共生的高质量建筑。

### 7.1.2　绿色建筑的分类与等级

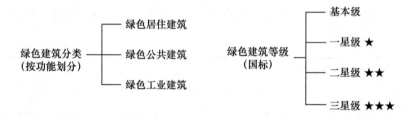

### 7.1.3　绿色建筑的评价

1）评价范畴

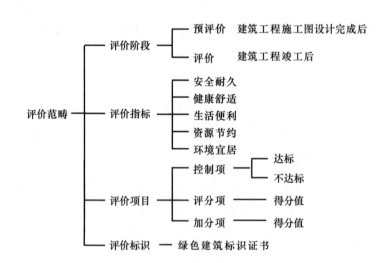

2）评价方法

（1）评分计算规则

绿色建筑评价的总得分应按下式进行计算：

$$Q = (Q_0 + Q_1 + Q_2 + Q_3 + Q_4 + Q_5 + Q_A)/10$$

式中　　$Q$ —— 总得分；

$Q_0$ —— 控制项基础分值，当满足所有控制项的要求时取 400 分；

$Q_1 \sim Q_5$——分别为评价指标体系 5 类指标（安全耐久、健康舒适、生活便利、资源节约、环境
宜居）评分项得分；

$Q_A$——提高与创新加分项得分。

绿色建筑评价分值            表 7.1.3.2-1

| | 控制项基础分值 | 评价指标评分项满分值 | | | | | 提高与创新加分项满分值 |
|---|---|---|---|---|---|---|---|
| | | 安全耐久 | 健康舒适 | 生活便利 | 资源节约 | 环境宜居 | |
| 预评价分值 | 400 | 100 | 100 | 70 | 200 | 100 | 100 |
| 评价分值 | 400 | 100 | 100 | 100 | 200 | 100 | 100 |

注：预评价时，《绿色建筑评价标准》第 6.2.10 条、第 6.2.11 条、第 6.2.12 条、第 6.2.13 条、第 9.2.8 条不得分

（2）绿色建筑等级的确定方法

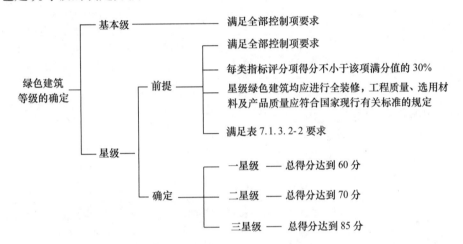

星级绿色建筑的技术要求            表 7.1.3.2-2

| | 一星级 | 二星级 | 三星级 |
|---|---|---|---|
| 围护结构热工性能的提高比例，或建筑供暖空调负荷的降低比例 | 围护结构提高 5%，或负荷降低 5% | 围护结构提高 10%，或负荷降低 10% | 围护结构提高 20%，或负荷降低 15% |
| 严寒和寒冷地区住宅建筑外窗传热系数降低比例 | 5% | 10% | 20% |
| 节水器具用水效率等级 | 3 级 | 2 级 | |
| 住宅建筑隔声性能 | — | 室外与卧室之间、分户墙(楼板)两侧卧室之间的空气声隔声性能以及卧室楼板的撞击声隔声性能达到低限标准限值和高要求标准限值的平均值 | 室外与卧室之间、分户墙（楼板）两侧卧室之间的空气声隔声性能以及卧室楼板的撞击声隔声性能达到高要求标准限值 |
| 室内主要空气污染物浓度降低比例 | 10% | 20% | |
| 外窗气密性能 | 符合国家现行相关节能设计标准的规定，且外窗洞口与外窗本体的结合部位严密 | | |

注：1. 围护结构热工性能的提高基准、严寒和寒冷地区住宅建筑外窗传热系数降低基准均为国家现行相关建筑节能设
计标准的要求；
2. 住宅建筑隔声性能对应的标准为现行国家标准《民用建筑隔声设计规范》GB 50118；
3. 室内主要空气污染物包括氨、甲醛、苯、总挥发性有机物、氡、可吸入颗粒物等，其浓度降低基准为现行国家
标准《室内空气质量标准》GB/T 18883 的有关要求

## 7.2 绿色建筑评价要点、技术措施与相关分值

绿色建筑评价要点、技术措施与相关分值

表 7.2

| 指标 | | 评价要点 | | 技术措施与相关分值 | | 规 范 依 据 |
|---|---|---|---|---|---|---|
| 安全耐久 | 安全 | 场地安全 | 地质危险 | 避开滑坡、泥石流等地质危险地段 | | 《防洪标准》GB 50201—2014 《城市防洪工程设计规范》GB/T 50805—2012 《城市抗震防灾规划标准》GB 50413—2007 |
| | | | 洪涝 | 易发生洪涝地区有可靠防洪涝基础设施 | | |
| | | | 危险源 | 火、爆、毒 | 与危险化学品及易燃易爆品等危险源的距离，满足有关安全规定 | 《城市居住区规划设计标准》GB 50180—2018 《建筑设计防火规范》GB 50016 《危险化学品经营企业开业条件和技术要求》GB 18265 |
| | | | | | 对曾经是危险化学品生产场地或者受化学品污染的场地，进行专项安全治理 | |
| | | | 污染源 | 电磁辐射 | 远离辐射污染源：电视广播发射塔、通信发射台、雷达站、变电站、高压电线等 | 《电磁环境控制限值》GB 8702—2014 |
| | | | | | 采取遮蔽、隔离等安全环保措施 | |
| | | | | 土壤氡 | 土壤氡浓度检测 | 《民用建筑工程室内环境污染控制规范》GB 50325—2010（2013 年版） |
| | | | | | 对超标土壤采取防治措施 | |
| | | 结构与设施安全 | 结构安全 | 抗震 | 采用基于性能的抗震设计并合理提高建筑的抗震性能（10 分） | 《建筑抗震设计规范》GB 50011—2010（2016 年版） |
| | | | | 建筑结构 | 满足承载力和建筑使用功能要求 | 以"极限状态设计原则"判断 | 《建筑结构可靠性设计统一标准》GB 50068—2018 《建筑抗震设计规范》GB 50011 《建筑结构荷载规范》GB 50009 |
| | | | | | | 运营期对建筑物进行可靠性管理 | |
| | | | 围护安全 | 围护结构 | 围护结构(外墙、屋面、门窗、幕墙及外保温等)安全、耐久，与建筑主体结构连接可靠，满足防护要求 | 《民用建筑设计统一标准》GB 50325—2019 《建筑外墙防水工程技术规程》JGJ/T 235 《外墙外保温工程技术规程》JGJ 144 《屋面工程技术规范》GB 50345 《建筑幕墙》GB/T 21086 《玻璃幕墙工程技术规范》JGJ 102 《建筑玻璃点支承装置》JG/T 138 《吊挂式玻璃幕墙用吊夹》JG/T 139 《金属与石材幕墙工程技术规范》JGJ 133 |
| | | | | 外门窗 | 安装牢固，抗风压性能、水密性能符合规定 | 《塑料门窗工程技术规程》JGJ 103 《铝合金门窗工程技术规范》JGJ 214 《建筑外门窗气密、水密、抗风压性能分级及检测方法》GB/T 7106 《建筑外窗气密、水密、抗风压性能现场检测方法》JG/T 211 |

| 指标 | 评价要点 | | | 技术措施与相关分值 | 规 范 依 据 |
|---|---|---|---|---|---|
| 安全 | 结构与设施安全 | 围护安全 | 卫生间浴室 | 楼、地面设防水层，墙面、顶棚设防潮层，门口有阻止积水外溢的措施 | 《住宅室内防水工程技术规范》JGJ 298—2013 《民用建筑设计统一标准》GB 50325—2019 《旅馆建筑设计规范》JGJ 62—2014 |
| | | 外部设施安全 | | 外遮阳、太阳能设施、空调室外机位、外墙花池等外部设施与建筑主体结构统一设计、施工 | 《建筑遮阳工程技术规范》JGJ 237 《民用建筑太阳能热水系统应用技术标准》GB 50364 《民用建筑太阳能光伏系统应用技术规范》JGJ 203 |
| | | | | 具备安装、检修与维护条件 | |
| | | 内部设施安全 | | 非结构构件适应主体结构的变形 | 《绿色建筑评价标准》GB/T 50378—2019 |
| | | | | 设备及辅助设施，适应主体结构变形 | |
| | 使用功能安全 | 通行空间 | | 走廊、疏散通道等路线畅通、视线清晰，不应有阳台花池、机电箱等凸向走廊、疏散通道 | 《建筑设计防火规范》GB 50016 《防灾避难场所设计规范》GB 51143 |
| | | 安全标识 | | 具有安全防护的警示和引导标识系统 | 《安全标志及其使用导则》GB 2894—2008 《公共建筑标识系统技术规范》GB/T 51223—2017 |
| | | 人员安全 | 阳台、外窗、窗台、防护栏杆等 | 采取措施提高阳台、外窗、窗台、防护栏杆等安全防护水平（5分） | 《民用建筑设计统一标准》GB 50352—2019 |
| | | | 建筑物出入口 | 建筑物出入口均设外墙饰面、门窗玻璃意外脱落的防护措施，并与人员通行区域的遮阳、遮风或挡雨措施结合（5分） | |
| | | | 建筑物周边 | 场地或景观形成可降低坠物风险的缓冲区、隔离带（5分） | |
| | | 产品或配件 | 玻璃 | 采用具有安全防护功能的玻璃（5分） | 《建筑用安全玻璃》GB 15763 《建筑玻璃应用技术规程》JGJ 113 《建筑安全玻璃管理规定》（发改运行［2003］2116号） |
| | | | 门窗 | 采用具备防夹功能的门窗（5分） | |
| | | 防滑 | 建筑出入口及平台、公共走廊、电梯门厅、厨房、浴室、卫生间 | 防滑等级不低于 $B_d$、$B_w$ 级（3分） | 《建筑地面工程防滑技术规程》JGJ/T 331—2014 |
| | | | 建筑室内外活动场所 | 防滑等级达到 $A_d$、$A_w$ 级（4分） | |
| | | | 建筑坡道、楼梯踏步 | 防滑等级达到 $A_d$、$A_w$ 级或按水平地面等级提高一级，并采用防滑条等防滑构造技术措施（3分） | |
| | | 交通 | 人车分流 | 采取人车分流措施，且步行和自行车交通系统有充足照明（8分） | 《城市道路照明设计标准》CJJ 45—2015 |
| | | | 充足照明 | | |

续表

| 指标 | 评价要点 | | | 技术措施与相关分值 | 规范依据 |
|---|---|---|---|---|---|
| 安全耐久 | 耐久 | 适变性 | 空间、功能 | 采取通用开放、灵活可变的使用空间设计，或采用建筑使用功能可变措施（7分） | 《建筑荷载设计规范》GB 50009—2012 |
| | | | 管线 | 建筑结构与建筑设备管线分离（7分） | 《装配式住宅建筑设计标准》JGJ/T 398—2017 |
| | | | 设备设施 | 采用与建筑功能和空间变化相适应的设备设施布置方式或控制方式（4分） | |
| | | 部品部件 | 管材、管线、管件 | 耐腐蚀、抗老化、耐久性能好（5分） | 《建筑给水排水设计规范》GB 50015 |
| | | | 活动配件 | 选用长寿命产品，考虑部品组合的同寿命性；不同使用寿命的部品组合时，采用便于分别拆换、更新和升级的构造（5分） | 《建筑门窗反复启闭性能检测方法》JG/T 192<br>《建筑遮阳产品机械耐久性能试验方法》JG/T 241<br>《陶瓷片密封水嘴》GB 18145 |
| | | 结构材料 | 耐久性 | 按100年进行耐久性设计（10分） | 《建筑结构可靠性设计统一标准》GB 50068—2018 |
| | | | | 采用耐久性能好的建筑结构材料（10分）：对于混凝土构件，提高钢筋保护层厚度或采用高耐久混凝土 | 《普通混凝土长期性能和耐久性能试验方法标准》GB/T 50082<br>《混凝土耐久性检验评定标准》JGJ/T 193<br>《耐候结构钢》GB/T 4171<br>《建筑用钢结构防腐涂料》JG/T 224<br>《多高层木结构建筑技术标准》GB/T 51226—2017<br>《木结构设计标准》GB 50005—2017 |
| | | | | 对于钢构件，采用耐候结构钢及耐候型防腐涂料 | |
| | | | | 对于木构件，采用防腐木材、耐久木材或耐久木制品 | |
| | | 装饰装修材料 | 外饰面材料 | 耐久性好 | 《建筑用水性氟涂料》HG/T 4104—2009 |
| | | | 防水和密封材料 | 耐久性好 | 《绿色产品评价 防水与密封材料》GB/T 5609—2017 |
| | | | 室内装饰装修材料 | 耐久性好、易维护 | |
| 健康舒适 | 室内空气品质 | 室内污染源控制 | 室内主要空气污染物浓度 | 氨、甲醛、苯、总挥发性有机物、氡等污染物浓度低于标准规定限值的10%（3分）或20%（6分） | 《室内空气质量标准》GB/T 18883 |
| | | | | 室内$PM_{2.5}$年均浓度≤25μg/m³，且$PM_{10}$年均浓度≤50μg/m³（6分） | |
| | | | 装饰装修材料 | 绿色产品满足评价标准中对有害物质限量的要求（8分） | 《绿色产品评价 人造板和木质地板》GB/T 35601<br>《绿色产品评价 涂料》GB/T 35602<br>《绿色产品评价 防水与密封材料》GB/T 35609<br>《绿色产品评价 陶瓷砖（板）》GB/T 35610<br>《绿色产品评价 纸和纸制品》GB/T 35613 |
| | | | 禁烟 | 建筑室内（主要指公共建筑室内和住宅建筑内的公共区域）和建筑主出入口处禁止吸烟，并在醒目位置设置禁烟标志 | |

| 指标 | 评价要点 | | | 技术措施与相关分值 | 规 范 依 据 |
|---|---|---|---|---|---|
| 健康舒适 | 室内空气品质 | 室内通风 | 室内气流组织 | 采取措施避免厨房、餐厅、打印复印室、卫生间、地下车库等区域的空气和污染物串通到其他空间；防止厨房、卫生间的排气倒灌 | |
| | | | 自然通风 | 采用自然通风的生活、工作的房间的通风开口有效面积≥房间地板面积的5%；厨房的通风开口有效面积≥房间地板面积的10%，并≥0.60m² | 《民用建筑供暖通风与空气调节设计规范》GB 50736—2012 |
| | | | 建筑设计优化 | 建筑空间和平面设计优化：外窗可开启面积比例，房间进深与净高的关系，导风窗、导风墙等 | |
| | | 质量监控 | 浓度监测 | 地下车库设置与排风设备联动的一氧化碳检测装置 | 《工作场所有害因素职业接触限值 第1部分：化学有害因素》GBZ 2.1 |
| | 水质 | 水质要求 | | 直饮水、集中生活热水、游泳池水、采暖空调系统用水、景观水体等的水质符合相关标准要求（8分） | 《生活饮用水卫生标准》GB 5749 《饮用净水水质标准》CJ 94 《全自动连续微／超滤净水装置》HG/T 4111 《生活热水水质标准》CJ/T 521 《游泳池水质标准》CJ 244 《采暖空调系统水质》GB/T 29044 《城市污水再生利用景观环境用水》GB/T 18921 |
| | | 储水设施 | 生活饮用水水池、水箱等储水设施采取措施满足卫生要求（9分） | 使用符合标准要求的成品水箱（4分） | 《二次供水设施卫生规范》GB 17051 《二次供水工程技术规程》CJJ 140 |
| | | | | 采取保证储水不变质的措施（5分） | |
| | | 标识 | | 所有给水排水管道、设备、设施设置明确、清晰的永久性标识（8分） | 《工业管道的基本识别色、识别符号和安全标识》GB 7231 《建筑给水排水及采暖工程施工质量验收规范》GB 50242 |
| | | 便器 | | 选用构造内自带水封的便器，且其水封深度≥50mm | 《卫生陶瓷》GB 6952—2015 《节水型生活用水器具》CJ/T 164 |
| | 室内声环境 | 建筑布局隔声 | 总体布局 | 隔声降噪，避开噪声源：主干道、立交桥，设置绿化隔离带、隔声屏障等 | 《民用建筑隔声设计规范》GB 50118—2010 《托儿所、幼儿园建筑设计规范》JGJ 39 《老年人照料设施建筑设计标准》JGJ 450 《宿舍建筑设计规范》JGJ 36—2016 《电影院建筑设计规范》JGJ 58 《剧场建筑设计规范》JGJ 57 《体育建筑设计规范》JGJ 31 《体育场馆声学设计及测量规程》JGJ/T 131 |
| | | | 平面布局 | 隔声降噪，避开噪声源：变配电房、水泵房、空调机房、电梯井道机房等 | |
| | | 围护结构隔声 | 隔声材料 | 隔声垫、隔声砂浆、地毯 | |

83

| 指标 | 评价要点 | | 技术措施与相关分值 | | 规 范 依 据 |
|---|---|---|---|---|---|
| 健康舒适 | 室内声环境 | 围护结构隔声 | 隔声构造 | 浮筑楼板、双层墙、木地板 | 《民用建筑隔声设计规范》GB 50118—2010<br>《托儿所、幼儿园建筑设计规范》JGJ 39<br>《老年人照料设施建筑设计标准》JGJ 450<br>《宿舍建筑设计规范》JGJ 36—2016<br>《电影院建筑设计规范》JGJ 58<br>《剧场建筑设计规范》JGJ 57<br>《体育建筑设计规范》JGJ 31<br>《体育场馆声学设计及测量规程》JGJ/T 131 |
| | | | 隔声门窗 | 采用隔声门窗 | |
| | | 设备隔声减震 | 设备选型 | 选用噪声低的设备 | |
| | | | 设备隔声 | 对噪声大的设备采取设消声器、静压箱措施 | |
| | | | 设备基础 | 对有振动的设备基础采取减震降噪措施 | |
| | | | 管道支架 | 对设备管道及支架均采取消声减震降噪措施 | |
| | 室内光环境 | 室内采光 | 外窗设计 | 外窗优化设计：采光系数、窗地比、窗墙比、室外视野 | 《建筑采光设计标准》GB 50033—2013<br>《民用建筑绿色性能计算标准》JGJ/T 449—2018 |
| | | | 自然采光 | 优化自然采光：导光玻璃、导光管、导光板、天窗、采光井、下沉式庭院 | |
| | | | 控制眩光 | 采取必要的措施控制不舒适眩光，包括窗帘、百叶、调光玻璃等。建议眩光控制装置能够根据太阳位置的不同进行自动调整 | |
| | | 室内照明 | 数量和质量 | 照明数量和质量符合标准规定 | 《建筑照明设计标准》GB 50034 |
| | | | 危险性 | 人员长期停留的场所采用符合标准规定的无危险类照明产品 | 《灯和灯系统的光生物安全性》GB/T 20145 |
| | | | 光输出要求 | 选用LED照明产品的光输出波形的波动深度应满足标准规定 | 《LED室内照明应用技术要求》GB/T 31831 |
| | 室内热湿环境 | 空气温湿度控制 | 热湿参数 | 自然通风或复合通风：主要功能房间室内热环境参数在适应性热舒适区域的时间比例，达到30%得2分；每再增加10%，再得1分，最高8分 | 《民用建筑室内热湿环境评价标准》GB/T 50785—2012 |
| | | | | 人工冷热源：主要功能房间达到标准规定的评价Ⅱ级及以上的面积比例，达到60%得5分；每再增加10%，再得1分，最高8分 | |
| | | | 独立调节 | 采用集中供暖空调系统：末端设独立开启装置，温度、风速可独立调节 | 《公共建筑节能设计标准》GB 50189—2015<br>《夏热冬暖地区居住建筑节能设计标准》JGJ 75—2012 |
| | | | | 未采用集中供暖空调系统：个性化舒适装置（多联机、分体空调、吊扇、台扇等） | |
| | | 遮阳隔热 | 可调节遮阳 | 活动外遮阳设施（含电致变色玻璃）、中置可调遮阳设施（中空玻璃夹层可调内遮阳）、固定外遮阳（含建筑自遮阳）加内部高反射率可调节遮阳设施、可调内遮阳设施等<br>按照面积占外窗透明部分比例评分，最高9分 | |

| 指标 | | 评价要点 | | 技术措施与相关分值 | | 规 范 依 据 |
|---|---|---|---|---|---|---|
| 出行与无障碍 | 公共交通 | 无障碍 | | 建筑、室外场地、公共绿地、城市道路相互之间应设置连贯的无障碍步行系统 | | 《无障碍设计规范》GB 50763—2012 |
| | | 场地与公共交通站点联系便捷 | | 场地出入口到达公共交通站点或轨道交通站点的步行距离不太大（≤500m、800m时，2分；≤300m、500m时，4分），或配备联系公共交通站点的专用接驳车 | | |
| | | | | 场地出入口步行距离800m范围内设有不少于2条线路的公共交通站点（2分） | | 《无障碍设计规范》GB 50763—2012 《住宅设计规范》GB 50096—2011 《健康建筑评价标准》T/ASC 02 |
| | 全龄化设计 | 无障碍 | | 建筑室内公共区域、室外公共活动场地及道路均满足无障碍设计要求（3分） | | |
| | | 圆角、抓杆、扶手 | | 建筑室内公共区域、室外公共活动场地及道路均满足无障碍设计要求（3分） | | |
| | | 担架梯 | | 设有可容纳担架的无障碍电梯（2分） | | |
| 生活便利 | 停车场所 | 汽车停车场 | | 具有电动汽车充电设施或具备充电设施安装条件 | | 《无障碍设计规范》GB 50763—2012 |
| | | | | 合理设置电动汽车和无障碍汽车停车位 | | |
| | | 自行车停车场 | | 自行车停车场所应位置合理、方便出入 | | 《城市综合交通体系规划标准》GB/T 51328—2018 |
| | 服务设施 | 配套服务 | 住宅建筑 | 满足下列4项（5分）或6项及以上（10分） | 场地出入口到达幼儿园的步行距离≤300m | 《城市居住区规划设计标准》GB 50180—2018 |
| | | | | | 场地出入口到达小学的步行距离≤500m | |
| | | | | | 场地出入口到达中学的步行距离≤1000m | |
| | | | | | 场地出入口到达医院的步行距离≤1000m | |
| | | | | | 场地出入门到达群众文化活动设施的步行距离≤800m | |
| | | | | | 场地出入口到达老年人日间照料设施的步行距离≤500m | |
| | | | | | 场地周边500m范围内具有不少于3种商业服务设施 | |
| | | | 公共建筑 | 满足下列3项（5分）或5项（10分） | 至少兼容2种面向社会的公共服务功能 | 《绿色建筑评价标准》GB/T 50378—2019 |
| | | | | | 向社会公众提供开放的公共活动空间 | |
| | | | | | 电动汽车充电桩的车位数占总车位数≥10% | |

| 指标 | 评价要点 | | | 技术措施与相关分值 | | 规 范 依 据 |
|---|---|---|---|---|---|---|
| 生活便利 | 服务设施 | 配套服务 | 公共建筑 | 满足下列3项（5分）或5项（10分） | 周边500m范围内设有社会公共停车场（库） | 《绿色建筑评价标准》GB/T 50378—2019 |
| | | | | | 场地不封闭或场地内步行公共通道向社会开放 | |
| | | 场地 | 开敞空间 | 城市绿地、广场及公共运动场地等开敞空间，步行可达（5分） | | 《城市居住区规划设计标准》GB 50180—2018 |
| | | | 健身场地和空间 | 室外健身场地面积≥总用地面积0.5%（3分） | | 《城市社区多功能公共运动场配置要求》GB/T 34419 《城市居住区规划设计标准》GB 50180—2018 《城市社区体育设施建设用地指标》 |
| | | | | 设置宽度≥1.25m的专用健身慢行道，健身慢行道长度≥用地红线周长的1/4且≥100m（2分） | | |
| | | | | 室内健身空间的面积≥地上建筑面积0.3%且≥60m²（3分） | | |
| | | | | 楼梯间具有天然采光和良好的视野，且距离主入口距离≤15m（2分） | | |
| | 智慧运行 | 计量和能源管理系统 | | 设置用能自动远传计量系统，能源管理系统（8分） | | 《智能建筑设计标准》GB 50314 《建筑设备监控系统工程技术规范》JGJ/T 334 《居住区智能化系统配置与技术要求》CJ/T 174 《建筑电气与智能化通用规范》（征求意见稿） 《用能单位能源计量器具配备和管理通则》GB 17167 |
| | | 空气质量监测系统 | | 设置PM$_{10}$、PM$_{2.5}$、CO$_2$浓度空气质量监测系统（2分） | | |
| | | 用水远传计量和水质在线监测系统 | | 设置用水量远传计量系统（3分） | | |
| | | | | 利用计量数据进行管网漏损自动检测、分析与整改，管道漏损率低于5%（2分） | | |
| | | | | 设置水质在线监测系统（2分） | | |
| | | 智能化服务 | | 至少3种类型的服务功能（3分）：家电控制、照明控制、安全报警、环境监测、建筑设备控制、工作生活服务等 | | |
| | | | | 远程监控功能（3分） | | |
| | | | | 接入智慧城市（城区、社区）的功能（3分） | | |
| | 物业管理 | 制度流程 | | 相关设施具有完善的操作规程和应急预案（2分） | | 《民用建筑能耗标准》GB/T 51161 《民用建筑节水设计标准》GB 50555 |
| | | | | 物业管理机构的工作考核体系中包含节能和节水绩效考核激励机制（3分） | | |
| | | 节水用水定额 | | 上限值≥平均日用水量＞节水用水定额的平均值（2分） | | 《民用建筑节水设计标准》GB 50555 |
| | | | | 平均值≥平均日用水量＞节水用水定额下限值（3分） | | |
| | | | | 平均日用水量≤节水用水定额下限值（5分） | | |

| 指标 | 评价要点 | | | 技术措施与相关分值 | 规 范 依 据 |
|---|---|---|---|---|---|
| 生活便利 | 物业管理 | 运营评估及优化 | | 制定绿色建筑运营效果评估的技术方案和计划（3分） | 《居住建筑节能检测标准》JGJ/T 132 《公共建筑节能检测标准》JGJ/T 177 《生活饮用水标准检验方法》GB/T 5750.1～GB/T 5750.13 《城镇供水水质标准检验方法》CJ/T 141 |
| | | | | 定期检查、调适公共设施设备，具有检查、调适、运行、标定记录，且记录完整（3分） | |
| | | | | 定期开展节能诊断评估，并根据评估结果制定优化方案并实施（4分） | |
| | | | | 定期对各类用水水质进行检测、公示（2分） | |
| | | 绿色宣教 | | 每年组织不少于2次的绿色建筑技术宣传、绿色生活引导、灾害应急演练等绿色教育宣传和实践活动，并有活动记录（2分） | 《绿色建筑评价标准》GB/T 50378—2019 |
| | | | | 具有绿色生活展示、体验或交流分享的平台，并向使用者提供绿色设施使用手册（3分） | |
| | | | | 每年开展1次针对建筑绿色性能的使用者满意度调查，且根据调查结果制定改进措施并实施、公示（3分） | |
| 资源节约 | 节地与土地利用 | 规划指标 | 居住建筑 | 合理控制人均居住用地指标，节约集约利用土地，采取合理规划、适当提高容积率、增加层数、加大进深、高低结合、点板结合、退台处理等节地措施 | 《城市居住区规划设计标准》GB 50180—2018 |
| | | | 公共建筑容积率 | 合理控制容积率 | |
| | | 地下空间利用 | | 地下空间可作为人防设施、车库、机房、超市、储藏等空间，其开发利用应与地上建筑及其他相关城市空间紧密结合、统一规划，满足安全、卫生、便利等要求 | 《绿色建筑评价标准》GB/T 50378—2019 |
| | | | | 从雨水渗透及地下水补给，减少径流外排等生态环保要求出发，地下空间的利用又应适度 | |
| | | 停车场所 | 停车位 | 住宅建筑：地面停车位数量/住宅总套数＜10%（8分） | 《城市居住区规划设计标准》GB 50180—2018 |
| | | | | 公共建筑：地面停车占地面积/总建设用地面积＜8%（8分） | |
| | | | 停车方式 | 地下车库、停车楼、机械式停车库等 | |
| | 节能与能源利用 | 围护结构 | 建筑体形 朝向 | 建筑的主朝向宜选择本地区最佳朝向或适宜朝向 | 《公共建筑节能设计标准》GB 50189—2015 《夏热冬暖地区居住建筑节能设计标准》JGJ 75—2012 |
| | | | 建筑体形 体形系数 | 建筑体形宜规整紧凑，避免过多的凹凸变化 | |
| | | | 建筑体形 窗墙（地）比 | 满足节能设计标准的要求 | |

续表

| 指标 | 评价要点 | | | 技术措施与相关分值 | | 规范依据 |
|---|---|---|---|---|---|---|
| 资源节约 | 节能与能源利用 | 围护结构 | 保温隔热 | 屋面保温 | 正置式、倒置式保温隔热屋面，架空屋面，蓄水屋面等 | 《公共建筑节能设计标准》GB 50189—2015<br><br>《夏热冬暖地区居住建筑节能设计标准》JGJ 75—2012 |
| | | | | 墙体保温 | 外保温、内保温、夹芯保温、自保温 | |
| | | | | 门窗幕墙 | 断热型材、节能玻璃（Low-E、中空、镀膜、真空、自洁、智能等） | |
| | | | 遮阳系统 | 外遮阳 | 水平遮阳、垂直遮阳、综合遮阳、固定遮阳、活动遮阳、玻璃遮阳、卷帘、百叶、内置百叶中空玻璃、玻璃幕墙中置遮阳百叶等，遮阳一般用于西向或西偏北向 | |
| | | | | 内遮阳 | 卷帘、百叶 | |
| | | | 外窗幕墙开启面积 | | 开启面积比例满足节能与绿建标准的要求 | |
| | | | 优化围护结构热工性能 | | 热工性能比标准提高幅度达5%（5分）、10%（10分）或15%（15分） | |
| | | | | | 建筑供暖空调负荷降低5%（5分）、10%（10分）或15%（15分） | |
| | | 暖通空调 | 冷热源选型 | 系统及容量 | 合理确定冷、热源机组容量，选择高效冷、热源系统 | 《公共建筑节能设计标准》GB 50189—2015<br><br>《民用建筑供暖通风与空气调节设计规范》GB 50736—2012 |
| | | | | 机组 | 选择高性能冷、热源系统（能效比、热效率、性能系数） | |
| | | | 空调输配系统 | 设备 | 选择高性能输配系统（风机、水泵） | |
| | | | | 水系统 | 空调水系统变流量运行（空调水泵变频运行） | |
| | | | | 送风系统 | 空调变风量运行 | |
| | | | | 新风系统 | 智能新风系统 | |
| | | 照明与电气 | 设备及措施 | 节能灯具 | 采用节能灯具：T5荧光灯、LED灯等满足标准节能评价值要求（3分） | 《建筑照明设计标准》GB 50034—2013<br><br>《民用建筑电气设计规范》JGJ 16—2008 |
| | | | | 照明控制 | 公共区域：采用分区、定时、感应等节能控制 | |
| | | | | | 采光区域：独立于其他区域的照明控制 | |
| | | | | | 采光区域：人工照明随天然光照度变化自动调节（2分） | |
| | | | | | 主要功能房间：照明功率密度值达到标准规定的目标值（5分） | |
| | | | 电梯 | 节能电梯 | 垂直电梯：采取群控、变频调速或能量反馈等节能措施 | 《电梯能量回馈装置》GB/T 32271<br><br>《民用建筑电气设计规范》JGJ 16—2008 |
| | | | | | 自动扶梯：采用变频感应启动等节能控制措施 | |

| 指标 | 评价要点 | | | 技术措施与相关分值 | 规 范 依 据 |
|---|---|---|---|---|---|
| 资源节约 | 节能与能源利用 | 照明与电气 | 供配电系统 | **变压器** 选用节能三相配电变压器 | 《三相配电变压器能效限定值及能效等级》GB 20052 |
| | | | | 水泵、风机及其他电气设备装置满足节能评价值 | 《通风机能效限定值及能效等级》GB 19761 《清水离心泵能效限定值及节能评价值》GB 19762 |
| | | | 能耗分项计量 | 冷热源、输配系统和照明等各部分能耗应进行独立分项计量 | 《民用建筑节能条例》 《国家机关办公建筑和大型公共建筑能耗监测系统楼宇分项计量设计安装技术导则》 |
| | | | **公共建筑** | 采用集中冷热源的公共建筑考虑使冷热源装置的冷量热量、热水等能耗都能实现独立分项计量 | |
| | | | **住宅建筑** | 实现分户计量；住宅公共区域参考公共建筑执行 | |
| | | 可再生能源利用 | 太阳能热水 | **集热器** 平板型、真空管式、热管式、U型管式等 | 《可再生能源建筑应用工程评价标准》GB/T 50801 《民用建筑太阳能热水系统应用技术标准》GB 50364 《太阳能供热采暖工程技术规范》GB 50495 《民用建筑太阳能空调工程技术规范》GB 50787 《建筑给水排水设计规范》GB 50015—2003（2009年版） 《民用建筑供暖通风与空气调节设计规范》GB 50736—2012 |
| | | | | **热水系统运行方式** 强制循环间接加热（双贮水装置、单贮水装置）；强制循环直接加热（双贮水、单贮水装置）；直流式系统、自然循环系统 | |
| | | | | **热水供应方式** 集中供热水系统，集中集热分散供热水系统，分散供热水系统 | |
| | | | 光伏发电 | **系统选择** 独立光伏发电系统，并网光伏发电系统，光电建筑一体化系统 | 《民用建筑太阳能光伏系统应用技术规范》JGJ 203 |
| | | | | **输出方式** 交流系统，直流系统，交直流混合系统 | |
| | | | 地热 | **系统选择** 地埋管地源热泵系统，地下水地源热泵系统和地表水地源热泵系统 | 《地源热泵系统工程技术规范》GB 50366 |
| | | | 风能 | **应用形式** 大型风场发电，小型风力发电与建筑一体化 | |
| | 节水与水资源利用 | 水系统规划 | | **制定方案** 当地水资源现状分析，项目用水概况；用水定额，给排水系统设计，节水器具设备；非传统水源综合利用方案，景观水体补水 | |

续表

| 指标 | 评价要点 | | | 技术措施与相关分值 | 规范依据 |
|---|---|---|---|---|---|
| 资源节约 | 节水与水资源利用 | 节水器具与设备 | 节水卫生器具 | 节水水龙头，节水坐便器，节水淋浴器 | 《水嘴用水效率限定值及用水效率等级》GB 25501—2010<br>《坐便器水效限定值及水效等级》GB 25502—2017<br>《小便器用水效率限定值及用水效率等级》GB 28377—2012<br>《淋浴器用水效率限定值及用水效率等级》GB 28378—2012<br>《便器冲洗阀用水效率限定值及用水效率等级》GB 28379—2012<br>《蹲便器用水效率限定值及用水效率等级》GB 30717—2014 |
| | | | 节水灌溉 | 采用喷灌、微灌等节水灌溉方式（4分） | 《节水灌溉工程技术标准》GB/T 50363 |
| | | | | 在采用节水灌溉系统的基础上，设置土壤湿度感应器、雨天自动关闭装置等节水控制措施，或种植无须永久灌溉植物（6分） | |
| | | 冷却塔节水 | 冷却塔选型 | 选用节水型冷却塔、冷却塔补水使用非传统水源 | 《民用建筑供暖通风与空气调节设计规范》GB 50736—2012 |
| | | | 冷却塔废水 | 设置水处理装置和化学加药装置改善水质，减少排污耗水量 | |
| | | | 冷却水系统 | 采取措施避免冷却水泵停泵时冷却水溢出（3分） | |
| | | | 冷却技术 | 采用无蒸发耗水量的冷却技术（6分） | |
| | | | 雨水入渗 | 绿地入渗、透水地面、洼地入渗、浅沟入渗、渗透管井、池等 | 《民用建筑节水设计标准》GB 50555—2010 |
| | | | 雨水收集 | 优先收集屋面雨水用作景观绿化用水、道路冲洗等 | 《城市污水再生利用绿地灌溉水质》GB/T 25499<br>《城市污水再生利用城市杂用水水质》GB/T 18920 |
| | | | 调蓄排放 | 人工湿地、下凹式绿地、雨水花园、树池、干塘等 | |
| | | 中水回用 | 中水水源 | 盆浴淋浴排水、盥洗排水、空调冷却水、冷凝水、泳池水、洗衣水等 | |
| | | | 处理工艺 | 物理化学法、生物法、膜分离法 | |
| | | | 用途 | 景观补水、绿化灌溉、道路冲洗、洗车、冷却补水、冲厕等 | 《采暖空调系统水质标准》GB/T 29044 |
| | | 用水计量 | 按使用功能 | 对厨房、卫生间、空调系统、游泳池、绿化、景观等用水分别设置用水计量装置 | |
| | | | 按付费或管理单元 | 按使用用途、付费或管理单元分别设置用水计量装置 | |

| 指标 | 评价要点 | | | 技术措施与相关分值 | 规范依据 |
|---|---|---|---|---|---|
| 节水与水资源利用 | 景观水体 | 设置 | | 充分利用场地的雨水资源，不足时再考虑其他非传统水源的使用 | 《城市污水再生利用景观环境用水》GB/T 18921 |
| | | | | 缺水地区和降雨量少的地区，谨慎考虑设置景观水体 | |
| | | 削减径流污染 | | 对进入室外景观水体的雨水，利用生态设施削减径流污染（4分） | |
| | | 景观水体水质 | | 利用水生动、植物保障室外景观水体水质（4分） | 《城市污水再生利用景观环境用水》GB/T 18921 |
| 资源节约 | 节材与绿色建材 | 材料选用 | 本地化建材 | 500km 以内生产的建筑材料重量占比＞60% | |
| | | | 循环利用材料 | 选用可再循环材料、可再利用材料及利废建材（最高12分） | |
| | | | 高强材料 钢筋混凝土结构 | 在受力普通钢筋中尽量使用≥400MPa级钢筋 | 《钢结构设计标准》GB 50017—2017 |
| | | | 高强材料 高层建筑 | 尽量采用强度等级≥C50 的混凝土 | |
| | | | 高强材料 钢结构 | 尽量选用≥Q345 高强钢材 | |
| | | | 混凝土、砂浆 | 现浇混凝土采用预拌混凝土 | 《预拌混凝土》GB/T 14902 |
| | | | | 建筑砂浆采用预拌砂浆 | 《预拌砂浆》GB/T 25181《预拌砂浆应用技术规程》JGJ/T 223 |
| | | | 绿色建材 | 尽量选用获得绿色建材评价标识和绿色产品认证的建材（最高12分） | |
| | | 建筑造型 | 造型简约 | 造型要素简约，无大量装饰性构件 | |
| | | | 女儿墙 | 避免超出安全防护高度2倍的女儿墙 | |
| | | | 装饰构件 | 采用装饰和功能一体化构件 | |
| | | 建筑结构 | 结构体系选择 | 不采用建筑形体和布置严重不规则的建筑结构 | 《建筑抗震设计规范》GB 50011—2010（2016年版） |
| | | 建筑工业化 | 建筑部品 | 工业化内装部品主要包括整体卫浴、整体厨房、装配式吊顶、干式工法地面、装配式内墙、管线集成与设备设施等（最高8分） | 《装配式建筑评价标准》GB/T 51129—2017 |
| | | 土建装修一体化 | 设计 | 土建设计、机电设计和装修设计统一协调 | |
| | | | | 选用风格一致的整体吊顶、整体橱柜、整体卫生间等 | |
| | | | 施工 | 统一组织建筑主体工程和装修施工 | |
| | | | | 提供菜单式的装修做法由业主选择，统一施工 | |
| | | | BIM 技术 | 采用BIM技术在土建和装修的施工阶段进行深化设计 | 《住房城乡建设部关于印发推进建筑信息模型应用指导意见的通知》〔建质函〔2015〕159号〕 |

续表

| 指标 | 评价要点 | | | 技术措施与相关分值 | | | 规范依据 |
|---|---|---|---|---|---|---|---|
| 环境宜居 | 场地生态与景观 | 日照 | 模拟分析 | 标准对其日照标准有量化要求 | 通过模拟计算报告来判定达标，例如住宅、幼儿园生活用房 | | 《城市居住区规划设计规范》GB 50180—2018<br>《住宅设计规范》GB 50096—2011<br>《宿舍建筑设计规范》JGJ 36—2016<br>《托儿所、幼儿园建筑设计规范》JGJ 39—2016<br>《中小学校设计规范》GB 50099—2011<br>《老年人照料设施建筑设计标准》JGJ 450—2018<br>《综合医院建筑设计规范》GB 51039—2014<br>《建筑日照计算参数标准》GB/T 50947<br>《民用建筑绿色性能计算标准》JGJ/T 449—2018 |
| | | | | 标准对其日照标准没有量化要求 | 可不进行日照模拟计算，只要满足控制项详细规划即可，如非住宅建筑 | | |
| | | | 日照标准 | 新建项目 | 满足周边建筑有关日照标准的要求 | | |
| | | | | 改造项目 | 周边建筑改造前满足日照标准的 | 保证其改造后仍符合日照标准要求 | |
| | | | | | 周边建筑改造前未满足日照标准 | 改造后不可再降低其原有日照水平 | |
| | | 室外热环境 | 城市居住区 | 规定性设计 | 满足有关室外环境的通风、遮阳、渗透与蒸发、绿地与绿化规定性设计要求 | | 《城市居住区热环境设计标准》JGJ 286—2013 |
| | | | | 评价性设计 | 采用逐时湿球黑球温度和平均热岛强度作为居住区热环境的设计指标 | | |
| | | | 非居住区 | 符合其城乡规划的要求 | | | |
| | | 生态保护 | 地形地貌 | 尽量保持和充分利用原有地形地貌 | | | 《绿色建筑评价标准》GB/T 50378—2019 |
| | | | 土石方工程 | 尽量减少土石方工程 | | | |
| | | | 生态复原 | 减少开发建设过程对场地及周边环境生态系统的破坏（水体、植被、山体等），对被损害的地形地貌、水体植被等，事后应及时采取生态复原措施 | | | |
| | | 地面景观 | 乡土植物 | 采用适应当地气候和土壤特征的乡土植物 | | | |
| | | | 复层绿化 | 采取乔、灌、草相结合的复层立体式绿化 | | | |
| | | | 林荫场地 | 尽量多设置林荫广场、林荫休憩、林荫停车场、林荫道路等遮阴效果好的场地 | | | |
| | | | 下凹绿地 | 采用下凹式绿地，调蓄雨水 | | | |
| | | | 透水地面 | 采用透水地面、透水铺装（停车场、道路、室外活动场地） | | | |
| | | 立体绿化 | 屋面绿化 | 种植屋面 | | | 《城市居住区规划设计标准》GB 50180—2018 |
| | | | 立面绿化 | 墙体绿化、阳台绿化 | | | |
| | | 雨水利用 | 专项设计 | 对大于 $10hm^2$ 的场地应进行雨水控制利用专项设计 | | | |
| | | | 雨水径流 | 规划场地地表和屋面雨水径流，对场地雨水实施外排总量控制，总量控制率宜≥55% | | | |

| 指标 | 评价要点 | | 技术措施与相关分值 | 规 范 依 据 |
|---|---|---|---|---|
| 环境宜居 | 场地生态与景观 | 雨水利用 | **竖向设计** 场地的竖向设计应有利于雨水的收集或排放，应有效组织雨水的下渗、滞蓄或再利用 | 《城乡建设用地竖向规划规范》CJJ 83 |
| | | | **基础设施** 下凹式绿地、雨水花园等有调蓄雨水功能的绿地和水体的面积之和占绿地面积的比例达到40%（3分）或达到60%（5分） | 《绿色建筑评价标准》GB/T 50378—2019 |
| | | | 衔接和引导≥80%的屋面雨水进入地面生态设施（3分） | |
| | | | 衔接和引导≥80%的道路雨水进入地面生态设施（4分） | |
| | | | 硬质铺装地面中透水铺装面积的比例达到50%（3分） | |
| | | 垃圾管理 | **垃圾分类** 生活垃圾一般分四类，包括有害垃圾、易腐垃圾（厨余垃圾）、可回收垃圾和其他垃圾 | 《环境卫生设施设置标准》CJJ 27—2012 《生活垃圾收集站技术规程》CJJ 179—2012 《环境卫生技术规范》CJJ/T 102—2004 |
| | | | **垃圾收集** 有害垃圾、易腐垃圾（厨余垃圾）、可回收垃圾应分别收集 | |
| | | | 有害垃圾必须单独收集、单独清运 | |
| | | | **垃圾容器收集点** 垃圾容器和收集点设置合理，与周围景观协调 | |
| | | 标识系统 | 建筑内外均应设置便于识别和使用的标识系统 | 《公共建筑标识系统技术规范》GB/T 51223—2017 《标志用公共信息图形符号》GB/T 10001第1部分～第6部分，第9部分 《印刷品用公共信息图形标志》GB/T 17695 |
| | 室外物理环境 | 噪声污染 | **场地噪声** 避免临近主干道、远离固定设备噪声源 隔离噪声源：隔声绿化带、隔声屏障、隔声窗等 | 《声环境质量标准》GB 3096—2008 《民用建筑绿色性能计算标准》JGJ/T 449—2018 |
| | | | **模拟分析** 进行场地声环境模拟分析和预测 | |
| | | 物质污染 | **污染源** 场地内不应有排放超标的污染源 | 《大气污染物综合排放标准》GB 16297 《饮食业油烟排放标准》GB 18483 《污水综合排放标准》GB 8978 《医疗机构水污染物排放标准》GB 18466 《污水排入城镇下水道水质标准》GB/T 31962 |
| | | 物质污染 | **吸烟区** 布置在建筑主出入口主导风的下风向，与所有建筑出入口、新风进气口和可开启窗扇的距离不少于8m，且距离儿童和老人活动场地不少于8m（5分） | 《绿色建筑评价标准》GB/T 50378—2019 |
| | | | 与绿植结合布置，合理配置座椅和带烟头收集的垃圾筒，以及导向标识、警示标识（4分） | |

| 指标 | | 评价要点 | | 技术措施与相关分值 | | 规范依据 |
|---|---|---|---|---|---|---|
| 环境宜居 | 室外物理环境 | 光污染 | 玻璃幕墙 | 可见光反射比及反射光对周边环境的影响符合《玻璃幕墙光热性能》GB/T 18091 规定（5分） | 外立面避免大面积采用玻璃幕墙，严格控制玻璃幕墙的可见光反射比≤0.3 | 《玻璃幕墙光热性能》GB/T 18091—2015 |
| | | | | | 在城市快速路、主干道、立交桥、高架桥两侧的建筑物20m以下及一般路段10m以下玻璃幕墙的可见光反射比≤0.16 | |
| | | | 室外照明 | 符合《室外照明干扰光限制规范》GB/T 35626—2017和《城市夜景照明设计规范》JGJ/T 163—2008 规定（5分） | 在夜景照明设计中宜采用以下的措施，避免光污染的产生：（1）玻璃幕墙、铝塑板墙、釉面砖墙或其他具有光滑表面的建筑物不宜采用投光照明设计；（2）对于住宅、宿舍、教学楼等不宜采用泛光照明；（3）住宅小区室外照明时尽量避免将灯具安装在邻近住宅的窗户附近；（4）绿化景观的投光照明尽量采用间接式投光减少光线直射形成的光；（5）在满足照明要求的前提下减小灯具功率 | 《城市夜景照明设计规范》JGJ/T 163—2008《室外照明干扰光限值规范》GB/T 35626—2017 |
| | | 风环境 | 模拟分析 | 对场地风环境进行CFD数据模拟分析，指导建筑规划布局及体型设计 | | 《民用建筑绿色性能计算标准》JGJ/T 449—2018 |
| | | | 优化布局自然通风 | 调整建筑布局、景观绿化布置等，改善住区流场分布，减少涡流和滞风现象，加强自然通风，避开冬季不利方向，必要时设置防风墙、防风林、导风墙（板）、导风绿化等 | | |
| | | 热岛强度 | 场地及建筑 | 场地中处于建筑阴影区外活动场地、路面等有遮阴措施（乔木、花架等）；机动车道、路面、屋顶太阳辐射反射系数≥0.4；合理设置屋顶绿化和墙体绿化；尽量增加室外绿地面积（最高12分） | | 《建筑用反射隔热涂料》GB/T 25261 |
| 提高与创新 | 提高 | 符合工业化建造要求的结构体系与建筑构件 | | 主体结构采用钢结构、木结构（10分） | | |
| | | | | 主体结构采用装配式混凝土结构，地上部分预制构件应用混凝土体积占比达35%（5分）或50%（10分） | | 《装配式建筑评价标准》B/T 51129—2017 |
| | | 绿容率 | | 场地绿容率计算值≥3.0（3分），实测值≥3.0（5分） | | |
| | 创新 | 建筑设计 | | 采用适宜地区特色的建筑风貌设计，因地制宜传承地域建筑文化（20分） | | 《民用建筑绿色设计规范》JGJ/T 229—2010 |
| | | 废地与旧建筑 | | 合理选用废弃场地进行建设，充分利用尚可使用的旧建筑（8分） | | |

| 指标 | 评价要点 | | 技术措施与相关分值 | | 规 范 依 据 |
|---|---|---|---|---|---|
| 提高与创新 | 创新 | BIM 技术应用 | 实现全专业涵盖，至少包含规划、建筑、结构、给排水、暖通、电气等6大专业相关信息 | | 《住房城乡建设部关于印发推进建筑信息模型应用指导意见的通知》（建质函〔2015〕159号） |
| | | | 实现同一项目不同阶段的共享互用 | | |
| | | | 规划设计、运营维护和施工阶段BIM分别涉及的重点内容应用项达到要求 | | |
| | | | 在规划设计、施工建造和运行维护中，每一阶段应用得5分，共15分 | | |
| | | 减少碳排放 | 预评价和投入使用不足1年的项目 | 计算分析建筑固有碳排放量 | 《建筑碳排放计算标准》GB/T 51366—2019 《民用建筑绿色性能计算标准》JGJ/T 449—2018 《环境管理生命周期评价原则与框架》GB/T 24040 《环境管理生命周期评价要求与指南》GB/T 24044 |
| | | | 投入使用满1年的项目 | 计算分析标准运行工况下的碳排放量（最高12分） | |
| | | 绿色施工 | 工程认定 | 获得绿色施工优良等级或绿色施工示范工程认定（8分） | 《建筑工程绿色施工规范》GB/T 50905—2014 《建筑工程绿色施工评价标准》GB/T 50640—2010 |
| | | | 预拌混凝土损耗 | 采取措施减少预拌混凝土损耗，损耗率降低至1.0%（4分） | |
| | | | 加工钢筋损耗 | 采取措施减少现场加工钢筋损耗，损耗率降低至1.5%（4分） | |
| | | | 免墙面粉刷 | 现浇混凝土构件采用铝模等免墙面粉刷的模板体系（4分） | |
| | | 建设工程质量潜在缺陷保险 | 基本保险 | 承保范围包括地基基础工程、主体结构工程、屋面防水工程和其他土建工程的质量问题（10分） | 《绿色建筑评价标准》GB/T 50378—2019 |
| | | | 附加险 | 承保范围包括装修工程、电气管线、上下水管线的安装工程，供热、供冷系统工程的质量问题（10分） | |
| | | 其他 | 节约资源 | 凡是符合建筑行业绿色发展方向、绿色建筑定义理念，且未在本条之前任何条款得分的任何新技术、新产品、新应用、新理念；项目的创新点应较大地超过相应指标的要求，或达到合理指标但具备显著降低成本或提高工效等优点（最高40分） | |
| | | | 保护生态环境 | | |
| | | | 保障安全健康 | | |
| | | | 智慧友好运行 | | |
| | | | 传承历史文化 | | |

**参考文献：**

［1］绿色建筑评价标准 GB/T 50378—2019.

［2］绿色建筑评价标准技术细则 2019.

［3］民用建筑绿色设计规范 JGJ/T 229—2010.

［4］建筑工程绿色施工规范 GB/T 50905—2014.

［5］建筑工程绿色施工评价标准 GB/T 50640—2010.

［6］民用建筑绿色性能计算标准 JGJ/T 449—2018.

［7］绿色产品评价 人造板和木质地板 GB/T 35601.

［8］绿色产品评价 涂料 GB/T 35602.

［9］绿色产品评价 防水与密封材料 GB/T 35609.

［10］绿色产品评价 陶瓷砖（板）GB/T 35610.

［11］绿色产品评价 纸和纸制品 GB/T 35613.

# 8 建筑工程绿色施工

## 8.1 绿色施工概念和管理工作

### 8.1.1 绿色施工概念

在保证质量、安全等基本要求的前提下，以人为本，因地制宜，通过科学管理和技术进步，最大限度地节约资源，减少对环境负面影响的工程施工活动。

### 8.1.2 绿色施工管理工作内容

绿色施工从环境保护、节材与材料资源利用、节水与水资源利用、节能与能源利用、节地与施工用地保护等五个方面进行，分别对整个工程的各个分部进行管理控制，以达到整体绿色施工的要求，绿色施工管理工作框图见图 8.1.2。

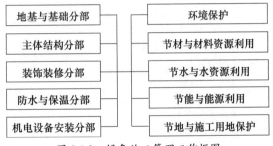

图 8.1.2　绿色施工管理工作框图

## 8.2 绿色施工技术

<table>
<tr><td colspan="2">绿色施工技术</td><td>表 8.2</td></tr>
<tr><td>类　　别</td><td colspan="2">绿色施工技术</td></tr>
<tr><td rowspan="12">环境保护技术</td><td colspan="2">1）施工机具绿色性能评价与选用技术</td></tr>
<tr><td colspan="2">2）建筑垃圾分类收集与再生利用技术</td></tr>
<tr><td colspan="2">3）改善作业条件、降低劳动强度创新施工技术</td></tr>
<tr><td colspan="2">4）地貌和植被复原技术</td></tr>
<tr><td colspan="2">5）地下水清洁回灌技术</td></tr>
<tr><td colspan="2">6）场地土壤污染综合防治技术</td></tr>
<tr><td colspan="2">7）绿化墙面和屋面施工技术</td></tr>
<tr><td colspan="2">8）现场噪声综合治理技术</td></tr>
<tr><td colspan="2">9）现场光污染防治技术</td></tr>
<tr><td colspan="2">10）现场喷洒降尘技术</td></tr>
<tr><td colspan="2">11）现场绿化降尘技术</td></tr>
<tr><td colspan="2">12）现场雨水就地渗透技术</td></tr>
</table>

续表

| 类　　别 | 绿色施工技术 |
|---|---|
| 环境保护技术 | 13）工业废渣利用技术<br>14）隧道与矿山废弃石渣的再生利用技术<br>15）废弃混凝土现场再生利用技术<br>16）钢结构安装现场免焊接施工技术<br>17）长效防腐钢结构无污染涂装技术<br>18）植生混凝土施工技术<br>19）透水混凝土施工技术<br>20）自密实混凝土施工技术<br>21）预拌砂浆技术<br>22）自流平地面施工技术<br>23）防水冷施工技术<br>24）管道设备无害清洗技术<br>25）非破损检测技术<br>26）基坑逆作和半逆作施工技术<br>27）基坑施工封闭降水技术 |
| 节能与能源利用技术 | 1）低耗能楼宇设施安装技术<br>2）混凝土结构承重与保温一体化施工技术<br>3）现浇混凝土外墙隔热保温施工技术<br>4）预制混凝土外墙隔热保温施工技术<br>5）PVC 环保围墙施工技术<br>6）外墙喷涂法保温隔热施工技术<br>7）外墙保温体系质量检测技术<br>8）非承重烧结页岩保温砌体施工技术<br>9）屋面发泡混凝土保温与找坡技术<br>10）溜槽替代输送泵输送混凝土技术<br>11）混凝土冬期养护环境改进技术<br>12）现场热水供应节能技术<br>13）现场非传统电源照明技术<br>14）自然光折射照明施工技术<br>15）现场低压（36V）照明技术<br>16）现场临时变压器安装功率补偿技术<br>17）玻璃幕墙光伏发电施工技术<br>18）节电设备应用技术 |
| 节材与材料资源利用技术 | 1）信息化施工技术<br>2）施工现场临时设施标准化技术<br>3）混凝土结构预制装配施工技术<br>4）建筑构配件整体安装施工技术<br>5）环氧煤沥青防腐带开发与应用技术<br>6）节材型电缆桥架开发与应用技术<br>7）清水混凝土施工技术<br>8）砌块砌体免抹灰技术<br>9）高周转型模板技术<br>10）自动提升模架技术<br>11）大模板技术<br>12）轻型模板开发应用技术<br>13）钢框竹胶板（木夹板）技术<br>14）新型支撑架和脚手架技术<br>15）塑料马凳及保护层控制技术 |

| 类　　别 | 绿色施工技术 |
|---|---|
| 节水与水资源利用技术 | 1）施工现场地下水利用技术<br>2）现场雨水收集利用技术<br>3）现场洗车用水重复利用技术<br>4）基坑降水现场储存利用技术<br>5）非自来水水源开发应用技术<br>6）现场自动加压供水系统施工技术<br>7）混凝土无水养护技术 |
| 节地与土地资源保护技术 | 1）耕植土保护利用技术<br>2）地下资源保护技术<br>3）现场材料合理存放技术<br>4）施工现场临时设施合理布置技术<br>5）现场装配式多层用房开发与应用技术<br>6）施工场地土源就地利用技术<br>7）场地硬化预制施工技术 |
| 其他"四新"技术 | "四新"技术包括新技术、新工艺、新材料、新设备。<br>1）临时照明免布管免裸线技术<br>2）废水泥浆钢筋防锈蚀技术<br>3）水磨石泥浆环保排放技术<br>4）混凝土输送管气泵反洗技术<br>5）塔吊镝灯使用时钟控制技术<br>6）楼梯间照明改进技术<br>7）废弃水泥砂浆综合利用技术<br>8）废弃建筑配件改造利用技术<br>9）贝雷架支撑技术<br>10）施工竖井多滑轮组四机联动井架提升抬吊技术<br>11）可周转的圆柱木模板<br>12）桅杆式起重机应用技术<br>13）一种用于金属管件内壁除锈防锈的机具<br>14）新型环保水泥搅浆器 |

## 8.3　绿色施工要素与技术措施

**绿色施工要素与技术措施**　　　　　　　　　　　　　　　　　　　表 8.3

| 指标 | 施 工 要 素 | 技 术 措 施 | 规范依据 |
|---|---|---|---|
| 组织与管理 | 管理团队 | 组建施工管理团队：项目经理、管理员、绿色施工方案、责任人 | |
| | 管理体系 | 建立环保管理体系：目标、网络、责任人、认证 | |
| | 评价体系 | 建立绿色施工动态评价体系：事前控制、事中控制、事后控制、环境影响评价、资源能源效率评价、绿色指标、目标分解等 | |
| | 管理制度 | 建立人员安全与健康管理制度：防尘、防毒、防辐射、卫生急救、保健防疫、食住、水与环境卫生管理、营造卫生健康的施工环境 | |

| 指标 | 施 工 要 素 | | 技 术 措 施 | 规范依据 |
|---|---|---|---|---|
| 环境保护评价 | 场地标识及保护 | 环境保护标识 | 环保设施标识，如污水排放口、噪声排放源标识等<br>环保提示标识，如节水标识、节电标识等以及为宣传环保制作的板报、宣传牌等 | |
| | | 生态环境 | 对施工现场的古迹、文物、墓穴、树木、森林及生态环境等采取有效保护措施，制定地下文物应急预案 | |
| | | 场地废弃物 | 施工现场不应焚烧废弃物不得回填有毒有害废弃物，如废电池、废墨盒、废硒鼓、废荧光灯管、水银温度计、废油漆、过期药品，灯管还有焚烧物等 | |
| | 扬尘控制 | 合理规划场地硬化区域 | 施工主干道、材料堆放场地原状土整平、夯实后，采用300mm厚2∶8灰土回填 | |
| | | 喷雾降尘 | 喷雾水高空降尘，主要应用于基坑、道路、外架、作业面等部位，主要喷雾设备有管道喷雾、风送式除尘喷雾机等<br>喷雾降尘不能覆盖的部位，宜采用人工洒水防尘措施 | |
| | | 裸露土处理 | 裸露土体表面和集中堆放的土方采用临时绿化、喷浆和隔尘布遮盖等抑尘措施 | |
| | | 设置车辆冲洗设备 | 现场所有车辆出入口都应设置车辆轮胎冲洗设施，必要时还应设置吸湿垫 | |
| | | 颗粒材料密封存放 | 易飞扬和细颗粒建筑材料如干混砂浆、水泥等应密闭存放；作业面没用完的建筑材料应回收，避免扬尘污染 | |
| | | 拆除爆破等综合降尘 | 拆除爆破采用混凝土静力爆破技术，开挖、回填及易产生扬尘的施工作业采用喷雾炮集中降尘等综合降尘措施。宜采用湿作业爆破、水封爆破、水炮泥封堵炮眼、高压射流等先进工艺 | |
| | | 高空垃圾清运 | 楼面及高空垃圾宜采用封闭式管道运送至地面。受条件限制时，也可采用垂直运输机械运送；垃圾垂直运输时，应每隔1～2层或≤10m高，在垃圾通道内设置水平缓冲带，减少安全隐患，防止扬尘 | |
| | | 运输细颗粒车辆全封闭覆盖 | 运送土方、渣土及其他易飞扬的细颗粒材料的车辆应采用车斗带盖的车辆或装车后用隔尘布加以覆盖，以免运输途中给沿路造成扬尘污染 | |
| | | 使用颗粒材料密闭防尘措施 | 散装水泥、干混砂浆采用灌装时，出料口应安装布袋，减小出料落差，增加缓冲，避免细颗粒材料落下时冲击造成粉尘飞扬；使用散装水泥、干混砂浆现场搅拌混凝土或砂浆时，应在密闭场所下进行，并采取有效的防尘措施 | |
| | | 弃土场抑尘措施 | 弃土场完成弃土作业后进行封闭，可降低无关人员进入带来的安全风险，临时性绿化可固结土体，有效抑尘 | |
| | | 大风天气抑尘措施 | 遇有六级及以上大风天气时，应停止土方开挖、回填、转运及其他可能产生扬尘污染的施工活动 | |
| | | 扬尘监测系统 | 扬尘自动监测仪，安装在工地场界上方，采样口距围挡高度不小于0.5m，在工地上下风各安装一套 | |

| 指标 | 施工要素 | | 技术措施 | 规范依据 |
|---|---|---|---|---|
| 环境保护评价 | 废气排放 | 禁止使用高污染的施工设备 | 进出场车辆及燃油机械设备的废气排放应符合要求，建立进出场车辆及机械设备管理台账，确保所有车辆及机械设备年检有效且废气排放符合要求 | |
| | | 厨房烟气应净化后排放 | 厨房油烟含有大约300种有害物质、DNP等，现场厨房应加设油烟净化处理装置，严禁将厨房油烟无处理直接排放 | |
| | | 防挥发物扩散措施 | 在地下密闭空间、室内装饰装修与管道封闭作业等敏感区域进行喷漆作业时，应设有防挥发物扩散措施 | |
| | 建筑垃圾处置 | 施工现场垃圾分类 | **施工现场垃圾分类一览表**<br><br>| 分类 | | 可回收废弃物 | 不可回收废弃物 |<br>|---|---|---|---|<br>| 无毒无害类 | 建筑垃圾 | 废木材、废钢材、废弃混凝土、废砖等 | 瓷质墙地砖、纸面石膏板等 |<br>| | 生活办公垃圾 | 办公废纸 | 食品类等 |<br>| 有毒有害类 | 建筑垃圾 | 废油桶类、废灭火器罐、废塑料布、废化工材料及其包装物、废化工材料及其包装物、废玻璃丝布、废铝箔纸、油手套、废聚苯板和聚酯板、废岩棉类等 | 变质过期的化学材料、废胶类、废涂料、废化学品类等 |<br>| | 生活办公垃圾 | 塑料包装袋等 | 废墨盒、废色带、废计算器、废日光灯、废电池等 | | |
| | | 制定计划分类堆放 | 制定废弃物管理计划、统一规划现场堆料场，分类堆放储存，标明标识，专人管理 | |
| | | 建筑垃圾分类收集 | 建筑垃圾分类收集，集中堆放，将建筑垃圾资源化，现场再利用<br>碎石和土石方类等应用作地基和路基回填材料 | |
| | | 生活办公垃圾分类 | 生活、办公区设置分类垃圾箱，分类回收，定期处理<br>生活区垃圾堆放区域应定期消毒 | |
| | | 危险品储存 | 有毒有害的危险品库房应独立设置，距在建工程≥15m，距临建房屋≥25m | |
| | | 有毒有害的废弃物 | 有毒有害的废弃物应封闭分类存放，设置醒目标识并回收 | |
| | | 专门处理 | 现场不便处理，但可回收利用的废弃物，可运往废弃物处理厂处理，建筑垃圾回收利用率应达到30% | |
| | | 记录拍照 | 专人记录废弃物处理量，定期拍照，反映废弃物管理及回用情况 | |

续表

| 指标 | 施工要素 | | 技术措施 | 规范依据 |
|---|---|---|---|---|
| 环境保护评价 | 污水排放 | 设置排水沟 | 硬化路面周边设置排水沟，将污水集中收集并经沉淀处理后再进行利用或排放 | |
| | | 污水沉淀池 | 工程污水和试验室养护用水采取去泥沙、除油污、分解有机物、沉淀过滤、酸碱中和等针对性处理方式，实现达标排放；工地生活污水、预制场和搅拌站等施工污水应达标排放和利用 | |
| | | 设置化粪池 | 现场厕所应设置化粪池，可采用成品化粪池，常用成品化粪池的材质为玻璃钢、塑料等；化粪池定期将污泥清掏外运，填埋或用作肥料 | |
| | | 移动环保厕所 | 高层建筑施工超过8层时，每隔4层应设置移动厕所，移动厕所设置简单适用为宜，并应安排专人进行定期清理 | 《建设工程施工现场环境与卫生标准》JGJ 146—2013 |
| | | 设置隔油池 | 工地厨房应设置隔油池，隔油池应设置在厨房等油污污水下水口处，并定期清理；隔油池可采用成品隔油池，常见成品隔油池的材质为不锈钢、塑料等 | 《污水综合排放标准》GB 8978 |
| | | 泥浆循环利用系统 | 钻孔桩作业时产生的泥浆应建立由制浆池、泥浆池、沉淀池和循环槽等组成的泥浆循环系统，并采用优质管材，减少阀门和接口的数量，禁止发生外溢漫流的情况 | |
| | 光污染控制 | 限时施工 | 采取限时施工、遮光和全封闭等措施，避免或减少施工过程的光污染 | |
| | | 室外照明 | 采取遮光措施：夜间室外照明加灯罩 | |
| | | 电焊作业 | 电焊作业采取遮挡措施，避免电焊弧光外泄 | |
| | 噪声控制 | 施工场界声强限值 | 建筑施工过程中场界环境噪声白天不得超过70dB（A），夜间不得超过55 dB（A）；隧道、地下室等封闭及半封闭环境作业时，噪声限值为85dB | 《工作场所有害因素职业接触限值》GBZ 2.2—2007 |
| | | 设备噪声控制措施 | 现场平面规划时，将高噪声设备尽量远离施工现场办公区、生活区及周边住宅区等噪声敏感区域布置；吊装作业时，应使用对讲机传达指令 | 《建筑施工场界环境噪声排放标准》GB 12523—2011 |
| | | 选用低噪声设备 | 在施工中选用低噪声环保型设备，如低噪声振动棒、变频低噪声施工电梯等 | |
| | | 混凝土输送泵 | 施工现场的混凝土输送泵外围应设置降噪棚，隔声材料选用夹层彩钢板、吸声板、吸声棉等，隔声棚应便于安拆、移动 | |
| | | 隔声木工加工厂 | 木工加工车间应封闭设置，围护结构采取隔声降噪措施，并安装排风、吸尘等设施 | |
| | | 降噪挡板 | 在临近学校、医院、住宅、机关、部队和科研单位等噪声敏感区域施工时，工程外围挡应设置降噪挡板，并实时监控噪声值 | |
| | | 隔声降噪布 | 在噪声敏感区域施工时，作业层应采取隔声降噪措施。常见的隔声降噪布采用双层涤纶基布、吸声棉等 | |

续表

| 指标 | 施工要素 | | 技术措施 | 规范依据 |
|---|---|---|---|---|
| 节材与材料资源利用评价 | 节材管理措施 | | 就地取材，减少运输过程造成的材料损坏与浪费，选用适宜工具和装卸方法运输材料、防止损坏和遗漏，材料就近堆放，避免和减少二次搬运 | |
| | 本地化建材 | | 使用当地生产的建材，提高就地取材制成的建材产品的比例；就地取材是指材料产地距施工现场 500km 范围内 | 《绿色建筑评价标准》GB 50378—2019 中第 4.4.3 条 |
| | 临建设施 | 临时建筑物布置 | 临时办公、用房内净高不低于 2.5m，宿舍应满足每人 2m² 的使用要求，办公室应满足每人 4m² 的使用要求，层数不应超过 2 层，每层建筑面积不应大于 300m²。建筑构件的燃烧性能等级应为 A 级 | |
| | | 集装箱式活动房 | 集装箱式活动房拆运方便，具有可周转使用的特点，可广泛应用于施工现场的浴室、标养室、卫生间、配电室、门卫室等 | |
| | | 临时防护措施 | 施工现场应使用工具化、标准化和定型化安全防护设施，集中加工，可重复利用，回收率高，整体效果好。如隔离围栏、电梯井口防护、塔吊基础围护等 | |
| | 模架材料 | 管件合一的脚手架和支撑体系 | 管件合一的脚手架和支撑体系可有效减少管件在运输、使用过程中造成的遗失，减少损耗，常见的如碗扣式、插接式、盘销式、承插式和模块式脚手架体系 | |
| | | 高周转率的新型模架体系 | 高周转率的新型模架体系，如铝合金、塑料、玻璃钢和其他可再生材质的大模板和钢框镶边模板 | |
| | | 钢或钢木组合龙骨 | 采用钢或钢木组合龙骨，具有组合强度高、受力合理、施工方便、周转率高 | |
| | 材料节约 | 新型砌体材料 | 利用粉煤灰、矿渣、外加剂等新材料，减少水泥用量 | |
| | | 使用预拌砂浆 | 施工现场应使用预拌砂浆。预拌砂浆可分为干混砂浆和湿拌砂浆两种，具有健康环保、质量稳定、节能舒适等特点 | |
| | | BIM 技术 | 借助 BIM 技术在建筑物建造前期对各专业的设计碰撞问题进行协调，生成协调数据，可进行管线综合排布、复杂节点深化设计、构件预拼装等，可有效减少或避免返工量，实现施工现场固体废弃物减量化 | |
| | | 陶瓷墙地砖 | 块材施工前应根据铺贴房间的实际平面尺寸，从材料规格选择、排砖方式、镶贴工艺等方面进行策划，预先排版，集中加工，整砖铺贴，减少或避免现场块材裁切，降低材料损耗 | |
| | | 无损耗连接方式 | 采用闪光对焊、套筒等无损耗连接方式 | |
| | 资源再生利用 | 建筑垃圾回收利用 | 建筑垃圾可回收利用的材料主要有废木材、废钢材、废弃混凝土、废砖等。资源再生利用中建筑材料合理使用，是指用于非主体结构 | |
| | | 办公垃圾回收利用 | 办公用纸应分类摆放，纸张两面使用，废纸回收；建筑材料包装物回收率应达到 100% | |
| | | 旧建筑材料 | 利用改扩建工程的原有材料：砌块、砖石、管道、板材、木制品、钢材、装饰材料；合理利用既有建筑物、构筑物 | |

| 指标 | 施工要素 | | 技术措施 | 规范依据 |
|---|---|---|---|---|
| 节水与水资源利用 | 水资源保护和节约管理制度 | | 项目部应建立水资源管理制度，实行用水计量管理，控制施工阶段用水量<br>水资源使用管理制度可分为传统水源使用管理和其他水资源使用管理两个方面 | |
| | 制定用水节水目标 | | 项目部应按施工区、办公区、生活区设置分区目标，按地基与基础阶段、结构阶段、装饰装修与机电安装阶段设置分阶段目标 | |
| | 分类计量 | | 按施工区、办公区、生活区设置分路水表，建立施工项目地基与基础阶段、结构阶段、装饰装修与机电安装阶段的水资源使用台账 | |
| | 防渗漏 | | 供水管道应选用合格管材、密闭性能好的阀门和用水设备，建立分级计量装置，统计各种用途的用水量和分析渗漏水量 | |
| | 节约用水 | 管道打压 | 管道打压应采用循环水 | |
| | | 混凝土养护节水措施 | 混凝土浇筑完毕后，养护宜采用薄膜包裹覆盖、喷涂养护液等节水工艺 | |
| | | 减少现场施工湿作业 | 项目部应在工艺上对施工节水加以规定，减少施工现场的湿作业。如管道通水打压、各项防渗闭水及喷淋实验等，均采取先进的节水工艺 | |
| | | 节水器具 | 临时办公、生活设施采用节水型水龙头和节水型卫生洁具 | 《节水型生活用水器具》CJ/T 164—2014 |
| | | 非传统水源利用 | 喷洒路面、绿化浇灌等采用非传统水源，如雨水等 | |
| | | 混凝土试块蒸汽养护 | 混凝土试块蒸汽养护与蓄水养护相比，具有节约水资源与减少废水排放等特点 | |
| | | 混凝土预制构件养护 | 混凝土预制构件采用自动控制系统进行养护，提高生产效率，并实现养护用水的循环使用 | |
| | | 混凝土泵送管道无水清洗 | 混凝土泵送管道无水清洗技术是指采用压缩空气吹洗混凝土泵送管道，气洗时，需控制压缩空气压力≤0.8MPa | |
| | 水资源保护 | 地下水保护 | 施工期间尽可能维持原有地下水形态，不去扰动，是对地下水最好的保护。基坑抽水应采用动态管理技术，尽量减少地下水开采 | |
| | | 危险品储存 | 地面应设置防潮隔离层，防止油料跑冒滴漏，造成场地土壤污染 | |
| | | 地下水清洁回灌 | 地下水清洁回灌技术是利用工程设施将地表水、地下水注入地下含水层，以保护地下水资源 | |
| | | 机用废油回用 | 机用废油应回收，不得随意排放 | |
| | | 水上水下作业 | 水上和水下机械作业应有作业方案，采取安全和防污染措施 | |

| 指标 | 施工要素 | | 技术措施 | 规范依据 |
|---|---|---|---|---|
| 节水与水资源利用 | 水资源利用 | 生活废水收集利用 | 将施工现场洗涮、洗浴等生活废水梯级应用，经加压泵用于卫生间冲洗等 | |
| | | 施工废水收集利用 | 施工现场废水可先经三级沉淀，再经中水处理，提高用水等级，用于现场降尘、绿化灌溉等 | |
| | | 雨水收集回用 | 雨水充沛地区在建工程可利用场内地势高差、临建屋面以及结构屋面将雨水有组织排水汇流收集后，经过渗蓄、沉淀等处理集中储存回用 | |
| | | 基坑降水收集利用 | 为满足工程地下部分施工的需要，部分工程必须通过抽取地下水以降低地下水水位。对基坑降水进行收集储存回用 | |
| | | 非传统水源利用 | 现场冲洗机具、设备和车辆用水，应采用经处理后的施工废水和收集的雨水 | |
| | | 非传统水源水质安全 | 现场有非传统水源时，应经过净化处理以及对水样进行检测，检验合格后作为施工、生活用水使用 | |
| | | 地表水合规利用 | 根据工程地域特点，施工现场用水经许可后，应采用符合标准的江、河、湖、泊水源 | |
| 节能与能源利用 | 节能和能源利用管理制度 | | 建立节能和能源管理制度，实行用能计量管理，控制施工阶段能源消耗量<br>能源使用管理制度可分为电能使用管理、其他能源使用管理两个方面 | |
| | 电能单独计量 | | 施工现场的办公区、生活区、生产区应分别安装电表，单独计量，及时收集用电数据，建立用电统计台账并进行能耗分析 | |
| | 临时用电设施 | 合理规划用电设备 | 合理规划线路铺设、配电箱配置和照明布局 | |
| | | 节能型设施 | 采用节能型设施，如节能设备、节能灯具、节能器械等 | |
| | | 现场低压照明技术 | 施工现场特殊场所使用安全特低电压照明设施<br>隧道、人防工程、高温、有导电灰尘、比较潮湿或灯具离地面高度＜2.5m等场所的照明，电源电压≤36V<br>潮湿和易触及带电体场所的照明，电源电压≤24V<br>特别潮湿场所、导电良好的地面、锅炉或金属容器内的照明，电源电压≤12V | 《施工现场临时用电安全技术规范》JGJ 46—2005 |
| | | 节能灯具 | 办公区和生活区应100%采用节照明能灯具 | |
| | | 声光控技术 | 采用声控、光控、延时等自动控制装置可以减少照明的无效开启时间 | |
| | 机械设备 | 选用能源利用效率高机械设备 | 选择功率与负载相匹配的施工机械设备，机电设备的配置可采用节电型机械设备，如逆变式电焊机和能耗低、效率高的手持电动工具等 | |
| | | 共享施工机具资源 | 合理安排施工工序和施工进度，共享施工机具资源 | |
| | | 高耗能设备独立计量 | 对高耗能设备单独安装电表，独立计量，并记录分析 | |

| 指标 | 施工要素 | | 技术措施 | 规范依据 |
|---|---|---|---|---|
| 节能与能源利用 | 机械设备 | 建立机械设备档案 | 建立设备的技术档案,便于维修保养人员能够准确地对设备的整机性能作出判断、预防或尽快修复机器设备故障 | |
| | | 合理选择施工设备 | 合理选择配置施工机械设备,避免大功率低负荷或小功率超负荷运行 | |
| | | 防止机械设备空运行 | 项目要进行设备的现场管理,做到停工关机,避免设备在停工时耗能 | |
| | 临时设施 | 利用被动式技术 | 结合日照和风向等自然条件,合理采用自然采光、通风措施 | |
| | | 围护结构热工性能 | 施工现场临时设施的围护结构热工性能应满足国家标准《公共建筑节能设计标准》GB 50189—2015 的要求,围护墙体、屋面、门窗等部位要使用保温隔热性能指标达标的节能材料 | 《公共建筑节能设计标准》GB 50189—2015 第 3.3.1 条 |
| | | 遮阳措施 | 外窗是节能的薄弱环节。为了减少外窗太阳辐射热量,外窗部位应采用外窗遮阳、窗帘等防晒措施 | |
| | 材料运输 | 本地材料 | 建筑材料设备的选用应根据就近原则,500km 以内生产的建筑材料设备重量占比应大于 70% | |
| | | 合理规划物料 | 合理布置施工总平面图,避免现场二次搬运 | |
| | | 减少垂直运输设备能耗 | 制定切实措施,减少垂直运输设备的耗能 | |
| | | 利用重力势能装置 | 采用竖向垃圾通道进行建筑垃圾的运输,避免采用施工电梯进行建筑垃圾转运 | |
| | 现场施工 | "双机抬吊"技术 | 采用"双机抬吊"技术,在现场不增加起重能力更强的机械的情况下,通过两台起重设备互相配合,满足吊装的要求,降低能耗 | |
| | | 逆作法施工工艺 | 逆作法施工工艺,既可以降低施工扬尘对大气环境的影响,降低基础施工阶段噪声对周边的干扰,同时可以减少临时支撑及其拆除所耗用的能源 | |
| | | 合理安排施工时间 | 减少夜间作业、高温作业、冬期施工和雨天施工时间 | |
| | | 溜槽替代输送泵输送混凝土 | 施工中对于部分超长、超宽、超深结构,传统地泵无法直接将混凝土输送至工作面,可利用混凝土自重采用溜槽替代输送泵输送混凝土 | |
| | | 高强螺栓连接技术 | 钢结构安装采用高强螺栓连接技术,可以减少现场的焊接用能 | |
| | 可再生能源利用 | 太阳能热水系统 | 施工现场热水系统是利用太阳能集热器收集太阳辐射热将水加热,节能环保,利用率高且使用寿命较长 | |
| | | 太阳能灯具 | 太阳能灯具是利用太阳能电池板,在光照条件下接受太阳辐射能并将其转化为电能 | |
| | | 空气源热水器 | 空气源热水器具有高效节能的特点,制造相同的热水量,其年平均热效比是电加热的 4 倍,利用能效高 | |

| 指标 | 施 工 要 素 | | 技 术 措 施 | 规范依据 |
|---|---|---|---|---|
| 节地与土地资源保护 | 节地与土地资源保护管理制度 | | 施工现场布置动态管理、临时办公和生活用地计划、场地绿化等管理制度健全 | |
| | 用地计划和保护措施 | | 制定合理的方案，降低对周边土地资源、水资源的破坏和施工安全的影响 | |
| | 弃渣管理和利用 | | 农田、耕地、河流、湖泊、湿地等禁止弃渣 | |
| | 植被和地貌复原 | | 场地内有价值的树木、水塘、水系及具有人文、历史价值的地形、地貌，因施工造成场地环境改变的情况，应采取恢复措施 | 《城市绿化条例》（国务院 100 号令 2017 年修订） |
| | 节约用地 | 场地平面布置 | 施工总平面根据生活区、生产区、办公区等功能分区相对集中布置，区域内宜采用共享的临时道路，区域间可共享隔离，降低对土地资源的浪费 | |
| | | 场地既有建筑物利用 | 充分利用原有建筑物、构筑物，做好市政道路和管网保护措施 | |
| | | 场内交通道路设计 | 场内交通道路布置应永临结合，满足各种车辆机具设备进出场、消防安全疏散要求，方便场内运输。场内交通道路双车道宽度≤6m，单车道≤3.5m，转弯半径≤15m，且采用环形道路 | |
| | | 行政生活福利临时设施 | 现场宿舍人均使用面积≥2.5m²，并设置可开启式外窗；临时办公和生活用房采用多层轻钢活动板房或钢骨架水泥活动板房搭建 | |
| | | 优化垂直运输设备 | 将垂直运输设备的基础与建筑物筏板基础进行合并设计，以减少垂直运输设备占用施工场地 | |
| | | 可循环材料利用 | 施工产出的矿渣及废渣可用于路基、回填，减少建筑垃圾的产出 | |
| | | 充分利用竖向空间 | 利用施工现场闲置空间和死角，利用临建设施周边的狭小空间、现场卫生间楼顶等空间，设置晾衣服、浴室等 | |
| | 保护用地 | 防止水土流失 | 制定防止土壤侵蚀、水土流失的相应措施、方案，对裸土进行覆盖，如裸露土体表面和集中堆放的土方采用临时绿化、喷浆和隔尘布遮盖等抑尘措施 | |
| | | 合理利用荒废地 | 施工取土、弃土场应选择荒废地，不占用农田，工程完工后，恢复原有地形、地貌 | |
| | | 提高绿化率 | 在非临建区域采取绿化措施，减少临时场地硬化，保护土地 | |
| | | 减少土方开挖量 | 深基坑应制定减少施工过程对地下及周边环境的影响，在基坑开挖与支护方案的编制和论证时应尽可能地减少土方开挖和回填量，最大限度地减少对土地的扰动，保护自然生态环境 | |
| | | 透水路面 | 透水路面能使雨水渗入地下，还原地下水，保持土壤湿度，维护地下水及土壤的生态平衡 | |

备注：本章节表格中未注明出处内容均引自《建筑工程绿色施工评价标准》GB/T 50640—2010

# 9 绿色中小学校设计指引

## 9.1 设计原则

以《绿色建筑评价标准》GB/T 50378—2019 为基本框架，将《中小学校设计规范》GB 50099—2011 条文中与《绿色建筑评价标准》相关的内容相融合，采用"先规范后标准""就高不就低"的原则制定"绿色中小学校设计指引"。本指引旨在方便设计单位的设计师依照建筑设计的逻辑，准确设计出满足星级要求的绿色中小学校。

## 9.2 绿色校园决策要素与技术措施

### 9.2.1 安全耐久

1）控制项

| 条文及专业 | 技术措施与相关分值 | 评价内容 | 参考标准 |
|---|---|---|---|
| 场地安全（建筑） | 1. 条文：<br>4.1.1 中小学校应建设在阳光充足、空气流动、场地干燥、排水通畅、地势较高的宜建地段。校内应有布置运动场地和提供设置基础市政设施的条件。<br>4.1.2 中小学校严禁建设在地震、地质塌裂、暗河、洪涝等自然灾害及人为风险高的地段和污染超标的地段。校园及校内建筑与污染源的距离应符合对各类污染源实施控制的国家现行有关标准的规定。<br>4.1.3 中小学校建设应远离殡仪馆、医院的太平间、传染病院等建筑。与易燃易爆场所间的距离应符合现行国家标准《建筑设计防火规范》GB 50016 的有关规定。<br>4.1.6 学校教学区的声环境质量应符合现行国家标准《民用建筑隔声设计规范》GB 50118 的有关规定。学校主要教学用房设置窗户的外墙与铁路路轨的距离不应小于300m，与高速路、地上轨道交通线或城市主干道的距离不应小于80m。当距离不足时，应采取有效的隔声措施。<br>4.1.7 学校周界外25m范围内已有邻里建筑处的噪声级不应超过现行国家标准《民用建筑隔声设计规范》GB 50118 有关规定的限值。 | 预评价：项目区位图、场地地形图、勘察报告、环评报告、相关检测报告或论证报告<br>评价：项目区位图、场地地形图、勘察报告、环评报告、相关检测报告或论证报告 | 《中小学校设计规范》GB 50099 第 4.1.1 条～第 4.1.3 条、第 4.1.6 条、第 4.1.7 条《绿色建筑评价标准》GB/T 50378 |

续表

| 条文及专业 | 技术措施与相关分值 | 评价内容 | 参考标准 |
|---|---|---|---|
| 场地安全（建筑） | 4.1.8  高压电线、长输天然气管道、输油管道严禁穿越或跨越学校校园；当在学校周边敷设时，安全防护距离及防护措施应符合相关规定。<br>6.2.19  食堂不应与教学用房合并设置，宜设在校园的下风向。厨房的噪声及排放的油烟、气味不得影响教学环境。<br>2. 土壤氡浓度检测 | 预评价：项目区位图、场地地形图、勘察报告、环评报告、相关检测报告或论证报告<br>评价：项目区位图、场地地形图、勘察报告、环评报告、相关检测报告或论证报告 | 《中小学校设计规范》GB 50099第4.1.8条、第6.2.19条《绿色建筑评价标准》GB/T 50378 |
| 结构安全，建筑围护结构安全、耐久、防护（建筑、结构） | 1. 在建筑使用年限内结构构件保持承载力和外观的能力，并满足建筑使用功能要求。地基不均匀沉降、钢材锈蚀等问题的检查。<br>2. 建筑外墙、屋面、门窗及外保温隔热等围护结构与主体结构连接可靠，防水材料对建筑的影响 | 预评价：相关设计文件（含设计说明、计算书等）<br>评价：相关竣工图（含设计说明、计算书等） | 《中小学校设计规范》GB 50099《绿色建筑评价标准》GB/T 50378 |
| 外部设施与结构连接安全及检修、维护（建筑、结构） | 1. 外遮阳、太阳能设施、空调室外机位、外墙花池等外部设施应与建筑主体结构统一设计、施工。<br>2. 在建筑设计时应考虑后期维护、检修条件，不能同时施工应考虑预埋件的安全、耐久性 | 预评价：相关设计文件（含设计说明、计算书等）<br>评价：相关竣工图（含设计说明、计算书等）、检修和维护条件的照片 | 《中小学校设计规范》GB 50099《绿色建筑评价标准》GB/T 50378 |
| 建筑内部非结构构件、设备、设施的安全（建筑） | 1. 条文：<br>5.9.5  本条为保障学生安全。<br>5.10.5  风雨操场内，运动场地的灯具等应设护罩。悬吊物应有可靠的固定措施。有围护墙时，在窗的室内一侧应设护网。<br>2. 教室中的储物柜、电视机、图书馆的书柜等与建筑安全连接 | 预评价：相关设计文件（含各连接件、配件、预埋件的力学性能及检测检验报告，计算书，施工图）、产品设计要求<br>评价：竣工图、材料决算清单、产品说明书、力学及耐久性能测试或试验报告 | 《中小学校设计规范》GB 50099第5.9.5条、第5.10.5条 |
| 建筑外门窗安全（建筑） | 1. 条文：<br>8.1.8  教学用房的门窗设置应符合下列规定：二层及二层以上的临空外窗的开启扇不得外开。<br>2. 外门窗的抗风压性能、水密性能 | 预评价：相关设计文件、门窗产品三性检测报告<br>评价：相关竣工图、门窗产品三性检测报告和外窗现场三性检测报告、施工工法说明文件 | 《中小学校设计规范》GB 50099第8.1.8条《建筑外门窗气密、水密抗风压性能分级及检测方法》GB/T 7106《建筑门窗工程检测技术规程》JGJ/T 205 |
| 卫生间、浴室的防水和防潮（建筑） | 增加地面做防水层；增加顶棚做防潮处理 | 预评价：相关设计文件<br>评价：相关竣工图、防滑材料有关测试报告 | 《中小学校设计规范》GB 50099《建筑地面工程防滑技术规程》JGJ/T 331 |
| 通道空间的疏散、应急安全（建筑） | 条文：<br>8.1.8  教学用房的门窗设置应符合下列规定：<br>1  疏散通道上的门不得使用弹簧门、旋转门、推拉门、大玻璃门等不利于疏散通畅、安全的门；<br>2  各教学用房的门均应向疏散方向开启，开启的门扇不得挤占走道的疏散通道；<br>3  靠外廊及单内廊一侧教室内隔墙的窗开启后，不得挤占走道的疏散通道，不得影响安全疏散。 | 预评价：相关设计文件<br>评价：相关竣工图、相关管理规定 | 《中小学校设计规范》GB 50099第8.1.8条 |

续表

| 条文及专业 | 技术措施与相关分值 | 评价内容 | 参考标准 |
|---|---|---|---|
| 通道空间的疏散、应急安全（建筑） | 8.2.3 中小学校建筑的安全出口、疏散走道、疏散楼梯和房间疏散门等处每100人的净宽度应按表8.2.3计算。同时，教学用房的内走道净宽度不应小于2.40m，单侧走道及外廊的净宽度不应小于1.80m。<br>8.6.1 教学用建筑的走道宽度应符合下列规定：<br>1 应根据在该走道上各教学用房疏散的总人数，按照本规范表8.2.3的规定计算走道的疏散宽度；<br>2 走道疏散宽度内不得有壁柱、消火栓、教室开启的门窗扇等设施。<br>8.7.2 中小学校教学用房的楼梯梯段宽度应为人流股数的整数倍。梯段宽度不应小于1.20m，并应按0.60m的整数倍增加梯段宽度。每个梯段可增加不超过0.15m的摆幅宽度。<br>8.7.7 除首层及顶层外，教学楼疏散楼梯在中间层的楼层平台与梯段接口处宜设置缓冲空间，缓冲空间的宽度不宜小于梯段宽度 | 预评价：相关设计文件<br>评价：相关竣工图、相关管理规定 | 《中小学校设计规范》GB 50099第8.2.3条、第8.6.1条、第8.7.2条、第8.7.7条、 |
| 安防警示及导视系统（景观） | 1. 安全警示标志（容易碰撞、禁止攀爬等）。<br>2. 安全引导标志（紧急出口、楼层标志等） | 预评价：标识系统设计与设置说明文件<br>评价：标识系统设计与设置说明文件、相关影像材料等 | 《安全标志及其使用导则》GB 2894 |

2）评分项

Ⅰ 安全

| 条文及专业 | 技术措施与相关分值 | 评价内容 | 参考标准 |
|---|---|---|---|
| 抗震安全（10分）（结构） | 适当提高建筑抗震性能的指标，比现行标准更高的刚度要求，采用隔震、消能减震设计，满足要求可得10分 | 预评价：相关设计文件、结构计算文件<br>评价：相关竣工图、结构计算文件、项目安全分析报告及应对措施结果 | 《建筑消能减震技术规程》JGJ 297—2013<br>《TJ防屈曲减震构件应用技术规程》SQBJ/CT 105—2017<br>《绿色建筑评价标准》GB/T 50378 |
| 人员安全的防护措施（15分）（建筑、景观） | 1. 条文：<br>8.1.5 临空窗台的高度不应低于0.90m。<br>8.1.6 上人屋面、外廊、楼梯、平台、阳台等临空部位必须设防护栏杆，防护栏杆必须牢固、安全，高度不应低于1.10m。防护栏杆最薄弱处承受的最小水平推力应不小于1.5kN/m。以上2个条文满足要求可得5分。<br>2. 条文：<br>8.5.5 教学用建筑物的出入口应设置无障碍设施，并应采取防止上部物体坠落和地面防滑的措施。满足要求可得5分。<br>3. 设缓冲区、隔离带可得5分 | 预评价：相关设计文件<br>评价：相关竣工图 | 《中小学校设计规范》GB 50099第8.1.5条、第8.1.6条、第8.5.5条<br>《绿色建筑评价标准》GB/T 50378 |

续表

| 条文及专业 | 技术措施与相关分值 | 评价内容 | 参考标准 |
|---|---|---|---|
| 安全防护产品、配件（10分）（建筑） | 1. 分隔建筑室内外的玻璃门窗、防护栏杆采用安全玻璃，可得5分。<br>2. 人流量大、门窗开合频繁的位置采用闭门器，可得5分 | 预评价：相关设计文件<br>评价：相关竣工图、安全玻璃及门窗检测检验报告 | 《建筑用安全玻璃》GB 15763<br>《建筑安全玻璃管理规定》（发改运行〔2003〕2116号） |
| 室内外地面或路面防滑措施（10分）（建筑） | 1. 条文：<br>8.1.7 以下路面、楼地面应采用防滑构造做法，室内应装设密闭地漏：<br>1 疏散通道；<br>2 教学用房的走道；<br>3 科学教室、化学实验室、热学实验室、生物实验室、美术教室、书法教室、游泳池（馆）等有给水设施的教学用房及教学辅助用房；<br>4 卫生室（保健室）、饮水处、卫生间、盥洗室、浴室等有给水设施的房间。<br>以上全部房间以及电梯门厅、厨房，设置防滑等级不低于 $B_d$、$B_w$，可得3分。<br>2. 上述位置达到 $A_d$、$A_w$ 级，可得4分。<br>3. 坡道、楼梯踏步达到 $A_d$、$A_w$ 级，并采用防滑条构造，可得3分 | 预评价：相关设计文件<br>评价：相关竣工图、防滑材料有关测试报告 | 《中小学校设计规范》GB 50099 第8.1.7条<br>《建筑地面工程防滑技术规程》JGJ/T 331 |
| 人车分流（8分）（建筑、电气） | 条文：<br>8.5.6 停车场地及地下车库的出入口不应直接通向师生人流集中的道路，且步行系统应有充足照明。满足要求可得8分 | 预评价：照明设计文件、人车分流专项设计文件<br>评价：相关竣工图 | 《中小学校设计规范》GB 50099 第8.5.6条<br>《绿色建筑评价标准》GB/T 50378 |

Ⅱ 耐久

| 条文及专业 | 技术措施与相关分值 | 评价内容 | 参考标准 |
|---|---|---|---|
| 建筑适变性（8分）（建筑） | 1. 建筑架空层、风雨操场、图书馆采用大空间、多功能可变，满足要求可得7分。<br>2. 主要是针对装配式建筑中的管线与结构主体分体，满足要求可得7分。<br>3. 与第一款的相配量的设施可与之相配，满足要求可得4分 | 预评价：相关设计文件、建筑适变性提升措施的设计说明<br>评价：相关竣工图、建筑适变性提升措施的设计说明 | 《绿色建筑评价标准》GB/T 50378 |
| 部品的耐久性（10分）（建筑、电气、给排水） | 部分常见的耐腐蚀、抗老化、耐久性能好部品部件及要求如下表所示，满足全部要求可得10分：<br><br>常见类型 / 要求<br>管材、管线、管件：<br>室内给水系统采用铜管或不锈钢管<br>电气系统采用低烟低毒阻燃型线缆、矿物绝缘类不燃性电缆、耐火电缆等且导体材料采用铜芯<br>活动配件：<br>门窗反复启闭性能达到相应产品标准要求的2倍<br>遮阳产品机械耐久性达到相应产品标准要求的最高级<br>水嘴寿命达到相应产品标准要求的1.2倍<br>阀门寿命达到相应产品标准要求的1.5倍 | 预评价：相关设计文件、产品设计要求<br>评价：相关竣工图、产品说明书或检测报告 | 《建筑给水排水设计规范》GB 50015<br>《绿色建筑评价标准》GB/T 50378 |

续表

| 条文及专业 | 技术措施与相关分值 | 评价内容 | 参考标准 |
|---|---|---|---|
| 结构耐久性<br>（10分）<br>（结构） | 1. 按100年进行耐久性设计，可得10分。<br>2. 采用耐久性能好的结构材料，满足下列条件之一，可得10分：<br>1）对于混凝土构件，提高钢筋保护层厚度或采用高耐久性混凝土；<br>2）对于钢构件，采用耐候结构钢及耐候型防腐涂料；<br>3）对于木构件，采用防腐木材、耐久木材或耐久木制品 | 预评价：相关设计文件<br>评价：相关竣工图、材料用量计算书、材料决算清单 | 《普通混凝土长期性能和耐久性能试验方法标准》GB/T 50082<br>《耐候结构钢》GB/T 4171 |
| 装饰材料耐久性好、易维护<br>（9分）<br>（建筑） | 常用耐久性好的装饰装修材料评价内容如下表所示，满足其中一项可得3分，最高得9分：<br><br>分类 / 评价内容<br>外饰面材料：采用水性氟涂料或耐候性相当的涂料；选用耐久性与建筑幕墙设计年限相匹配的饰面材料；合理采用清水混凝土<br>防水和密封：选用耐久性符合现行国家标准《绿色产品评价防水与密封材料》GB/T 35609规定的材料<br>室内装饰装修材料：选用耐洗刷性≥5000次的内墙涂料；选用耐磨性好的陶瓷地砖（有釉砖耐磨性不低于4级，无釉砖磨坑体积不大于127mm³）；采用免饰面层的做法 | 预评价：相关设计文件<br>评价：装饰装修竣工图、材料决算清单、材料检测报告及有关耐久性证明材料 | 《绿色建筑评价标准》GB/T 50378<br>《绿色产品评价防水与密封材料》GB/T 35609 |

### 9.2.2 健康舒适

1）控制项

| 条文及专业 | 技术措施与相关分值 | 评价内容 | 参考标准 |
|---|---|---|---|
| 室内空气质量及禁烟标志<br>（建筑、景观） | 1. 采用绿色环保建材并在使用前进行室内空气质量（氨、甲醛、苯、总挥发性有机物、氡等）检测。<br>2. 学校内全面禁烟，在学校围墙8m范围内设禁烟区 | 预评价：相关设计文件、相关说明文件（装修材料种类、用量，禁止吸烟措施）、预评估分析报告<br>评价：相关竣工图、相关说明文件（装修材料种类、用量，禁止吸烟措施）、预评估分析报告，投入使用的项目尚应查阅室内空气质量检测报告、禁烟标志 | 《公共建筑室内空气质量控制设计标准》JGJ/T 461<br>《绿色建筑评价标准》GB/T 50378 |

续表

| 条文及专业 | 技术措施与相关分值 | 评价内容 | 参考标准 |
|---|---|---|---|
| 污浊气流排放（建筑、暖通） | 1. 条文：<br>6.2.18 食堂与室外公厕、垃圾站等污染源间的距离应大于 25.00m。<br>6.2.13 学生卫生间应具有天然采光、自然通风的条件，并应安置排气管道。<br>10.1.10 化学与生物实验室、药品储藏室、准备室的通风设计应符合下列规定：<br>1 应采用机械排风通风方式。排风量应按本规范表10.1.8确定；最小通风效率应为75%。各教室排风系统及通风柜排风系统均应单独设置。<br>2 补风方式应优先采用自然补风，条件不允许时，可采用机械补风。<br>3 室内气流组织应根据实验室性质确定，化学实验室宜采用下排风。<br>4 强制排风系统的室外排风口宜高于建筑主体，其最低点应高于人员逗留地面 2.50m 以上。<br>5 进、排风口应防设防尘及防虫鼠装置，排风口应采用防雨雪进入、抗风向干扰的风口形式。<br>2. 对厨房、餐厅、打印复印室、卫生间、地下车库等设机械排风，避免厨房、卫生间排气倒灌 | 预评价：相关设计文件、气流组织模拟分析报告<br>评价：相关竣工图、气流组织模拟分析报告、相关产品性能检测报告或质量合格证书 | 《中小学校设计规范》GB 50099第6.2.13条、第6.2.18条、第10.1.10条<br>《建筑设计防火规范》GB 50016<br>《民用建筑设计通则》GB 50352 |
| 给水排水系统（给排水） | 1. 生活水水质满足国家标准。<br>2. 制定清洗计划，半年不少于 1 次。<br>3. 便器自带水封≥50mm。<br>4. 非传统水源的管道设备应明确、清晰，可见<br>条文：<br>10.2.12 中小学校应按当地有关规定配套建设中水设施。当采用中水时，应符合现行国家标准《建筑中水设计规范》GB 50336 的有关规定 | 预评价：市政供水的水质检测报告（可用同一水源邻近项目一年以内的水质检测报告）、相关设计文件（含卫生器具和地漏水封要求的说明、标识设置说明）<br>评价：相关竣工图、产品说明、各用水部门水质检测报告、管理制度、工作记录 | 《中小学校设计规范》GB 50099第10.2.12条<br>《生活饮用水卫生标准》GB 5749<br>《工业管道的基本识别色、识别符号和安全标识》GB 7231 |
| 室内噪声和隔声（建筑） | 1. 条文：<br>4.3.7 各类教室的外窗与相对的教学用房或室外运动场地边缘间的距离不应小于25m。<br>5.8.6 音乐教室的门窗应隔声。墙面及顶棚应采取吸声措施。<br>2. 外墙、隔墙、楼板、门窗等构件隔声应满足条文9.4.2，主要教学用房的隔声标准应符合表9.4.2的规定 | 预评价：相关设计文件、环评报告、噪声分析报告、构件隔声性能的实验室检验报告<br>评价：相关竣工图、噪声分析报告、构件隔声性能的实验室检验报告 | 《中小学校设计规范》GB 50099第4.3.7条、第5.8.6条、第9.4.2条<br>《民用建筑隔声设计规范》GB 50118 |
| 建筑照明（电气） | 1. 条文：<br>9.3.1 主要用房桌面或地面的照明设计值不应低于表9.3.1的规定，其照度均匀度不应低于0.7，且不应产生眩光。<br>9.3.2 主要用房的照明功率密度值及对应照度值应符合表9.3.2的规定及现行国家标准《建筑照明设计标准》GB 50034 的有关规定。<br>2. 采用无危险类照明产品 | 预评价：相关设计文件、计算书<br>评价：相关竣工图、计算书、现场检测报告、产品说明书及产品型式检验报告 | 《中小学校设计规范》GB 50099第9.3.1条、第9.3.2条<br>《建筑照明设计标准》GB 50034<br>《灯和灯系统的光生物安全性》GB/T 20145 |

续表

| 条文及专业 | 技术措施与相关分值 | 评价内容 | 参考标准 |
|---|---|---|---|
| 室内温湿环境（暖通） | 条文：<br>10.1.7 中小学校内各种房间的采暖设计温度不应低于表 10.1.7 的规定 | 预评价：相关设计文件<br>评价：相关竣工图、室内温湿度检测报告 | 《中小学校设计规范》GB 50099 第 10.1.7 条<br>《民用建筑供暖通风与空气调节设计规范》GB 50736 |
| 围护结构热工性能（建筑） | 1. 北方不结露，南方不考虑。<br>2. 北方产生冷凝，南方不考虑。<br>3. 屋顶隔热设计 | 预评价：相关设计文件、隔热性能验算报告<br>评价：相关竣工图、检测建筑构造与计算报告一致性 | 《民用建筑热工设计规范》GB 50176 |
| 主要功能用房设独立的温控系统（暖通） | 1. 条文：<br>10.1.12 计算机教室、视听阅览室及相关辅助用房宜设空调系统。<br>10.1.13 中小学校的网络控制室应单独设置空调设施，其温、湿度应符合现行国家标准《电子信息系统机房设计规范》GB 50174 的有关规定。<br>2. 分区、分层、分房间设置空调系统 | 预评价：相关设计文件<br>评价：相关竣工图、产品说明书 | 《中小学校设计规范》GB 50099 第 10.1.12 条、第 10.1.13 条 |
| 一氧化碳浓度监测（暖通） | 1. 条文：<br>10.1.8 应采取有效的通风措施，保证教学、行政办公用房及服务用房的室内空气中 $CO_2$ 的浓度不超过 0.15%。<br>2. 地下室的地下停车场设置一氧化碳浓度检测装置 | 预评价：相关设计文件<br>评价：相关竣工图、运行记录 | 《中小学校设计规范》GB 50099 第 10.1.8 条 |

2）评分项

I 室内空气品质

| 条文及专业 | 技术措施与相关分值 | 评价内容 | 参考标准 |
|---|---|---|---|
| 控制室内污染物浓度（12分）（建筑、暖通） | 1. 条文：<br>9.1.3 当采用换气次数确定室内通风量时，各主要房间的最小换气次数应符合表 9.1.3 的规定。<br>10.1.8 中小学校的通风设计应符合下列规定：<br>1 应采取有效的通风措施，保证教学、行政办公用房及服务用房的室内空气中 $CO_2$ 的浓度不超过 0.15%；<br>2 当采用换气次数确定室内通风量时，其换气次数不应低于本规范表 9.1.3 的规定；<br>3 在各种有效通风设施选择中，应优先采用有组织的自然通风设施；<br>4 采用机械通风时，人员所需新风量不应低于表 10.1.8 的规定。<br>2. 氨、甲醛、苯、总挥发性有机物、氡等污染物浓度低于10%，得3分；低于20%，得6分。<br>3. 室内 $PM_{2.5}$ 年均浓度不高于 25μg/m³，且室内 $PM_{10}$ 年均浓度不高于 50μg/m³，得6分 | 预评价：相关设计文件、建筑材料使用说明（种类、用量）、污染物浓度预评估分析报告<br>评价：相关竣工图、建筑材料使用说明（种类、用量）、污染物浓度预评估分析报告、投入使用的项目尚应查阅室内空气质量现场检测报告、$PM_{2.5}$ 和 $PM_{10}$ 浓度计算报告（附原始监测数据） | 《中小学校设计规范》GB 50099 第 9.1.3 条、第 10.1.8 条<br>《公共建筑室内空气质量控制设计标准》JGJ/T 461 |

| 条文及专业 | 技术措施与相关分值 | 评 价 内 容 | 参 考 标 准 |
|---|---|---|---|
| 绿色装饰材料（8分）（建筑） | 选用满足要求的装饰材料，达到 3 类以上，可得 5 分；达到 5 类以上，可得 8 分 | 预评价：相关设计文件<br>评价：相关竣工图、工程决算材料清单、产品检验报告 | 《绿色产品评价 涂料》GB/T 35602<br>《绿色产品评价 纸和纸制品》GB/T 35613<br>《绿色产品评价 陶瓷砖（板）》GB/T 35610<br>《绿色产品评价 人造板和木质地板》GB/T 35601<br>《绿色产品评价 防水与密封材料》GB/T 35609 |

Ⅱ 水质

| 条文及专业 | 技术措施与相关分值 | 评 价 内 容 | 参 考 标 准 |
|---|---|---|---|
| 各种水质要求（8分）（给排水） | 直饮水、集中生活热水、游泳池水、景观水体等水质满足国家标准，如未设置生活饮用水储水设施，可直接得分 | 预评价：相关设计文件、市政供水的水质检测报告（可用同一水源邻近项目一年以内的水质检测报告）<br>评价：相关竣工图、设计说明各类用水的水质检测报告 | 《饮用净水水质标准》CJ 94<br>《生活饮用水卫生标准》GB 5749<br>《生活热水水质标准》CJ/T 521<br>《游泳池水质标准》CJ 244<br>《城市污水再生利用 景观环境用水》GB/T 18921 |
| 储水设施卫生要求（9分）（给排水） | 1. 使用国家标准的成品水箱，得 4 分。<br>2. 储水设施分格，水流通畅，设检查口、溢流管等，得 5 分 | 预评价：相关设计文件（含设计说明、储水设施详图、设备材料表）<br>评价：相关竣工图（含设计说明、储水设施详图、设备材料表）、设备材料采购清单或进行记录、水质检测报告 | 《二次供水设施卫生规范》GB 17051<br>《二次供水工程技术规程》CJJ 140 |
| 管道、设备、设施标识（8分）（给排水） | 所有的给排水管道、设备、设施设置明确、清晰的永久性标识，得 8 分 | 预评价：相关设计文件、标识设置说明<br>评价：相关竣工图、标识设置说明 | 《工业管道的基本识别色、识别符号和安全标识》GB 7231<br>《建筑给水排水及采暖工程施工质量验收规范》GB 50242 |

Ⅲ 声环境与光环境

| 条文及专业 | 技术措施与相关分值 | 评 价 内 容 | 参 考 标 准 |
|---|---|---|---|
| 优化主要功能用房声环境，控制噪声影响（8分）（建筑） | 条文：<br>9.4.2 主要教学用房的隔声标准应符合表 9.4.2 的规定。<br>满足低限标准限值和高要求标准限值的平均值，得 4 分；满足高要求标准限值，得 8 分 | 预评价：相关设计文件、噪声分析报告<br>评价：相关竣工图、室内噪声检测报告 | 《中小学校设计规范》GB 50099 第 9.4.2 条<br>《民用建筑隔声设计规范》GB 50118 |

续表

| 条文及专业 | 技术措施与相关分值 | 评价内容 | 参考标准 |
|---|---|---|---|
| 主要功能房间隔声性能良好（10分）（建筑） | 1. 隔声门窗、隔墙与外墙材料和厚度等要求，满足低限标准限值和高要求标准限值的平均值，得3分；满足高要求标准限值，得5分。<br>2. 采用隔声垫、隔声砂浆、地毯、木地板、吸声吊顶等措施，满足低限标准限值和高要求标准限值的平均值，得3分；满足高要求标准限值，得5分 | 预评价：相关设计文件、构件隔声性能的实验室检验报告<br>评价：相关竣工图、构件隔声性能的实验室检验报告 | 《中小学校设计规范》GB 50099<br>《民用建筑隔声设计规范》GB 50118 |
| 利用天然采光（12分）（建筑） | 1. 条文：<br>9.2.1 教学用房工作面或地面上的采光系数不得低于表9.2.1的规定和现行国家标准《建筑采光设计标准》GB/T 50033的有关规定。在建筑方案设计时，其采光窗洞口面积应按不低于表9.2.1窗地面积比的规定估算。<br>9.2.3 除舞蹈教室、体育建筑设施外，其他教学用房室内各表面的反射比值应符合表9.2.3的规定，会议室、卫生室(保健室)的室内各表面的反射比值宜符合表9.2.3的规定。<br>满足以上条文要求可得6分。<br>2. 地下空间设置导光管、下沉广场、采光井等设计，地下空间平均采光系数不小于0.5%的面积与地下室首层面积的比例达到10%以上，可得3分。<br>3. 采用室内遮阳措施，避免炫光，可得3分 | 预评价：相关设计文件、计算书<br>评价：相关竣工图、计算书、采光检测报告 | 《中小学校设计规范》GB 50099第9.2.1条、第9.2.3条<br>《建筑采光设计标准》GB 50033 |

## Ⅳ 室内热湿环境

| 条文及专业 | 技术措施与相关分值 | 评价内容 | 参考标准 |
|---|---|---|---|
| 良好的室内热湿环境（8分）（暖通） | 1. 采用自然通风或复合通风的建筑，主要功能房间室内热湿环境参数在适应性热舒适区域的时间比例，达到30%，得2分；每再增加10%，再得1分，最高得8分。<br>2. 采用人工冷热源的建筑，主要功能房间达到现行国家标准《民用建筑室内热湿环境评价标准》GB/T 50785规定的室内人工冷热源热湿环境整体评价Ⅱ级的面积比例，达到60%，得5分；每再增加10%，再得1分，最高得8分 | 预评价：相关设计文件、计算分析报告<br>评价：相关竣工图、计算分析报告 | 《民用建筑室内热湿环境评价标准》GB/T 50785 |
| 优化建筑空间和平面布局。改善自然通风的效果。（8分）（建筑、绿色建筑） | 采用中庭、天井、通风塔、导风墙、外廊、可开启外墙或屋顶、地道风等；过渡季主要功能房间（课室）换气次数小于3.5次/h的面积达到70%，得5分；每再增加10%，再得1分，最高得8分 | 预评价：相关设计文件、计算分析报告<br>评价：相关竣工图、计算分析报告 | 《绿色建筑评价标准》GB/T 50378 |
| 设置可调节遮阳措施，改善室内热舒适（9分）（建筑） | 采用可调节遮阳设施包括活动外遮阳设施（含电致变色玻璃）、中置可调遮阳设施（中空玻璃夹层可调内遮阳）、固定外遮阳（含建筑自遮阳），可调节遮阳设施的面积占外窗透明部分比例 $Sz$ 评分规则，如下表所示： | 预评价：相关设计文件、产品说明书、计算书<br>评价：相关竣工图、产品说明书、计算书 | 《绿色建筑评价标准》GB/T 50378 |

续表

| 条文及专业 | 技术措施与相关分值 | 评价内容 | 参考标准 |
|---|---|---|---|
| 设置可调节遮阳措施，改善室内热舒适（9分）（建筑） | 可调节遮阳设施的面积占外窗透明部分比例 $S_z$ 评分规则<br><br>可调节遮阳设施的面积占外窗透明部分比例 $S_z$ ／ 得分<br>$25\% \leqslant S_z < 35\%$ ／ 3<br>$35\% \leqslant S_z < 45\%$ ／ 5<br>$45\% \leqslant S_z < 55\%$ ／ 7<br>$S_z \geqslant 55\%$ ／ 9 | 预评价：相关设计文件、产品说明书、计算书<br>评价：相关竣工图、产品说明书、计算书 | 《绿色建筑评价标准》GB/T 50378 |

### 9.2.3　生活便利

1）控制项

| 条文及专业 | 技术措施与相关分值 | 评价内容 | 参考标准 |
|---|---|---|---|
| 无障碍系统（建筑） | 建筑、室外场地、公共绿地、城市道路之间设置连贯的无障碍步行系统 | 预评价：相关设计文件<br>评价：相关竣工图 | 《无障碍设计规范》GB 50763 |
| 与公共交通连接（建筑） | 学校主要出入口500m内应有公交站点或接驳车 | 预评价：相关设计文件、交通站点标识图<br>评价：相关竣工图 | 《绿色建筑评价标准》GB/T 50378 |
| 充电桩及无障碍车位（建筑） | 1. 充电桩占总停车位的30%。<br>2. 无障碍车位占总停车位的1%，且停放地面或地下出入口显著位置 | 预评价：相关设计文件<br>评价：相关竣工图 | 《电动汽车充电基础设施和发展指南（2015-2020）》<br>《无障碍设计规范》GB 50763 |
| 自行车（建筑） | 位置、规模合理，并有遮阳防雨设施 | 预评价：相关设计文件<br>评价：相关竣工图 | 《绿色建筑评价标准》GB/T 50378 |
| 设备管理（电气、运营） | 自动监控管理功能 | 预评价：相关设计文件（智能化、装修专业）<br>评价：相关竣工图 | 《智能建筑设计标准》GB/T 50314<br>《建筑设备监控系统工程技术规范》JGJ/T 334 |
| 信息系统（电气、运营） | 1. 条文：<br>10.4.1 中小学校的智能化系统应包括计算机网络控制室、视听教学系统、安全防范监控系统、通信网络系统、卫星接收及有线电视系统、有线广播及扩声系统等。<br>10.4.2 中小学校智能化系统的机房设置应符合下列规定：<br>1 智能化系统的机房不应设在卫生间、浴室或其他经常可能积水场所的正下方，且不宜与上述场所相贴邻；<br>2 应预留智能化系统的设备用房及线路敷设通道。<br>2. 包括物理线缆层、网络交换层、安全及安全管理层、运行维护管理系统五部分 | 预评价：相关设计文件（智能化、装修专业）<br>评价：相关竣工图 | 《智能建筑设计标准》GB/T 50314<br>《建筑设备监控系统工程技术规范》JGJ/T 334<br>《中小学校设计规范》GB 50099 第10.4.1条、第10.4.2条 |

2）评分项

Ⅰ　出行与无障碍

| 条文及专业 | 技术措施与相关分值 | 评价内容 | 参考标准 |
|---|---|---|---|
| 与公交站联系便捷（8分）（建筑） | 1. 学校主要出入口到达公共交通站点或轨道交通站点的步行距离不超过（500m，800m），得2分，不超过（300m，500m），得4分。<br>2. 学校出入口步行距离800m范围内设有不少于2条线路的公共交通站点，得4分 | 预评价：相关设计文件<br>评价：相关竣工图 | 《绿色建筑评价标准》GB/T 50378 |
| 公共区域全龄化设计（8分）（建筑） | 1. 均满足无障碍设计，得3分。<br>2. 墙、柱等阳角均为圆角，并设安全抓杆，得3分。<br>3. 设无障碍坡道，得2分 | 预评价：相关设计文件（建筑专业、景观专业）<br>评价：相关竣工图 | 《无障碍设计规范》GB 50763 |

## Ⅱ 服务设施

| 条文及专业 | 技术措施与相关分值 | 评价内容 | 参考标准 |
|---|---|---|---|
| 公共服务（10分）（建筑） | 满足1项得5分，满足2项得10分：<br>1. 公共活动空间（运动场、风雨操场、报告厅等）可错峰向公共开放且不小于两项。<br>2. 充电桩不少于30% | 预评价：相关设计文件、位置标识图<br>评价：相关竣工图、投入使用的项目尚应查阅设施向社会共享的实施方案、工作记录等 | 《绿色建筑评价标准》GB/T 50378 |
| 城市公共空间的可适性（5分）（建筑） | 直接得分 | 预评价：相关设计文件、位置标识图<br>评价：相关竣工图 | 《绿色建筑评价标准》GB/T 50378 |
| 合理设置健身场地和空间（10分）（建筑） | 直接得分 | 预评价：相关设计文件、场地布置图、产品说明书<br>评价：相关竣工图、产品说明书 | 《绿色建筑评价标准》GB/T 50378 |

## Ⅲ 智慧运行

| 条文及专业 | 技术措施与相关分值 | 评价内容 | 参考标准 |
|---|---|---|---|
| 分类、分级用能自动远传计量、监测浓度（8分）（电气、运营） | 条文：<br>10.3.2 中小学校的供、配电设计应符合下列规定：<br>1 中小学校内建筑的照明用电和动力用电应设总配电装置和总电能计量装置。总配电装置的位置宜深入或接近负荷中心，且便于进出线。<br>2 中小学校内建筑的电梯、水泵、风机、空调等设备应设电能计量装置并采取节电措施。<br>3 各幢建筑的电源引入处应设置电源总切断装置和可靠的接地装置，各楼层应分别设置电源切断装置。<br>4 中小学校的建筑应预留配电系统的竖向贯通井道及配电设备位置。<br>5 室内线路应采用暗线敷设。<br>6 配电系统支路的划分应符合以下原则：1）教学用房和非教学用房的照明线路应分设不同支路；2）门厅、走道、楼梯照明线路应设置单独支路；3）教室内电源插座与照明用电应分设不同支路；4）空调用电应设专用线路。<br>7 教学用房照明线路支路的控制范围不宜过大，以2~3个教室为宜。<br>8 门厅、走道、楼梯照明线路宜集中控制。<br>9 采用视听教学器材的教学用房，照明灯具宜分组控制。<br>全部满足以上条文要求可得8分。 | 预评价：相关设计文件（能源系统设计图纸、能源管理系统配置等）<br>评价：相关竣工图、产品型式检验报告，投入使用的项目尚应查阅管理制度、历史监测数据、运行记录 | 《中小学校设计规范》GB 50099<br>《用能单位能源计量器具配备和管理通则》GB 17167 |

| 条文及专业 | 技术措施与相关分值 | 评价内容 | 参考标准 |
|---|---|---|---|
| 设置空气质量监测系统（5分）（暖通、运营） | $PM_{10}$、$PM_{2.5}$、$CO_2$浓度数据至少储存一年并可实时显示，得5分 | 预评价：相关设计文件（监测系统设计图纸、点位图等）<br>评价：相关竣工图、产品型式检验报告，投入使用的项目尚应查阅管理制度、历史监测数据、运行记录 | 《绿色建筑评价标准》GB/T 50378 |
| 用水远传计量水质在线监测系统（7分）（给排水、运营） | 1. 用水量远传计量，得3分。<br>2. 利用计量数据检测、分析管网漏损低于5%，得2分。<br>3. 水质在线监测（生活饮用水、直饮水、游泳池水、非传统水源等），得2分 | 预评价：相关设计文件（含远传计量系统设置说明、分级水表计量示意图、水质监测点位说明、设置示意图等）<br>评价：相关竣工图（含远传计量系统设置说明、分级水表计量示意图、水质监测点位说明、设置示意图等）、监测与发布系统设计说明，投入使用的项目尚应查阅漏损检测管理制度（或漏损检测、分析及整改情况报告）、水质监测管理制度（或水质监测记录） | 《绿色建筑评价标准》GB/T 50378 |
| 智能化服务系统（9分）（电气） | 1. 条文：<br>10.4.1 中小学校的智能化系统应包括计算机网络控制室、视听教学系统、安全防范监控系统、通信网络系统、卫星接收及有线电视系统、有线广播及扩声系统等。且设置电器控制、照明控制、环境监测等，至少3种服务功能，可得3分。<br>2. 具有远程监控的功能，得3分。<br>3. 具有接入智慧城市（城区、社区），得3分 | 预评价：相关设计文件（环境设备监控系统设计方案、智能化服务平台方案、相关智能化设计图纸、装修图纸）<br>评价：相关竣工图、产品型式检验报告、投入使用的项目尚应查阅管理制度、历史监测数据、运行记录 | 《中小学校设计规范》GB 50099 第10.4.1条<br>《智能建筑设计标准》GB/T 50314 |

## Ⅳ 物业管理

| 条文及专业 | 技术措施与相关分值 | 评价内容 | 参考标准 |
|---|---|---|---|
| 制定节能、节水、节材、绿化操作规程、应急预案、管理激励机制，且有效实施。（5分）（运营） | 1. 操作规程与应急预案，得2分。<br>2. 工作考核（节能、节水绩效），得3分 | 评价：管理制度、操作规程、运行记录 | 《民用建筑能耗标准》GB/T 51161<br>《民用建筑节水设计标准》GB 50555<br>《绿色建筑评价标准》GB/T 50378 |
| 建筑平均日用水量满足国家节水用水定额（5分）（运营） | 1. 大于节水用水定额平均值，不大于上限值，得2分。<br>2. 大于节水用水定额下限值，不大于平均值，得3分。<br>3. 不大于节水用水定额下限值，得5分 | 评价：实测用水量计量报告和建筑平均日用水量计算书 | 《民用建筑节水设计标准》GB 50555 |

续表

| 条文及专业 | 技术措施与相关分值 | 评价内容 | 参考标准 |
|---|---|---|---|
| 对运营效果进行评估并优化（12分）（运营） | 1. 制定评估方案和计划，得3分。<br>2. 检查、调适公共设施设备，有记录，得3分。<br>3. 节能诊断并优化，得4分。<br>4. 用水水质检测并公示，得2分 | 评价：管理制度、年度评估报告、历史监测数据、运行记录、检测报告、诊断报告 | 《公共建筑节能检测标准》JGJ/T 177<br>《生活饮用水标准检验方法》GB/T 5750.1～GB/T 5750.13 |
| 绿色宣传与实践（8分）（运营） | 1. 每年至少2次绿色建筑宣讲，得2分。<br>2. 绿色行为展示、体验、交流并形成准则、成册推广，得3分。<br>3. 每年开展1次绿色性能使用调查，得3分 | 评价：管理制度、工作记录、活动宣传和推送材料、绿色设施使用手册、影响材料、年度调查报告及整改方案 | 《绿色建筑评价标准》GB/T 50378 |

### 9.2.4 资源节约

1）控制项

| 条文及专业 | 技术措施与相关分值 | 评价内容 | 参考标准 |
|---|---|---|---|
| 因地制宜、适应气候的设计（建筑） | 在考虑当地气候、建设需求、场地特点及地方文化的前提下，强化"空间节能优化"的原则，充分利用自然通风、采光，降低建筑能耗 | 预评价：相关设计文件（总图、建筑鸟瞰图、单体效果图、人群视点透视图、平立剖图纸、设计说明等）、节能计算书、建筑日照模拟计算报告、优化设计报告<br>评价：相关竣工图、节能计算书、建筑日照模拟计算报告、优化报告等 | 《公共建筑节能设计标准》GB 50189<br>《夏热冬暖地区居住建筑节能设计标准》JGJ 75 |
| 采用降低能耗措施（建筑） | 1. 根据区域房间的朝向、使用时间、功能细分供暖空调。<br>2. 空调冷源的部分负荷性能系数（IPLV），电冷源综合制冷性能系数（SCOP）符合国标规定 | 预评价：相关设计文件（暖通专业施工图及设计说明，要求有控制策略、部分负荷性能系数（IPLV）计算说明、电冷源综合制冷性能系数（SCOP）计算说明）<br>评价：相关竣工图、冷源机组设备说明 | 《公共建筑节能设计标准》GB 50189 |
| 根据房间功能设置分区温度（建筑、暖通） | 1. 结合不同的行为特点、功能需求合理设定室内温度标准。<br>2. 在保证舒适的前提下，合理设置少用能、不用能空间，减少用能时间，缩小用能空间。<br>3. 对于门厅、中庭、高大空间中超出人员活动范围的"过渡空间"，适当降低温度标准，"小空间保证，大空间过渡" | 预评价：相关设计文件<br>评价：相关竣工图、计算书 | 《公共建筑节能设计标准》GB 50189 |
| 依据空间需求控制照明（电气） | 1. 条文：<br>9.3.1 主要用房桌面或地面的照明设计值不应低于表9.3.1的规定，其照度均匀度不应低于0.7，且不应产生眩光。<br>9.3.2 主要用房的照明功率密度值及对应照度值应符合表9.3.2的规定及现行国家标准《建筑照明设计标准》GB 50034的有关规定。<br>2. 分区控制、定时控制、自动感应开关、照度调节、降低照明能耗 | 预评价：相关设计文件（包含电气照明系统图、电气照明平面施工图）、设计说明（需包含照明设计需求、照明设计标准、照明控制措施等）、建筑照明功能密度计算分析报告<br>评价：相关竣工图、设计说明（需包含照明设计要求、照明设计标准、照明控制措施等）、建筑照明功率密度检测报告 | 《中小学校设计规范》GB 50099第9.3.1条、第9.3.2条<br>《建筑照明设计标准》GB 50034 |

| 条文及专业 | 技术措施与相关分值 | 评价内容 | 参考标准 |
|---|---|---|---|
| 独立分项计量（电气） | 1. 对冷热源、输配系统和照明、热水能耗实现独立分项计量。<br>2. 根据面积或功能等实现分项计量，发现问题并提出改进措施 | 预评价：相关设计文件<br>评价：相关竣工图、分项计量记录 | 《民用建筑节能条例》<br>《绿色建筑评价标准》GB/T 50378 |
| 电梯节能（电气） | 群控、变频调速拖动、能量再生回馈等至少一项技术实现电梯节能 | 预评价：相关设计文件、电梯人流平衡计算分析报告<br>评价：相关竣工图、相关产品型式检验报告 | 《绿色建筑评价标准》GB/T 50378 |
| 水资源利用（给排水） | 1. 按用途、付费或管理单元，分项用水计量。<br>2. 用水量大于 0.2MPa 的配水支管应减压。<br>3. 采用节水产品 | 预评价：相关设计文件（含水表分级设置示意图、各层用水点用水压力计算图表、用水器具节水性能要求）、水资源利用方案及其在设计中的落实说明<br>评价：相关竣工图、水资源利用方案及其在设计中的落实说明、用水器具产品说明书或产品节水性能检测报告 | 《节水型产品技术条件与管理通则》GB/T 18870<br>《绿色建筑评价标准》GB/T 50378 |
| 建筑形体、结构布置（结构） | 严重不规则的建筑不应采用 | 预评价：相关设计文件（建筑图、结构施工图）、建筑形体规则性判定报告<br>评价：相关竣工图、建筑形体规则性判定报告 | 《建筑抗震设计规范》GB 50011 |
| 建筑造型简约、无大量装饰性构件（建筑） | 屋顶装饰性构件特别注意鞭梢效应；对于不具备功能性的飘板、格栅、塔、球、曲面等装饰性构件应控制其造价、不应大于建筑造价的 1% | 预评价：相关设计文件，有装饰性构件的应提供功能说明书和造价计算书<br>评价：相关竣工图、造价计算书 | 《绿色建筑评价标准》GB/T 50378 |
| 选用的建筑材料（建筑、结构） | 1. 500km 内由生产的建筑材料重量比大于 60%。<br>2. 采用预拌混凝土和预拌砂浆 | 预评价：《结构施工图及设计说明》、工程材料预算清单<br>评价：结构竣工图及设计说明、购销合同及用量清单等有关证明文件 | 《预拌砂浆》GB/T 25181<br>《预拌砂浆应用技术规程》JGJ/T 223<br>《预拌混凝土》GB/T 14902 |

2）评分项

Ⅰ 节地与土地利用

| 条文及专业 | 技术措施与相关分值 | 评价内容 | 参考标准 |
|---|---|---|---|
| 节约利用土地（20分）（建筑） | 根据下表公共建筑容积率评分规则评分：<table><tr><td>教 育</td><td>得 分</td></tr><tr><td>0.5 ≤ R < 0.8</td><td>8</td></tr><tr><td>R ≥ 2.0</td><td>12</td></tr><tr><td>0.8 ≤ R < 1.5</td><td>16</td></tr><tr><td>1.5 ≤ R < 2.0</td><td>20</td></tr></table> | 预评价：规划许可的设计条件、相关设计文件、计算书、相关施工图<br>评价：相关设计文件、计算书、相关竣工图 | 《绿色建筑评价标准》GB/T 50378 |

| 条文及专业 | 技术措施与相关分值 | | | 评价内容 | 参考标准 |
|---|---|---|---|---|---|
| 合理利用地下空间（12分）（建筑） | 根据下表地下空间开发利用指标评分规则评分：| | | 预评价：相关设计文件、计算书<br>评价：相关竣工图、计算书 | 《绿色建筑评价标准》GB/T 50378 |
| | **地下空间开发利用指标** | | **评价分值（分）** | | |
| | 地下建筑面积与总用地面积的比率 $Rp1$、地下一层建筑面积与总用地面积的比率 $Rp$ | $Rp1 \geqslant 0.5$ | 5 | | |
| | | $Rp1 \geqslant 0.7$ 且 $Rp < 70\%$ | 7 | | |
| | | $Rp1 \geqslant 1.0$ 且 $Rp < 60\%$ | 12 | | |
| 采用机械、地下或地面停车方式（8分）（建筑） | 地面停车面积与建设用地面积的比率小于8%，得8分 | | | 预评价：相关设计文件、计算书<br>评价：相关竣工图、计算书 | 《绿色建筑评价标准》GB/T 50378 |

## Ⅱ 节能与能源利用

| 条文及专业 | 技术措施与相关分值 | 评价内容 | 参考标准 |
|---|---|---|---|
| 优化围护结构热工性能（15分）（建筑、暖通） | 1. 围护结构热工性能比国家标准提高5%，得5分；提高10%，得10分；提高15%，得15分。<br>2. 建筑供暖空调负荷比国家标准降低5%，得5分；提高10%，得10分；提高15%，得15分 | 预评价：相关设计文件（设计说明、围护结构施工详图）、节能计算书、建筑围护结构节能率分析报告（第2款评价时）<br>评价：相关竣工图（设计说明、围护结构竣工详图）、节能计算书、建筑围护结构节能率分析报告（第2款评价时） | 《公共建筑节能设计标准》GB 50189<br>《夏热冬暖地区居住建筑节能设计标准》JGJ 75 |
| 空调机组的能效（10分）（暖通） | 根据《绿色建筑评价标准》GB/T 50378 中7.2.5中表格冷热源机组能效提升幅度评分规则评分 | 预评价：相关设计文件<br>评价：相关竣工图、主要产品型式检验报告 | 《公共建筑节能设计标准》GB 50189 |
| 降低空调系统的末端系统及输配系统能耗（5分）（暖通） | 采用分体空调、多联机空调系统直接得分。如设新风机的项目，新风机需参与评价，风机的单位风量耗功率比现行国家标准《公共建筑节能设计标准》GB 50189 的规定低20% | 预评价：相关设计文件<br>评价：相关竣工图、主要产品型式检验报告 | 《公共建筑节能设计标准》GB 50189 |
| 采用节能型电气设备（10分）（电气） | 1. 条文：<br>9.3.2 主要用房的照明功率密度值及对应照度值应符合表9.3.2的规定及现行国家标准《建筑照明设计标准》GB 50034 的有关规定。<br>满足目标值要求可得5分。<br>2. 采光区域人工照明随天然光自动调节，得2分。<br>3. 照明产品、三相配电变压器、水泵、风机等设备满足国家节能标准，得3分 | 预评价：相关设计文件、相关设计说明<br>评价：相关竣工图、相关设计说明、相关产品型式检验报告 | 《中小学校设计规范》GB 50099 第9.3.2条<br>《建筑照明设计标准》GB 50034<br>《三相配电变压器能效限定值及节能评价值》GB 20052 |

续表

| 条文及专业 | 技术措施与相关分值 | 评价内容 | 参考标准 |
|---|---|---|---|
| 采取措施降低能耗（10分）（暖通、电气） | 建筑能耗相比国家现行有关建筑节能标准降低10%，得5分；降低20%，得10分 | 预评价：相关设计文件（暖通、电气、内装专业施工图纸及设计说明）、建筑暖通及照明系统能耗模拟计算书<br>评价：相关竣工图、建筑暖通及照明系统能耗模拟计算书、暖通系统运行调试记录等，投入使用的项目尚应查阅建筑运行能耗系统统计数据 | 《公共建筑节能设计标准》GB 50189<br>《夏热冬暖地区居住建筑节能设计标准》JGJ 75 |
| 可再生能源利用（10分）（给排水、暖通、电气） | 根据《绿色建筑评价标准》GB/T 50378第7.2.9条中表7.2.9可再生能源利用评分规则评分 | 预评价：相关设计文件、计算分析报告<br>评价：相关竣工图、计算分析报告、产品型式检验报告 | 《公共建筑节能设计标准》GB 50189<br>《绿色建筑评价标准》GB/T 50378 |

Ⅲ 节水与水资源利用

| 条文及专业 | 技术措施与相关分值 | 评价内容 | 参考标准 |
|---|---|---|---|
| 使用较高用水效率等级的卫生器具（15分）（给排水） | 1. 全部卫生器具的用水效率等级达到2级，得8分。<br>2. 50%以上卫生器具的用水效率等级达到1级且其他达到2级，得12分。<br>3. 全部卫生器具的用水效率等级达到1级，得15分 | 预评价：相关设计文件、产品说明书（含相关节水器具的性能参数要求）<br>评价：相关竣工图、设计说明、产品说明书、产品节水性能检测报告 | 《水嘴用水效率限定值及用水效率等级》GB 25501<br>《坐便器用水效率限定值及用水效率等级》GB 25502<br>《小便器用水效率限定值及用水效率等级》GB 28377<br>《淋浴器用水效率限定值及用水效率等级》GB 28378<br>《便器冲洗阀用水效率限定值及用水效率等级》GB 28379 |
| 绿化灌溉节水（12分）（给排水） | 1. 节水灌溉系统，得4分。<br>2. 节水灌溉系统的基础上，设置土壤湿度感应器、雨天自动关闭装置等节水控制措施，或种植无须永久灌溉植物，得6分。<br>3. 用无蒸发耗水量的冷却技术，得6分 | 预评价：相关设计图纸、设计说明（含相关节水产品的设备材料表）、产品说明书等<br>评价：设计说明、相关竣工图、产品说明书、产品节水性能检测报告、节水产品说明书等 | 《绿色建筑评价标准》GB/T 50378 |
| 结合雨水营造景观水体（8分）（给排水、景观） | 室外景观水体利用雨水的补水量大于水体蒸发量的60%：<br>1. 入室外景观水体的雨水，利用生态设施削减径流污染，得4分。<br>2. 水生动、植物保障室外景观水体水质，得4分 | 预评价：相关设计文件（含总平面图竖向、室内外给排水施工图、水景详图等）、水量平衡计算书<br>评价：相关竣工图、计算书、景观水体补水用水计量运行记录、景观水体水质检测报告等 | 《民用建筑节水设计标准》GB 50555<br>《绿色建筑评价标准》GB/T 50378 |
| 非传统水源（15分）（给排水） | 1. 绿化灌溉、车库及道路冲洗、洗车用水采用非传统水源的用水量占其总用水量不低于40%，得3分；不低于60%，得5分。<br>2. 冲厕采用非传统水源总用量不低于20%，得3分；不低于40%，得5分 | 预评价：相关设计文件、当地相关主管部门的许可、非传统水源利用计算书<br>评价：相关竣工图纸、设计说明、传统水源利用计算书、非传统水源水质检测报告 | 《民用建筑节水设计标准》GB 50555<br>《绿色建筑评价标准》GB/T 50378 |

## Ⅳ 节材与绿色建材

| 条文及专业 | 技术措施与相关分值 | 评价内容 | 参考标准 |
|---|---|---|---|
| 建筑与装修一体化设计及施工（8分）（建筑） | 土建与装修同时设计，土建按照装修的要求进行孔洞与预留，全部区域装修可得8分 | 预评价：土建、装修各专业施工图及其他证明材料<br>评价：土建、装修各专业竣工图及其他证明材料 | 《绿色建筑评价标准》GB/T 50378 |
| 结构材料（10分）（结构） | 1. 钢筋混凝土结构（高强度钢筋混凝土比例）<br>（1）400MPa级及以上强度等级钢筋应用比例达到85%，得5分。<br>（2）竖向承重结构采用强度等级不小于C50用量占竖向承重结构中总量的比例达到50%，得5分。<br>2. 钢结构（高强度钢材、螺栓连接点比例）<br>（1）Q345及以上高强钢材用量占钢材总量的比例达到50%，得3分；达到70%，得4分。<br>（2）螺栓连接等非现场焊接节点占现场全部连接、拼接节点的数量比例达到50%，得4分。<br>（3）采用施工时免支撑的楼屋面板，得2分。<br>3. 对于混合结构，还需计算建筑结构比例，按照得分取各项得分的平均值 | 预评价：相关设计文件、各类材料用量比例计算书<br>评价：相关竣工图、施工记录、材料决算清单、各类材料用量比例计算书 | 《钢结构设计标准》GB 50017<br>《绿色建筑评价标准》GB/T 50378 |
| 建筑装修选用工业化内装部品（8分）（建筑） | 工业化装饰部品、整体卫浴、厨房、装配式吊顶、干式工法地面、装配式内墙管线集成与设备设施，达到50%以上的部品种类，达到1种，得3分；达到3种，得5分；达到3种以上，得8分 | 预评价：相关设计文件（建筑及装修专业施工图、工业化内装部品施工图）、工业化内装部品用量比例计算书<br>评价：相关竣工图、工业化内装部品用量比例计算书 | 《装配式建筑评价标准》GB/T 51129 |
| 选用可再循环、可再利用材料及利废建材（12分）（建筑） | 1. 可再循环材料和可再利用材料用量，达到10%，得3分；达到15%，得6分。<br>2. 利废建材用量比例：<br>（1）采用一种利废建材用量不低于50%，得3分。<br>（2）采用两种及以上，每一种占同类建材用量不低于30%，得6分。<br>可再循环材料（门、窗、钢、玻璃等），可再利用材料（标准尺寸钢型材），利废建材（工业废料、农作物秸秆、建筑垃圾等） | 预评价：工程概算材料清单、各类材料用量比例计算书、各种建筑的使用部位及使用量一览表<br>评价：工程决算材料清单、相关产品检测报告、各类材料用量比例计算书，利废建材中废弃物掺量说明及证明材料 | 《装配式建筑评价标准》GB/T 51129 |
| 选用绿色建材（12分）（建筑） | 绿色建材比例不低于30%，得4分；不低于50%，得8分；不低于70%，得12分。<br>根据公式计算 $P = [(S_1 + S_2 + S_3 + S_4)/100] \times 100\%$ | 预评价：相关设计文件、计算分析报告<br>评价：相关竣工图、计算分析报告、检测报告、工程决算材料清单、绿色建材标识证书、施工记录 | 《绿色建材评价标识管理办法》<br>《促进绿色建材促进绿色建材生产和应用行动方案》 |

### 9.2.5　环境宜居

1）控制项

| 条文及专业 | 技术措施与相关分值 | 评价内容 | 参考标准 |
|---|---|---|---|
| 建筑及周边应满足日照（建筑） | 条文：<br>4.3.3　普通教室冬至日满窗日照不应少于2h | 预评价：相关设计文件、日照分析报告<br>评价：相关竣工图、日照分析报告 | 《中小学校设计规范》GB 50099<br>《建筑日照计算参数标准》GB/T 50947 |
| 室外热环境（建筑、绿色建筑） | 室外场地热环境模拟图，采取有效措施改善场地通风不良，遮阳不足，绿量不够，渗透不强的一系列问题 | 预评价：相关设计文件、场地热环境计算报告<br>评价：相关竣工图、场地热环境计算报告 | 《城市居住区热环境设计标准》JGJ 286 |
| 配建绿地（建筑、景观） | 1. 绿地种植：乔木为主，落木填补林下空间，地面栽花种草。<br>2. 采用本地植物，无毒、无害、无刺。<br>3. 鼓励屋顶绿化、架空层绿化、垂直绿等立体绿化方式 | 预评价：相关设计文件（苗木表、屋顶绿化、覆土绿化和/或垂直绿化的区域及面积、种植区域的覆土深度、排水设计）<br>评价：相关竣工图、苗木采购清单 | 《绿色建筑评价标准》GB/T 50378 |
| 场地竖向设计有利于雨水的收集或排放（景观、给排水） | 满足当地海绵城市的设计标准 | 预评价：相关设计文件（场地竖向设计文件）、年径流总量控制率计算书、设计控制雨量计算书、场地雨水综合利用方案或专项设计文件<br>评价：相关竣工图、年径流总量控制率计算书、设计控制雨量设计书、场地雨水综合利用方案或专项设计文件 | 《城乡建设用地竖向规划规范》CJJ 83<br>《深圳市海绵城市规划要点和审查细则》<br>《深圳市房屋建筑工程海绵设施设计规程》SJG 38 |
| 便于识别和使用标识系统（建筑、景观） | 1. 应与学生的身高相匹配。<br>2. 色彩、形式、字体、符号应整体统一、可辨识 | 预评价：相关设计文件（标识系统设计文件）<br>评价：相关竣工图 | 《公共建筑标识系统技术规范》GB/T 51223<br>《绿色建筑评价标准》GB/T 50378 |
| 场地内不应排放超标的污染源（建筑） | 条文：<br>6.2.19　食堂不应与教学用房合并设置，宜设在校园的下风向。厨房的噪声及排放的油烟、气味不得影响教学环境 | 预评价：环评报告、治理措施分析报告<br>评价：环评报告、治理措施分析报告 | 《中小学校设计规范》GB 50099第6.2.19条<br>《绿色建筑评价标准》GB/T 50378 |
| 生活垃圾管理（建筑、运营） | 1. 生活垃圾分四类：有害垃圾、易腐垃圾（厨余垃圾）、可回收垃圾、其他垃圾。<br>2. 垃圾收集器的收集点设置应隐蔽、避风，与景观相协调 | 预评价：相关设计文件、垃圾收集设施布置图<br>评价：相关竣工图、垃圾收集设施布置图，投入使用的项目尚应查阅相关管理制度 | 《绿色建筑评价标准》GB/T 50378 |

2）评分项

I 场地生态与景观

| 条文及专业 | 技术措施与相关分值 | 评价内容 | 参考标准 |
|---|---|---|---|
| 保护或修复生态环境（10分）（建筑、景观） | 1. 充分利用原有地形地貌，减小土石方工程量，减少对场地及周边环境生态系统的改变，得10分。<br>2. 地表层0.5m厚的表土富含营养，回收、利用是对土壤资源的保护，得10分。<br>3. 根据场地情况，采取生态恢复补偿措施，得10分 | 预评价：场地原地形图、相关设计文件（带地形的规划设计图、总平面图、竖向设计图、景观设计总平面图）<br>评价：相关竣工图、生态补偿方案（植被保护方案及记录、水面保留方案、表层土利用相关图纸或说明文件等）、施工记录、影像材料 | 《绿色建筑评价标准》GB/T 50378 |
| 规划场地、屋面雨水经济、控制雨水外排（10分）（景观、给排水） | 结合海绵城市措施，控制率达到55%，得5分；达到70%，得10分<br>控制率＝（滞蓄、调蓄、收集）/设计控制雨量 | 预评价：相关设计文件年径流总量控制率计算书、设计控制雨量计算书、场地雨水综合利用方案或专项设计文件<br>评价：相关竣工图、年径流总量控制率计算书、设计控制雨量设计书、场地雨水综合利用方案或专项设计文件 | 《绿色建筑评价标准》GB/T 50378<br>《深圳市海绵城市规划要点和审查细则》<br>《深圳市房屋建筑工程海绵设施设计规程》SJG 38 |
| 充分利用场地空间设置绿化用地（16分）（景观） | 绿地率包含地面绿地、地下室绿地、屋顶绿地、架空层绿地（绿地率根据以上绿地覆土厚度而折减）<br>1. 公共建筑绿地率达到规划指标105%及以上，得10分。<br>2. 绿地向公众开放，得6分 | 预评价：规划许可的设计条件、相关设计文件、日照分析报告、绿地率计算书<br>评价：相关竣工图、绿地率计算书 | 《绿色建筑评价标准》GB/T 50378 |
| 室外吸烟区设置（9分）（建筑） | 中小学校不设置吸烟区，直接得分 | 预评价：相关设计文件<br>评价：相关竣工图 | 《绿色建筑评价标准》GB/T 50378 |
| 绿色雨水设施（15分）（景观） | 绿色雨水设施：雨水花园、下凹式绿地、屋顶绿地、植被浅沟、截污设施、渗透设施、雨水塘、雨水湿地、景观水体等。<br>1. 有调蓄雨水功能的绿地、水体面积与绿地面积之比达到40%，得3分；达到60%，得5分。<br>2. 80%的屋面雨水进入地面生态设施，得3分。<br>3. 80%道路雨水进入地面生态设施，得4分。<br>4. 透水铺装比例达到50%，得3分。<br> | 预评价：相关设计文件（含平面图、景观设计图、室外给排水总平面图等）、计算书<br>评价：相关竣工图、计算书 | 《绿色建筑评价标准》GB/T 50378 |

Ⅱ 室外物理环境

| 条文及专业 | 技术措施与相关分值 | 评价内容 | 参考标准 |
|---|---|---|---|
| 场地内环境噪声控制（10分）（建筑） | 条文：4.3.7 各类教室的外窗与相对的教学用房或室外运动场地边缘间的距离不应小于25m | 预评价：环评报告（含有噪声检测及预测评价或独立的环境噪声影响测试评估报告）、相关设计文件、声环境优化报告<br>评价：相关竣工图、声环境检测报告 | 《绿色建筑评价标准》GB/T 50378<br>《声环境质量标准》GB 3096<br>《中小学校设计规范》GB 50099第4.3.7条 |
| 建筑及照明避免产生光污染（10分）（建筑、电气） | 学校不采用玻璃幕墙，也不设置夜景照明，直接得分 | 预评价：相关设计文件、光污染分析报告<br>评价：相关竣工图、光污染分析报告、检测报告 | 《绿色建筑评价标准》GB/T 50378<br>《城市夜景照明设计规范》JGJ/T 163 |
| 场地内风环境（10分）（绿色建筑） | 提供风环境分析报告。建筑物周围人行区距地面高1.5m处风速小于5m/s；人员活动区不出现涡旋或无风区；50%以上开启外窗室内外风压差大于0.5Pa。满足要求得10分 | 预评价：相关设计文件、风环境分析报告等<br>评价：相关竣工图、风环境分析报告 | 《绿色建筑评价标准》GB/T 50378 |
| 降低热岛温度（10分）（建筑、绿色建筑） | 建筑阴影区为夏至日8：00～16：00时段在4h日照等时线内的区域。乔木遮阴面积按照成年乔木的树冠正投影面积计算。<br>1. 建筑阴影区外的庭院、广场等设乔木、花架等遮阳面积比例达到10%，得2分；达到20%，得3分。<br>2. 建筑阴影区外的车道、路面反射系数≥0.4或行道树的路段长度超过70%，得3分。<br>3. 屋顶的绿化面积、太阳能板水平投影面积以及太阳辐射反射系数不小于0.4的屋面面积合计达到75%，得4分 | 预评价：相关设计文件、日照分析报告、计算书<br>评价：相关竣工图、日照分析报告、计算书、材料性能检测报告 | 《绿色建筑评价标准》GB/T 50378 |

## 9.2.6 提高与创新

加分项

| 条文及专业 | 技术措施与相关分值 | 评价内容 | 参考标准 |
|---|---|---|---|
| 降低建筑空调系统能耗（30分）（暖通） | 建筑供暖空调负荷比国家标准降低40%，得10分；每再降低10%，再得5分，最高得30分 | 预评价：相关设计文件（相关设计说明、围护结构施工详图）、节能计算书、建筑综合能耗节能率分析报告<br>评价：相关竣工图（围护结构竣工详图、相关设计说明）、节能计算书、建筑综合能耗节能率分析报告 | 《公共建筑节能设计标准》GB 50189<br>《夏热冬暖地区居住建筑节能设计标准》JGJ 75 |
| 当地建筑特色的传承与校园文化设计（20分）（建筑） | 传统建筑中因地制宜、适应气候的设计方法的继承，学校文化传承、场所精神的刻画，满足要求得20分 | 预评价：相关设计文件<br>评价：相关竣工图 | 《绿色建筑评价标准》GB/T 50378 |
| 利用废弃场地，利用尚可使用的旧建筑（8分）（建筑、结构） | 对场地土壤检测与再利用评估；对旧建筑进行质量检测、安全加固，满足要求得8分 | 预评价：相关设计文件、环评报告、旧建筑使用专项报告<br>评价：相关竣工图、环评报告、旧建筑使用专项报告、检测报告 | 《绿色建筑评价标准》GB/T 50378 |

续表

| 条文及专业 | 技术措施与相关分值 | 评价内容 | 参考标准 |
|---|---|---|---|
| 场地绿容率<br>（5分）<br>（景观） | 场地绿容率计算值≥3.0，得3分；实测值≥3.0，得5分。<br>绿容率＝［Σ（乔木叶面积指数×乔木投影面积×乔木株数）＋灌木占地面积×3＋草地占地面积×1］／场地面积<br>鼓励植种乔木、灌木 | 预评价：相关设计文件（绿化种植平面图、苗木表等）、绿容率计算书<br>评价：相关竣工图、绿容率计算书或植被叶面积测量报告、相关证明材料 | 《绿色建筑评价标准》GB/T 50378 |
| 结构体系与建筑构件工业化建造<br>（10分）<br>（建筑、结构） | 1. 主体结构采用钢结构、木结构，得10分。<br>2. 主体结构采用装配式混凝土结构，地上部分预制构件应用混凝土体积占混凝土总体积的比例达到35%，得5分；达到50%，得10分 | 预评价：相关设计文件、计算书<br>评价：相关竣工图、计算书 | 《绿色建筑评价标准》GB/T 50378 |
| BIM 技术<br>（15分）<br>（建筑） | 设计、施工、运营三个阶段采用BIM技术。<br>一个阶段得5分；两个阶段得10分；三个阶段得15分 | 预评价：相关设计文件、BIM技术应用报告<br>评价：相关竣工图、BIM技术应用报告 | 《住房城乡建设部关于印发推进建筑信息模型应用指导意见的通知》<br>《绿色建筑评价标准》GB/T 50378 |
| 进行建筑碳排放、计算（12分）<br>（绿色建筑） | 1. 建筑固有的碳排放量。<br>2. 标准运行工况下的碳排放量<br>根据以上两个计算分析，满足要求得12分 | 预评价：建筑固有碳排放量计算分析报告（含减排措施）<br>评价：建筑固有碳排放量计算分析报告（含减排措施），投入使用项目尚应查阅标准运行工况下的碳排放量计算分析报告（含减排措施） | 《建筑碳排放计量标准》<br>《绿色建筑评价标准》GB/T 50378 |
| 绿色施工和管理<br>（20分）<br>（结构） | 1. 获得绿色施工优良等级或绿色施工示范工程认定，得8分。<br>2. 采取措施减少预拌混凝土损耗，损耗率降低至1.0%，得4分。<br>3. 采取措施减少现场加工钢筋损耗，损耗率降低至1.5%，得4分。<br>4. 现浇混凝土构件采用铝模等免墙面粉刷的模板体系，得4分 | 评价：绿色施工实施方案、绿色施工等级或绿色施工示范工程的认定文件，混凝土用量结算清单、预拌混凝土结算清单，钢筋进货单，施工单位统计计算的现场加工钢筋损耗率、铝模材料设计方案及施工日志 | 《建筑工程绿色施工规范》GB/T 50905<br>《建筑工程绿色施工评价标准》GB/T 50640 |
| 采用工程质量保险（20分）<br>（运营） | 1. 土建质量保险，得10分。<br>2. 装修、安装质量保险，得10分 | 预评价：建设工程质量保险产品投保计划<br>评价：建设工程质量保修产品保单，核查其约定条件和实施情况 | 《绿色建筑评价标准》GB/T 50378 |
| 节约资源、保护环境、智慧运营、传承文化等创新有明显效益<br>（40分）（建筑） | 每条10分，有证据证明效果明显 | 预评价：相关设计文件、分析论证报告及相关证明材料<br>评价：相关设计文件、分析论证报告及相关证明材料 | 《绿色建筑评价标准》GB/T 50378 |

**参考文献：**

［1］中小学校设计规范 GB 50099—2011.

［2］绿色建筑评价标准 GB/T 50378—2019.

［3］绿色校园评价标准 GB/T 51356—2019.

［4］公共建筑节能设计标准 GB 50189.

# 10 装配式建筑

## 10.1 一般规定

装配式建筑一般规定                     表 10.1.1

| 类别 | 技 术 要 求 | 规 范 依 据 |
|---|---|---|
| 术语 | 装配式建筑是指结构系统、外围护系统、设备与管线系统、内装系统的主要部分采用预制部品部件集成的建筑 | 《装配式混凝土建筑技术标准》GB/T 51231—2016 第 2.1.1 条 |
| | 装配式混凝土建筑是指结构系统由混凝土部件（预制构件）构成的装配式建筑 | 《装配式混凝土建筑技术标准》GB/T 51231—2016 第 2.1.2 条 |
| | 装配式钢结构建筑是指建筑的结构系统由钢部（构）件构成的装配式建筑 | 《装配式钢结构建筑技术标准》GB/T 51232—2016 第 2.0.2 条 |
| | 全装修是指所有功能空间的固定面装修和设备设施全部安装完成，达到建筑使用功能和建筑性能的状态 | 《装配式混凝土建筑技术标准》GB/T 51231—2016 第 2.1.12 条 |
| | 深化设计是在装配式混凝土建筑的结构施工图基础上，综合考虑建筑、设备、装修各专业以及生产、运输、安装等各环节对预制构件的要求，进行预制构件加工图、装配图、安装图设计以及生产、运输和安装方案编制 | 《装配式混凝土建筑深化设计技术规程》DBJ/T 15—155—2019 第 2.0.1 条 |
| 总则与一般规定 | 装配式建筑应实现全装修，内装系统应与结构系统、外围护系统、设备与管线系统一体化设计建造、系统集成，实现建筑功能完整、性能优良 | 《装配式混凝土建筑技术标准》GB/T 51231—2016 第 1.0.4 条、第 3.0.5 条 《装配式钢结构建筑技术标准》GB/T 51232—2016 第 1.0.4 条、第 3.0.5 条 |
| | 装配式建筑应遵循建筑全寿命期的可持续性原则，并应标准化设计、工厂化生产、装配化施工、一体化装修、信息化管理和智能化应用 | 《装配式钢结构建筑技术标准》GB/T 51232—2016 第 1.0.3 条 |
| | 装配式建筑应按照通用化、模数化、标准化的要求，以少规格、多组合的原则，实现建筑及部品部件的系列化和多样化 | 《装配式混凝土建筑技术标准》GB/T 51231—2016 第 3.0.2 条 |
| | 装配式建筑的结构设计应符合现行国家标准《混凝土结构设计规范》GB 50010 的基本要求，并应符合下列规定：<br>（1）应采取有效措施加强结构的整体性；<br>（2）装配式结构宜采用高性能混凝土、高强钢筋；<br>（3）装配式结构的节点和接缝应受力明确、构造可靠，并应满足承载力、延性和耐久性等要求；<br>（4）应根据连接节点和接缝的构造方式和性能，确定结构的整体计算模型 | 《装配式混凝土建筑结构技术规程》DBJ 15—107—2016 第 3.0.3 条 |
| | 混凝土、钢筋和钢材的力学性能指标和耐久性要求等均应符合现行国家标准《混凝土结构设计规范》GB 50010 和《钢结构设计规范》GB 50017 的规定；抗震设计的装配式结构，其结构材料尚应符合现行国家标准《建筑抗震设计规范》GB 50011 的规定 | 《装配式混凝土建筑结构技术规程》DBJ 15—107—2016 第 4.1.1 条 |
| | 装配式钢结构建筑的防火、防腐应符合国家现行相关标准的规定，满足可靠性、安全性和耐久性的要求 | 《装配式钢结构建筑技术标准》GB/T 51232—2016 第 3.0.10 条 |

续表

| 类别 | 技术要求 | 规范依据 |
|---|---|---|
| 总则与一般规定 | 设备管线应进行综合设计,减少平面交叉;竖向管线宜分类集中布置,并应满足维修更换的要求;预制墙体中预埋套管与现浇部分的接口宜设置在墙体的顶部或两侧 | 《装配式混凝土建筑结构技术规程》DBJ 15—107—2016第5.6.3条、第5.6.4条 |
| | 设备管线垂直穿过楼板的部位,应采取防水、防火、隔声等措施 | |
| | 深化设计应包括预制构件加工图、装配图和安装图设计。预制构件生产和施工单位应编制与预制构件相关的生产、运输和安装专项方案,并应进行预制构件临时状态的受力和变形验算 | 《装配式混凝土建筑深化设计技术规程》DBJ/T 15—155—2019第3.0.1条 |
| | 深化设计应符合国家有关法律法规和工程建设标准的规定,应在装配式建筑的施工图基础上进行。深化设计可由原施工图设计单位承担,也可由具备深化设计能力的其他单位完成,其中安装图一般由施工安装单位根据安装方案完成,深化设计图纸应经原施工图设计单位确认<br>主体建筑设计单位应提出对预制构件深化设计的技术要求,并对主体建筑的结构安全和建筑性能负责。预制构件深化设计单位宜在项目设计全过程介入,并对构件深化设计内容负责<br>主体结构中预制构件和现浇构件的截面、配筋、节点连接等影响结构安全和建筑性能的设计应由主体设计单位相关专业负责完成;深化设计时未经主体设计单位相关专业书面同意,不得随意修改主体结构设计相关内容 | 《装配式混凝土建筑深化设计技术规程》DBJ/T 15—155—2019第3.0.3条<br>《装配式混凝土建筑设计文件编制深度标准》T/BIAS 4—2019第1.0.5条～第1.0.7条 |
| | 预制构件深化设计应满足建筑、结构和机电设备等各专业以及构件制作、运输、安装等环节的综合要求 | 《装配式混凝土建筑结构技术规程》DBJ 15—107—2016第3.0.6条 |
| | 施工设计应准确表达预制构件与现浇构件的相互关系,并结合建筑、结构、设备、装修及制作、堆放、运输、安装等相关条件,在确保结构安全和建筑性能的基础上对预制构件深化设计提出具体要求及注意事项<br>装配式建筑各专业设计图应采用不同图例或标识分别表达现浇构件和预制构件;建筑节点详图应表达建筑完成面构造 | 《装配式混凝土建筑设计文件编制深度标准》T/BIAS 4—2019第5.1.1条、第5.3.2条 |

# 10.2 建筑设计

**总体规划设计**                                                    表10.2.1

| 类 别 | | 技 术 要 求 | 规 范 依 据 |
|---|---|---|---|
| 总平面设计 | 装配式建筑场地要求 | 装配式建筑的总平面设计应在符合城市总体规划要求,满足国家规范及建设标准要求的同时,配合现场施工方案,充分考虑构件运输通道、吊装及预制构件临时堆场的设置 | 《建筑工业化系列标准应用实施指南》2016SSZN—HNT第3.5.1条 |
| | | 预制构件现场堆放场地应平整、坚实,并应有排水措施 | 《装配式混凝土建筑结构技术规程》DBJ 15—107—2016第10.5.3条 |
| | 总图设计 | 说明采用装配式建筑技术的建筑单体的分布情况,以及分期建设情况,总图中说明采用装配式混凝土技术的建筑单体的分布情况 | 《装配式混凝土建筑设计文件编制深度标准》T/BIAS 4—2019第4.3.1条、第4.3.2条 |
| | | 总平面设计图纸应对采用装配式技术的拟建建筑采用不同的图例进行标示,并在图例列表中注明 | |
| | | 装配式建筑的规划设计在满足采光、通风、间距、退线等规划要求情况下,宜优先采用由套型模块组合的住宅单元进行规划设计 | 《装配式混凝土结构住宅建筑设计示例》15J939—1第7.2.1条 |

平　面　设　计　　　　　　　　　　　　　　　　　　　　表 10.2.2

| 类　　别 | | 技　术　要　求 | 规　范　依　据 |
|---|---|---|---|
| 装配式混凝土结构 | 平面设计基本准则 | 平面形状宜简单、规则、对称，应考虑结构设计的需要，质量、刚度分布宜均匀，不应采用严重不规则的平面布置 | 《装配式混凝土建筑结构技术规程》DBJ 15—107—2016 第 5.2.1 条、第 5.2.2 条、第 6.1.5 条 |
| | | 装配式结构竖向布置应连续、均匀，应避免结构的侧向刚度和承载力沿竖向突变 | |
| | | 装配式混凝土建筑应采用模块及模块组合的设计方法，遵循少规格、多组合的原则 | 《装配式混凝土建筑技术标准》GB/T 5121—2016 第 4.3.1 条～第 4.3.5 条 |
| | | 公共建筑应采用楼电梯、公共卫生间、公共管井、基本单元等模块进行组合设计 | |
| | | 住宅建筑应采用楼电梯、公共卫生间、公共管井、基本单元等模块设计进行组合设计 | |
| | | 装配式混凝土建筑的部品部件应采用标准化接口 | |
| | | 装配式混凝土建筑平面设计应符合下列规定：<br>（1）应采用大开间、大进深、空间灵活可变的布置方式；<br>（2）平面布置规则，承重构件应上下对齐贯通，外墙洞口宜规整有序；<br>（3）设备与管线宜集中设置，并应进行管线综合设计 | |
| | 平面细化设计 | 门窗洞口宜上下对齐、成列布置，其平面位置和尺寸应满足结构受力及预制构件设计要求，剪力墙结构中不宜采用转角窗 | 《装配式混凝土建筑结构技术规程》DBJ 15—107—2016 第 5.2.3 条～第 5.2.5 条 |
| | | 厨房和卫生间的平面布置应合理，其平面尺寸宜满足标准化整体橱柜及整体卫浴的要求；厨房和卫生间的水电设备管线宜采用管井集中布置；竖向管井宜布置在公共空间 | |
| | | 住宅套型设计宜做到套型平面内基本间、连接构造、各类预制构件、配件及各类设备管线的标准化 | |
| 装配式钢结构 | 平面设计基本准则 | 装配式钢结构建筑平面与空间的设计应满足结构构件布置、立面基本元素组合及可实施性等要求 | 《装配式钢结构建筑技术标准》GB/T 51232—2016 第 4.5.1 条、第 4.5.2 条 |
| | | 装配式钢结构建筑应采用大开间、大进深、空间灵活可变的结构布置方式 | |
| | 平面细化设计 | 装配式钢结构建筑应在模数协调的基础上，采用标准化设计，提高构件、部品的通用性 | 《装配式钢结构建筑技术规程》DBJ/T 15—177—2020 第 4.3.1 条～第 4.3.6 条 |
| | | 装配式钢结构建筑设计应根据功能完整性要求形成建筑功能模块，并应采用模块及模块组合的设计方法 | |
| | | 公共建筑的楼梯、电梯、公共卫生间、公共管井、基本单元等模块应采用组合设计 | |
| | | 居住建筑的楼梯、电梯、公共管井、集成式厨房、集成式卫生间等模块应采用组合设计 | |
| | | 装配式钢结构建筑的构件、部品宜按造型样式、规格尺寸和使用功能进行归并整合，并建立标准化构件、部品库 | |
| | | 装配式钢结构建筑设计宜在标准化构件、部品库内进行选择与组合，构件、部品间应采用标准化接口 | |

| | 立面、外墙设计 | | 表 10.2.3 |

| 类 别 | | 技 术 要 求 | 规 范 依 据 |
|---|---|---|---|
| 立面设计 | 外墙选型 | 外挂墙板的形式和尺寸应根据建筑立面造型、主体结构层间位移限值、楼层高度、节点连接形式、温度变化、接缝构造、运输限制条件和现场起吊能力等因素确定；板间接缝宽度应根据计算确定且不宜小于 20mm；墙板拼缝宜采用明缝构造 | 《装配式混凝土建筑技术标准》GB/T 51231—2016 第 5.9.6 条 |
| | | 装配式混凝土建筑应根据建筑物的使用要求、建筑造型，合理选择幕墙形式，宜采用单元式幕墙系统 | 《装配式混凝土建筑技术标准》GB/T 51231—2016 第 6.4.1 条 |
| | 外墙饰面 | 外墙饰面宜采用耐久、不易污染的材料；当采用面砖时，应采用反打工艺在工厂内完成，面砖应选择背面设有粘结后防止脱落措施的材料 | 《装配式混凝土建筑技术标准》GB/T 51231—2016 第 6.2.4 条 |
| | | 预制外墙接缝位置宜与建筑立面分格相对应 | 《装配式混凝土建筑技术标准》GB/T 51231—2016 第 6.2.5 条 |

| | 性 能 设 计 | | 表 10.2.4 |

| 类 别 | | 技 术 要 求 | 规 范 依 据 |
|---|---|---|---|
| 材料 | 密封材料 | 外墙板接缝处的密封材料应符合下列规定：<br>（1）密封胶应与混凝土具有相容性以及规定的抗剪切和伸缩变形能力；密封胶尚应具有防霉、防水、防火、耐候等性能；<br>（2）硅酮、聚氨酯、聚硫建筑密封胶应分别符合国家现行标准《硅酮建筑密封胶》GB/T 14683、《聚氨酯建筑密封胶》JC/T 482、《聚硫建筑密封胶》JC/T 483 的规定；装配式建筑外墙面应建议采用 MS 改性硅酮或改性硅烷类建筑密封胶，且满足《混凝土接缝用建筑密封胶》JC/T 881 的规定；<br>（3）外墙板接缝处填充用保温材料的燃烧性能应满足现行国家标准《建筑材料及制品燃烧性能分级》GB 8624 中 A 级的要求 | 《装配式混凝土建筑结构技术规程》DBJ 15—107—2016 第 4.3.1 条 |
| 节能 | 一般要求 | 建筑的体型系数、窗墙面积比、围护结构的热工性能等应符合节能要求<br>预制外墙板与相邻构件连接处，应保持保温材料的密闭性和保温性能的连续性，连接处的保温材料应选用难燃材料 | 《装配式混凝土建筑结构技术规程》DBJ 15—107—2016 第 5.5.1 条、第 5.5.2 条 |
| 防水 | 外墙接缝防水 | 外挂墙板的接缝及门窗洞口等防水薄弱部位应根据使用环境和使用年限要求选用合适的防水构造和防水材料。设计文件中应注明防水材料的更换要求<br>建筑高度在 24m 以下的外挂墙板接缝应采用至少一道材料防水和一道构造防水相结合的做法；24m 以上的外挂墙板接缝应采用至少两道材料防水和一道构造防水相结合的做法 | 《装配式混凝土建筑结构技术规程》DBJ 15—107—2016 第 5.4.1 条、第 5.4.2 条 |
| | | 外挂墙板的接缝应符合下列规定：<br>（1）接缝处应根据当地气候条件合理选用构造防水、材料防水相结合的防排水设计；<br>（2）接缝宽度及接缝材料应根据外墙板材料、立面分格、结构层间位移、温度变形等因素综合确定；所选用的接缝材料及构造应满足防水、防渗、抗裂、耐久等要求；接缝材料应与外墙板具有相容性；外墙板在正常使用下，接缝处的弹性密封材料不应破坏；<br>（3）接缝处以及与主体结构的连接处应设置防止形成热桥的构造措施 | 《装配式混凝土建筑技术标准》GB/T 51231—2016 第 6.1.9 条 |

| 类　别 | | 技　术　要　求 | 规　范　依　据 |
|---|---|---|---|
| 防水 | 外墙接缝防水 | 外挂墙板的接缝应符合下列规定：<br>（1）墙板水平接缝宜采用企口缝或高低缝构造；<br>（2）墙板竖缝可采用平口或槽口构造；<br>（3）板缝空腔宜设置排水导管，板缝内侧应设置气密条密封构造，气密条直径宜大于缝宽 1.5 倍；<br>（4）外墙墙板的接缝宽度不应小于 15mm，建筑密封胶的厚度不应小于缝宽的 1/2 且不小于 8mm；<br>（5）外挂墙板接缝处的密封材料应选用符合现行国家标准《混凝土接缝用建筑密封胶》JC/T 881 要求的耐候性密封胶；<br>（6）外挂墙板接缝处的密封胶背衬材料直径宜大于缝宽 1.5 倍 | 《装配式混凝土建筑结构技术规程》DBJ 15—107—2016 第 5.4.3 条 |
| | | 幕墙与主体结构的连接设计应符合下列规定：<br>（1）应具有适应主体结构层间变形的能力；<br>（2）主体结构中连接幕墙的预埋件、锚固件应能承受幕墙传递的荷载和作用，连接件与主体结构的锚固承载力设计值应大于连接件本身的承载力设计值 | 《装配式混凝土建筑技术标准》GB/T 51231—2016 第 6.4.3 条 |
| | 女儿墙防水 | 女儿墙板内侧在要求的泛水高度处应设凹槽、挑檐或其他泛水收头等构造，挑出墙面的部分宜在其底部周边设置滴水措施 | 《装配式混凝土建筑结构技术规程》DBJ 15—107—2016 第 5.3.3 条 |
| 防火 | 预制外墙防火 | 预制外墙的燃烧性能应符合下列规定：<br>（1）预制外墙的燃烧性能及耐火极限应根据建筑物类型及使用功能要求，按照国家现行相关规范标准确定；<br>（2）预制外墙板之间及墙板与相邻构件之间的接缝应进行防火设计，宜采用防火胶进行封堵 | 《装配式混凝土建筑结构技术规程》DBJ 15—107—2016 第 5.3.4 条 |
| | | 露明的金属支撑件及外墙板内侧与主体结构的调整间隙，应采用燃烧性能等级为 A 级的材料进行封堵，封堵构造的耐火极限不得低于墙体的耐火极限，封堵材料在耐火极限内不得开裂、脱落 | 《装配式混凝土建筑技术标准》GB/T 51231—2016 第 6.2.2 条、第 6.2.3 条 |
| | | 防火性能应按非承重外墙的要求执行，当夹芯保温材料的燃烧性能等级为 $B_1$ 或 $B_2$ 级时，内、外叶墙板应采用不燃材料且厚度均不应小于 50mm | |
| 防火 | 钢结构防火 | 装配式钢结构建筑的耐火等级应符合现行国家标准《建筑设计防火规范》GB 50016 的有关规定 | 《装配式钢结构建筑技术标准》GB/T 51232—2016 第 4.2.2 条 |
| 其他构造措施 | 外墙外门窗 | 预制外墙外门窗的安装可采用预装法或后装法，门窗框和预制构件交接位置应采用预埋门窗框、企口和预埋附框方式，并满足下列要求：<br>（1）采用预装法时，外门窗框应在工厂与预制外墙整体成型；<br>（2）采用后装法时，预制外墙的门窗洞口应设置企口构造 | 《深圳市重点区域建设工程设计导则》第 5.5.3 条 |
| | 金属骨架组合外墙 | 金属骨架组合外墙应符合下列规定：<br>（1）金属骨架应设置有效的防腐蚀措施；<br>（2）骨架外部、中部和内部可分别设置保护层、隔离层、保温隔汽层和内饰层，并根据使用条件设置防水透气材料、空气间层、反射材料、结构蒙皮材料和隔汽材料等 | 《装配式混凝土建筑技术标准》GB/T 51231—2016 第 6.3.4 条 |

# 10.3 结构设计

结 构 体 系

表 10.3.1

| 类别 | 技 术 要 求 | 规 范 依 据 |
|---|---|---|
| 最大适用高度 | 当结构中竖向构件全部为现浇且楼盖采用叠合梁板时，房屋的最大适用高度可按现行行业标准《高层建筑混凝土结构技术规程》JGJ 3 中的规定采用<br><br>装配整体式剪力墙结构和装配整体式部分框支剪力墙结构，在规定的水平力作用下，当预制剪力墙构件底部承担的总剪力大于该层总剪力的 50% 时，其最大适用高度应适当降低；当预制剪力墙构件底部承担的总剪力大于该层总剪力的 80% 时，最大适用高度应取下表中括号内的数值<br><br><div align="center">装配整体式结构房屋的最大适用高度（m）</div> | 《装配式混凝土建筑结构技术规程》DBJ 15—107—2016 第 6.1.1 条 |

装配整体式结构房屋的最大适用高度（m）

| 结构类型 | 非抗震设计 | 抗震设防烈度 | | |
|---|---|---|---|---|
| | | 6 度 | 7 度 | 8 度（0.2g） |
| 装配整体式框架结构 | 70 | 60 | 50 | 30 |
| 装配整体式框架 - 现浇剪力墙结构 | 150 | 130 | 120 | 90 |
| 装配整体式剪力墙结构 | 140（130） | 130（120） | 110（100） | 80（70） |
| 装配整体式部分框支剪力墙结构 | 120（110） | 110（100） | 90（80） | 60（50） |
| 装配整体式框架 - 现浇核心筒结构 | 160 | 150 | 130 | 90 |
| 装配整体式框架 - 斜撑结构 | 120 | 110 | 100 | 70 |

注：房屋高度指室外地面到主要屋面的高度，不包括局部突出屋顶的部分。

| 类别 | 技 术 要 求 | 规 范 依 据 |
|---|---|---|
| | 抗震设计时，高层装配整体式剪力墙结构不应全部采用短肢剪力墙；抗震设防烈度为 8 度时，不宜采用具有较多短肢剪力墙的剪力墙结构。当采用具有较多短肢剪力墙的剪力墙结构时，应符合下列规定：<br>（1）在规定的水平地震作用下，短肢剪力墙承担的底部倾覆力矩不宜大于结构底部总地震倾覆力矩的 50%；<br>（2）房屋适用高度应比装配整体式剪力墙结构的最大适用高度适当降低，抗震设防烈度为 7 度和 8 度时宜分别降低 20m。<br>注：短肢剪力墙是指截面厚度不大于 300mm、各肢截面高度与厚度之比的最大值大于 4 但不大于 8 的剪力墙；具有较多短肢剪力墙的剪力墙结构是指在规定的水平地震作用下，短肢剪力墙承担的底部倾覆力矩不小于结构底部总地震倾覆力矩的 30% 的剪力墙结构 | 《装配式混凝土结构技术规程》JGJ 1—2014 第 8.1.3 条 |
| 适用的最大高宽比 | 高层装配整体式混凝土结构的高宽比不宜超过下表的数值<br><div align="center">高层装配整体式混凝土结构适用的最大高宽比</div> | 《装配式混凝土建筑结构技术规程》DBJ 15—107—2016 第 6.1.2 条 |

高层装配整体式混凝土结构适用的最大高宽比

| 结构类型 | 非抗震设计 | 抗震设防烈度 | | |
|---|---|---|---|---|
| | | 6 度 | 7 度 | 8 度（0.2g） |
| 装配整体式框架结构 | 5 | 4 | 4 | 3 |
| 装配整体式框架 - 现浇剪力墙结构 | 6 | 6 | 6 | 5 |
| 装配整体式框架 - 现浇核心筒结构 | 8 | 7 | 7 | 6 |
| 装配整体式剪力墙结构 | 6 | 6 | 6 | 5 |
| 装配整体式框架 - 斜撑结构 | 5 | 5 | 5 | 4 |

续表

| 类别 | 技术要求 | 规范依据 |
|---|---|---|
| 抗震等级 | 装配整体式结构构件的抗震设计，应根据设防类别、烈度、结构类型和房屋高度采用不同的抗震等级，并应符合相应的计算和构造措施要求。丙类建筑抗侧力体系抗震等级应符合下表规定（见下表）| 《装配式混凝土建筑结构技术规程》DBJ 15—107—2016 第6.1.3条、第6.1.4条 |

**丙类建筑抗侧力体系的抗震等级**

| 结构类型 | 项目 | 6度 | | 7度 | | | 8度（0.2g） | | |
|---|---|---|---|---|---|---|---|---|---|
| 装配整体式框架结构 | 高度（m） | ≤24 | >24 | ≤24 | >24 | | ≤24 | >24 | |
| | 框架 | 四 | 三 | 三 | 二 | | 二 | 一 | |
| | 大跨度框架 | 三 | | 二 | | | 一 | | |
| 装配整体式框架-现浇剪力墙结构 | 高度（m） | ≤60 | >60 | ≤24 | >24且≤60 | >60 | ≤24 | >24且≤60 | >60 |
| | 框架 | 四 | 三 | 四 | 三 | 二 | 三 | 二 | 一 |
| | 剪力墙 | 三 | 三 | 三 | 三 | 二 | 三 | 二 | 一 |
| 装配整体式框架-现浇核心筒结构 | 框架 | 三 | | 二 | | | 一 | | |
| | 核心筒 | 二 | | 二 | | | 一 | | |
| 装配整体式剪力墙结构 | 高度（m） | ≤70 | >70 | ≤24 | >24且≤70 | >70 | ≤24 | >24且≤70 | >70 |
| | 剪力墙 | 四 | 三 | 四 | 三 | 二 | 三 | 二 | 一 |

| 结构类型 | 项目 | 6度 | | 7度 | | | 8度（0.2g） | |
|---|---|---|---|---|---|---|---|---|
| 装配整体式部分框支剪力墙结构 | 高度（m） | ≤70 | >70 | ≤24 | >24且≤70 | >70 | ≤24 | >24且≤70 |
| | 现浇框支框架 | 二 | 二 | 二 | 二 | 一 | 一 | 一 |
| | 底部加强部位剪力墙 | 三 | 二 | 三 | 二 | 一 | 二 | 一 |
| | 其他区域剪力墙 | 四 | 三 | 四 | 三 | 二 | 三 | 二 |

| 结构类型 | 项目 | 6度 | | 7度 | | | 8度（0.2g） | | |
|---|---|---|---|---|---|---|---|---|---|
| 装配整体式框架-斜撑结构 | 高度（m） | ≤60 | >60 | ≤24 | >24且≤60 | >60 | ≤24 | >24且≤60 | >60 |
| | 框架 | 四 | 三 | 四 | 三 | 二 | 三 | 二 | 一 |
| | 斜撑 | 三 | 三 | 三 | 三 | 二 | 三 | 二 | 一 |

注：1. 大跨度框架指跨度不小于18m的框架。
2. 乙类装配整体式结构应按本地区抗震设防烈度提高一度的要求加强其抗震措施；当本地区抗震设防烈度为8度且抗震等级为一级时，应采取比一级更高的抗震措施；当建筑场地为Ⅰ类时，仍可按本地区抗震设防烈度的要求采取抗震构造措施

类别：抗震等级

续表

| 类别 | 技术要求 | 规范依据 |
|---|---|---|
| 现浇混凝土要求 | 高层装配整体式结构应符合下列规定：<br>（1）宜设置地下室，地下室宜采用现浇混凝土；<br>（2）剪力墙结构底部加强部位的剪力墙宜采用现浇混凝土；<br>（3）框架结构首层柱宜采用现浇混凝土。<br>带转换层的装配整体式结构应符合下列规定：<br>（1）当采用部分框支剪力墙结构时，底部框支层不宜超过2层且框支层及相邻层应采用现浇结构；<br>（2）部分框支剪力墙以外的结构中，转换梁、转换柱宜现浇。<br>抗震设防烈度为8度时，高层装配整体式剪力墙结构中的电梯井宜采用现浇混凝土结构 | 《装配式混凝土建筑结构技术规程》DBJ 15—107—2016第6.1.8条、第6.1.9条 |

结 构 分 析

表 10.3.2

| 类别 | 技术要求 | 规范依据 |
|---|---|---|
| 一般规定 | 在各种设计状况下，装配整体式结构可采用与现浇混凝土结构相同的方法进行结构分析。当同一层内既有预制又有现浇抗侧力构件时，地震设计状况下宜对现浇抗侧力构件在地震作用下的弯矩和剪力进行放大<br>装配整体式结构承载能力极限状态及正常使用极限状态的作用效应分析可采用弹性方法 | 《装配式混凝土结构技术规程》JGJ 1—2014第6.3.1条、第6.3.2条 |
| 周期折减 | 内力和变形计算时，应计入填充墙对结构刚度的影响。当采用轻质墙板填充墙时，可采用周期折减的方法考虑其对结构刚度的影响；对于框架结构，周期折减系数可取0.7～0.9；对于剪力墙结构，周期折减系数可取0.8～1.0 | 《装配式混凝土建筑技术标准》GB/T 51231—2016第5.3.3条 |
| 弹性层间位移角 | 按弹性方法计算的风荷载或多遇地震标准值作用下的楼层层间最大位移 $\Delta u$ 与层高 $h$ 之比的限制宜按下表采用<br><br>**楼层层间最大位移与层高之比的限值**<br><table><tr><td>结构类型</td><td>$[\Delta w/h]$限值</td></tr><tr><td>装配整体式框架结构、装配整体式框架-斜撑结构</td><td>1/550</td></tr><tr><td>装配整体式框架-现浇剪力墙结构、装配整体式框架-现浇核心筒结构</td><td>1/800</td></tr><tr><td>装配整体式剪力墙结构、装配整体式部分框支剪力墙结构</td><td>1/1000</td></tr></table> | 《装配式混凝土建筑结构技术规程》DBJ 15—107—2016第6.3.3条 |
| 弹塑性层间位移角 | 结构薄弱层（部位）层间弹塑性位移应符合下式规定：<br>$$\Delta u_p \leqslant [\theta_p] h$$<br>式中　$\Delta u_p$——层间弹塑性位移；<br>　　　$[\theta_p]$——层间弹塑性位移角限值，应按下表采用；<br>　　　$h$——层高<br><br>**层间弹塑性位移角限值**<br><table><tr><td>结构类型</td><td>$[\theta_p]$</td></tr><tr><td>装配整体式框架结构、装配整体式框架-斜撑结构</td><td>1/50</td></tr><tr><td>装配整体式框架-现浇剪力墙结构、装配整体式框架-现浇核心筒结构</td><td>1/100</td></tr><tr><td>装配整体式剪力墙结构、装配整体式部分框支剪力墙结构</td><td>1/120</td></tr></table> | 《装配式混凝土建筑结构技术规程》DBJ 15—107—2016第6.3.5条 |
| 计算调整系数 | 抗震设计时，对同一层内既有现浇墙肢也有预制墙肢的装配整体式剪力墙结构，现浇墙肢水平地震作用弯矩、剪力宜乘以不小于1.1的增大系数 | 《装配式混凝土结构技术规程》JGJ 1—2014第8.1.1条 |

连接与构造设计 表 10.3.3

| 类别 | 技术要求 | 规范依据 |
|---|---|---|
| 套筒灌浆连接 | 纵向钢筋采用套筒灌浆连接时，应符合下列规定：<br>（1）接头应满足行业标准《钢筋机械连接技术规程》JGJ 107 中 I 级接头的性能要求，并应符合国家现行有关标准的规定；<br>（2）预制剪力墙中钢筋接头处套筒外侧钢筋的混凝土保护层厚度不应小于 15mm，预制柱中钢筋接头处套筒外侧箍筋的混凝土保护层厚度不应小于 20mm；<br>（3）套筒之间的净距不应小于 25mm；<br>（4）灌浆套筒灌浆段最小内径与连接钢筋公称直径的差不宜小于下表的规定。<br><br>**灌浆套筒灌浆段最小内径尺寸要求**<br><br>表格：<br>钢筋直径（mm）：12～25，套筒灌浆段最小内径与连接钢筋公称直径差最小值（mm）：10<br>钢筋直径（mm）：28～40，套筒灌浆段最小内径与连接钢筋公称直径差最小值（mm）：15 | 《装配式混凝土建筑结构技术规程》DBJ 15—107—2016 第 6.5.3 条 |
| 浆锚搭接连接 | 纵向钢筋采用浆锚搭接连接时，对预留孔成孔工艺、孔道形状和长度、构造要求、灌浆料和被连接钢筋，应进行力学性能以及适用性的试验验证。直径大于 20mm 的钢筋不宜采用浆锚搭接连接，直接承受动力荷载构件的纵向钢筋不应采用浆锚搭接连接 | 《装配式混凝土建筑结构技术规程》DBJ 15—107—2016 第 6.5.4 条 |
| 粗糙面与键槽 | 预制梁在梁端结合面应设置抗剪键槽<br>预制构件与后浇混凝土、灌浆料、坐浆材料的结合面应满足下列要求：<br>（1）预制板与后浇混凝土叠合层之间的结合面应设置粗糙面；<br>（2）预制梁与后浇混凝土叠合层之间的结合面应设置粗糙面；预制梁端面除应设置键槽外，且宜设置粗糙面。键槽的尺寸和数量应按计算确定；键槽的深度 $t$ 不宜小于 30mm，宽度 $w$ 不宜小于深度的 3 倍且不宜大于深度的 10 倍；键槽可贯通截面，当不贯通时槽口距离截面边缘不宜小于 50mm；键槽间距宜等于键槽宽度；键槽端部斜面倾角不宜大于 30º；<br>（3）预制剪力墙的顶部和底部与后浇混凝土的结合面应设置粗糙面；侧面与后浇混凝土的结合面应设置粗糙面，也可设置键槽；键槽的深度 $t$ 不宜小于 20mm，宽度 $w$ 不宜小于深度的 3 倍且不宜大于深度的 10 倍；键槽间距宜等于键槽宽度；键槽端部斜面倾角不宜大于 30º；<br>（4）预制柱的底部应设置键槽且宜设置粗糙面，键槽应均匀布置，键槽深度不宜小于 30mm，键槽端部斜面倾角不宜大于 30º，柱顶应设置粗糙面；<br>（5）粗糙面的面积不宜小于结合面的 80%，预制板的粗糙面凹凸深度不应小于 4mm，预制梁端、预制柱端、预制墙端的粗糙面凹凸深度不应小于 6mm | 《装配式混凝土建筑结构技术规程》DBJ 15—107—2016 第 6.5.5 条、第 6.5.6 条 |
| 钢筋锚固 | 预制构件纵向钢筋宜在后浇混凝土内直线锚固；当直线锚固长度不足时，可采用弯折、机械锚固方式，并应符合现行国家标准《混凝土结构设计规范》GB 50010 和《钢筋锚固板应用技术规程》JGJ 256 的规定 | 《装配式混凝土结构技术规程》JGJ 1—2014 第 6.5.6 条 |
| 楼梯 | 楼梯板一端可滑动时，可不考虑楼梯参与整体结构抗震计算，其滑动变形能力应满足罕遇地震作用下结构弹塑性层间变形的要求。预制楼梯端部在支承构件上的最小搁置长度应符合下表规定，且其设置滑动支座的端部应采取防止滑落的构造措施。<br><br>**楼梯在支撑构件上的最小搁置长度**<br><br>表格：<br>抗震设防烈度：6 度，7 度，8 度<br>最小搁置长度（mm）：100，100，150<br><br>预制楼梯板的厚度不宜小于 100mm，宜配置连续的上部钢筋，最小配筋率宜为 0.15%；分布钢筋直径不宜小于 6mm，间距不宜大于 250mm。下部钢筋宜按两端简支计算确定并配置通长的纵向钢筋。当楼梯两端均不能滑动的，板底、板面应配置通长的纵向钢筋<br>预制楼梯栏杆宜预埋焊接件或预留插孔，孔边距楼梯边缘距离不应小于 30mm | 《装配式混凝土建筑结构技术规程》DBJ 15—107—2016 第 6.7.3 条～ 6.7.5 条 |

续表

| 类别 | 技 术 要 求 | 规 范 依 据 |
|------|-----------|-----------|
| 楼盖 | 叠合板应按现行国家标准《混凝土结构设计规范》GB 50010 进行设计，并应符合下列规定：<br>（1）叠合板的预制板厚度不宜小于 60mm，后浇混凝土叠合层厚度不应小于 60mm；<br>（2）当叠合板的预制板采用空心板时，板端空腔应封堵；<br>（3）预制板的拼缝处，板上边缘宜设置 30mm×30mm 的倒角。<br>屋面层和平面受力复杂的楼层宜采用现浇楼盖；当采用叠合楼盖时，楼板的后浇混凝土叠合层厚度不应小于 100mm，且后浇层内应采用双向通长配筋，钢筋直径不宜小于 8mm，间距不宜大于 200mm。<br>桁架钢筋混凝土叠合板应满足下列要求：<br>（1）桁架钢筋应沿主要受力方向布置；<br>（2）桁架钢筋距板边不应大于 300mm，间距不宜大于 600mm；<br>（3）桁架钢筋弦杆钢筋直径不宜小于 8mm，腹杆钢筋直径不应小于 4mm；<br>（4）桁架钢筋弦杆混凝土保护层厚度不应小于 15mm | 《装配式混凝土结构技术规程》JGJ 1—2014 第 6.6.2 条<br>《装配式混凝土建筑技术标准》GB/T 51231—2016 第 5.5.2 条<br>《装配式混凝土建筑结构技术规程》DBJ 15—107—2016 第 6.6.3 条、第 6.6.8 条 |
| 叠合梁 | 装配整体式框架结构中，当采用叠合梁时，框架梁的后浇混凝土叠合层厚度不宜小于 150mm，次梁的后浇混凝土叠合层厚度不宜小于 120mm；当采用凹口截面预制梁时，凹口深度不宜小于 50mm，凹口边厚度不宜小于 60mm<br>叠合梁的箍筋配置应符合下列规定：<br>（1）抗震等级为一、二级的叠合框架梁的梁端箍筋加密区宜采用整体封闭箍筋。<br>（2）采用组合封闭箍筋的形式时，开口箍筋上方应做成 135° 弯钩；非抗震设计时，弯钩端头平直段长度不应小于 5d（d 为箍筋直径）；抗震设计时，平直段长度不应小于 10d。现场应采用箍筋帽封闭开口箍，箍筋帽末端应做成 135° 弯钩；非抗震设计时，弯钩端头平直段长度不应小于 5d；抗震设计时，平直段长度不应小于 10d。<br>（3）框架梁箍筋加密区长度内的箍筋肢距：一级抗震等级，不宜大于 200mm 和 20 倍箍筋直径的较大值，且不应大于 300mm；二、三级抗震等级，不宜大于 250mm 和 20 倍箍筋直径的较大值，且不应大于 350mm；四级抗震等级，不宜大于 300mm，且不应大于 400mm | 《装配式混凝土结构技术规程》JGJ 1—2014 第 7.3.1 条、第 7.3.2 条<br>《装配式混凝土建筑技术标准》GB/T 51231—2016 第 5.6.2 条 |
| | 在预制梁的预制面以下 100mm 范围内，应设置 2 根直径不小于 12mm 的腰筋；预制梁顶面两端宜各设置一道安全维护插筋，插筋直径不宜小于 28mm，出预制梁顶面的高度不宜小于 150mm | 《装配式混凝土建筑结构技术规程》DBJ 15—107—2016 第 7.3.5 条、第 7.3.6 条 |
| 预制柱 | 预制柱的设计应符合现行国家标准《混凝土结构设计规范》GB 50010 的要求，并应符合下列规定：<br>（1）柱纵向受力钢筋直径不宜小于 20mm；<br>（2）矩形柱截面宽度或圆柱直径不宜小于 400mm，且不宜小于同方向梁宽的 1.5 倍；<br>（3）柱纵向受力钢筋在柱底采用套筒灌浆连接时，柱箍筋加密区长度不应小于纵向受力钢筋连接区域长度与 500mm 之和；套筒上端第一道箍筋距离套筒顶部不应大于 50mm | 《装配式混凝土结构技术规程》JGJ 1—2014 第 7.3.5 条 |
| 预制剪力墙 | 预制剪力墙宜采用一字形，也可采用 L 形、T 形或 U 形；开洞预制剪力墙洞口宜居中布置，洞口两侧的墙肢宽度不应小于 200mm，洞口上方连梁高度不宜小于 250mm<br>当采用套筒灌浆连接时，自套筒底部至套筒顶部并向上延伸 300mm 范围内，预制剪力墙的水平分布筋应加密，加密区水平分布筋的最大间距及最小直径应符合下表的规定，套筒上端第一道水平分布钢筋距离套筒顶部不应大于 50mm | 《装配式混凝土结构技术规程》JGJ 1—2014 第 8.2.1 条、第 8.2.4 条、第 8.2.5 条 |

| 类别 | 技术要求 | 规范依据 |
|---|---|---|
| 预制剪力墙 | **加密区水平分布钢筋的要求**<br><br>| 抗震等级 | 最大间距（mm） | 最小直径（mm） |<br>|---|---|---|<br>| 一、二级 | 100 | 8 |<br>| 三、四级 | 150 | 8 |<br><br>端部无边缘构件的预制剪力墙，宜在端部配置 2 根直径不小于 12mm 的竖向构造钢筋；沿该钢筋竖向应配置拉筋，拉筋直径不宜小于 6mm，间距不宜大于 250mm | 《装配式混凝土结构技术规程》JGJ 1—2014 第 8.2.1 条、第 8.2.4 条、第 8.2.5 条 |
| 多层剪力墙 | 当房屋高度不大于 10m 且不超过 3 层时，预制剪力墙截面厚度不应小于 120mm；当房屋超过 3 层时，预制剪力墙截面厚度不宜小于 140mm<br>当预制剪力墙截面厚度不小于 140mm 时，应配置双排双向分布钢筋网。剪力墙中水平及竖向分布筋的最小配筋率不应小于 0.15% | 《装配式混凝土结构技术规程》JGJ 1—2014 第 9.1.3 条、第 9.1.4 条 |
| 外挂墙板 | 混凝土外挂墙板的高度不宜大于一个层高，厚度不宜小于 100mm<br>混凝土外挂墙板宜采用双层、双向配筋，竖向和水平钢筋的配筋率不应小于 0.15%，且钢筋直径不宜小于 5mm，间距不宜大于 200mm<br>混凝土外挂墙板开洞处应在角部配置斜向加强筋，在外墙两侧各配不少于 2 根直径 12mm 的钢筋，加强筋伸入洞口角部两侧长度应满足钢筋锚固长度的要求<br>外挂墙板最外层钢筋的混凝土保护层厚度除有特殊要求外，应符合下列规定：<br>（1）对石材或面砖饰面，不应小于 15mm；<br>（2）对清水混凝土，不应小于 20mm；<br>（3）对露骨料装饰面，应从最凹处混凝土表面计起，且不应小于 20mm | 《装配式混凝土建筑结构技术规程》DBJ 15—107—2016 第 9.4.1 条～第 9.4.4 条 |

**预制构件设计**　　　　　　　　　　　　　　　　　表 10.3.4

| 类别 | 技术要求 | 规范依据 |
|---|---|---|
| 预制构件 | 预制构件的设计应符合下列规定：<br>（1）对持久设计状况，应对预制构件进行承载力、变形、裂缝控制验算；<br>（2）对地震设计状况，应对预制构件进行承载力验算；<br>（3）对制作、运输和堆放、安装等短暂设计状况下的预制构件验算，应符合现行国家标准《混凝土结构工程施工规范》GB 50666 的有关规定。<br>当预制构件中钢筋的混凝土保护层厚度大于 50mm 时，宜对钢筋的混凝土保护层采取有效的构造措施<br>预制构件中预埋件的验算应符合现行国家标准《混凝土结构设计规范》GB 50010、《钢结构设计规范》GB 50017 和《混凝土结构工程施工规范》GB 50666 等有关规定<br>预制构件中外露预埋件凹入构件表面的深度不宜小于 10mm | 《装配式混凝土结构技术规程》JGJ 1—2014 第 6.4.1 条、第 6.4.2 条、第 6.4.4 条、第 6.4.5 条 |

## 10.4　机电设计

**机电设计要点**　　　　　　　　　　　　　　　　　表 10.4

| 类别 | 技术要求 | 规范依据 |
|---|---|---|
| 给水排水设计 | 住宅套内给水排水管道宜敷设在墙体、吊顶或楼地面的架空层或空腔中，并应采取隔声减噪和防结露等措施 | 《装配式住宅建筑设计标准》JGJ/T 398—2017 第 8.2.1 条 |
| | 宜采用同层排水设计。同层排水的卫生间地面应有防渗水措施<br>整体卫浴同层排水管道和给水管道应预留外部管道接口位置 | 《装配式住宅建筑设计标准》JGJ/T 398—2017 第 8.2.2 条 |

| 类别 | 技 术 要 求 | 规 范 依 据 |
|---|---|---|
| 给水排水设计 | 厨房内给水管道可沿地面敷设，也可采用隐蔽式的管道明装方式，管中心与地面和墙面的间距不应大于80mm | 《装配式整体厨房应用技术标准》JGJ/T 477—2018 第4.4.5条 |
| | 热水器水管应预留至热水器正下方且高出地面1200～1400mm；冷热水管间距不宜少于150mm | |
| | 立管的三通接口中心距地面完成面的高度不应大于300mm | 《装配式整体厨房应用技术标准》JGJ/T 477—2018 第4.4.6条 |
| | 给水分水器与用水器具的管道接口应一对一连接，在架空层或吊顶内敷设时，中间不得有连接配件 | 《装配式混凝土建筑技术标准》GB/T 51231—2016 第7.2.2条 |
| | 给水排水管道穿越预制墙体、楼板和预制梁的部位应预留孔洞或预埋套管 | 《装配式住宅建筑设计标准》JGJ/T 398—2017 第8.2.4条 |
| | 建筑的太阳能热水系统应与建筑一体化设计 | 《装配式混凝土建筑技术标准》GB/T 51231—2016 第7.2.4条 |
| 暖通设计 | 住宅套内供暖、通风和空调及新风等管道宜敷设在吊顶等架空层内 | 《装配式住宅建筑设计标准》JGJ/T 398—2017 第8.3.1条 |
| | 建筑的通风、供暖和空调等设备均应选用能效比高的节能型产品 | 《装配式住宅建筑设计标准》JGJ/T 398—2017 第8.3.6条 |
| | 供暖系统宜采用适宜于干式工法施工的低温底板辐射供暖产品 | 《装配式混凝土建筑技术标准》GB/T 51231—2016 第7.3.4条 |
| | 当墙板或楼板上安装供暖与空调设备时，其连接处应采取加强措施 | 《装配式混凝土建筑技术标准》GB/T 51231—2016 第7.3.5条 |
| | 厨房、卫生间宜设计水平排气系统，其室外排气口应采取避风、防雨、防止污染墙面和对周围空气产生污染等措施 | 《装配式住宅建筑设计标准》JGJ/T 398—2017 第8.3.4条 |
| 电气设计 | 住宅套内电气管线宜敷设在楼板架空层或垫层内、吊顶内和隔墙空腔内等部位 | 《装配式住宅建筑设计标准》JGJ/T 398—2017 第8.4.1条 |
| | 电气管线铺设在架空层时，应采取穿管或线槽保护等安全措施。在吊顶、隔墙、楼地面、保温层及装饰面板内不应采用直敷布线 | 《装配式住宅建筑设计标准》JGJ/T 398—2017 第8.4.2条 |
| | 当大型灯具、桥架、母线、配电设备等安装在预制构件上时，应采用预留预埋件固定；设置在预制构件上的接线盒、连接管等应作预留，出线口和接线盒应准确定位；不应在预制构件受力部位和节点连接区域设置孔洞及接线盒，隔墙两侧的电气和智能化设备不应直接连通设置 | 《装配式混凝土建筑技术标准》GB/T 51231—2016 第7.4.2条 |
| | 分户墙上两侧暗装电气设备不应连通设置。分户墙与分室墙板设计应满足结构、隔声及防火要求 | 《装配式混凝土结构技术规程》DBJ 15—107—2016 第5.6.6条 |
| 防雷设计 | 当利用预制剪力墙、预制柱内的部分钢筋作为防雷引下线时，预制构件内作为防雷引下线的钢筋，应在构件接缝处作可靠的电气连接，并在构件连接处预留施工空间及条件，连接部位应有永久性明显标记<br>建筑外墙上的金属管道、栏杆、门窗等金属物需要与防雷装置连接时，应与相关预制构件内部的金属件连接成电气通路<br>设置等电位连接的场所，各构件内的钢筋应做可靠的电气连接，并与等电位连接箱连通 | 《装配式混凝土建筑技术标准》GB/T 51231—2016 第7.4.3条 |

## 10.5 内装修设计

内装修设计要点                                                                表 10.5

| 类别 | 技 术 要 求 | 规 范 依 据 |
|---|---|---|
| 一体化设计 | 应在建筑设计阶段对轻质隔墙系统、吊顶系统、楼地面系统、集成式厨房、集成式卫生间、内门窗等进行部品设计选型 | 《装配式混凝土建筑技术标准》GB/T 51231—2016 第 8.2.1 条 |
| | 内装部品应与室内管线进行集成设计，并满足干式工法的要求 | 《装配式混凝土建筑技术标准》GB/T 51231—2016 第 8.2.2 条 |
| | 设备管线应进行综合设计，减少平面交叉；竖向管线宜集中布置，并满足维修更换的要求 | 《装配式混凝土建筑结构技术规程》DBJ 15—107—2016 第 5.6.3 条 |
| 轻质隔墙系统 | 宜结合室内管线的敷设进行构造设计，避免管线安装和维修更换对墙体造成破坏；应满足不同功能房间的隔声要求；应在吊挂空调、画框等部位设置加强板或采取其他可靠加固措施 | 《装配式混凝土建筑技术标准》GB/T 51231—2016 第 8.2.4 条 |
| 吊顶系统 | 宜在预制楼板（梁）内预留吊顶、桥架、管线等安装所需预埋件。应在吊顶内设备管线集中部位设置检修口 | 《装配式混凝土建筑技术标准》GB/T 51231—2016 第 8.2.5 条 |
| 楼地面系统 | 楼地面系统的承载力应满足房间使用要求；架空地板系统宜设置减振构造；架空地板系统的架空高度应根据管径尺寸、敷设路径、设置坡度等确定，并应设置检修口 | 《装配式混凝土建筑技术标准》GB/T 51231—2016 第 8.2.6 条 |
| 墙面系统 | 宜选用具有高差调平作用的部品，并与室内管线进行集成设计 | 《装配式混凝土建筑技术标准》GB/T 51231—2016 第 8.2.7 条 |
| 集成式厨房 | 应合理设置洗涤池、灶具、操作台、排油烟机等设施，并预留厨房电器设施的位置和接口；应预留燃气热水器及排烟管道的安装、留孔条件；给水排水、燃气管线等应集中设置、合理定位，并在连接处设置检修口 | 《装配式混凝土建筑技术标准》GB/T 51231—2016 第 8.2.8 条 |
| 集成式卫生间 | 宜采用干湿分离的布置方式；应综合考虑洗衣机、排气扇（管）、暖风机等的设置；应在给水排水、电气管线等连接处设置检修口；应做等电位连接 | 《装配式混凝土建筑技术标准》GB/T 51231—2016 第 8.2.9 条 |

## 10.6 BIM 应用

BIM 设计要求                                                                表 10.6

| 类别 | 技 术 要 求 | 规 范 依 据 |
|---|---|---|
| BIM 设计 | 在设计阶段，宜采用 BIM 技术，提高各专业沟通效率，通过各专业的协同设计提高设计质量 | 《广东省建筑信息模型应用统一标准》DBJ/T 15—142—2018 第 6.1.1 条 |
| | 建筑的设备与管线设计宜采用建筑信息模型（BIM）技术，当进行碰撞检查时，应明确被检测模型的精细度、碰撞检测范围及规则 | 《装配式混凝土建筑技术标准》GB/T 51231—2016 第 7.1.5 条 |

| 类别 | 技 术 要 求 | 规 范 依 据 |
|------|-----------|------------|
| BIM 设计 | 建筑设计宜采用建筑信息模型技术，并将设计信息与部件部品的生产运输、装配施工和运营维护等环节衔接 | 《装配式住宅建筑设计标准》JGJ/T 398—2017 第 4.3.4 条 |
| | 建筑性能模拟分析宜应用 BIM 技术，进行日照、通风、采光、能耗、消防疏散、环境影响等方面的模拟分析 | 《广东省建筑信息模型应用统一标准》DBJ/T 15—142—2018 第 6.6.1 条 |
| | 工程量统计宜应用 BIM 技术，基于施工图设计模型创建算量模型，从模型提取数据进行量化统计，或导入其他算量软件进行工程量统计 | 《广东省建筑信息模型应用统一标准》DBJ/T 15—142—2018 第 6.6.2 条 |
| | 管线综合设计宜应用 BIM 技术，基于施工图设计模型进行机电管线及设备的综合排布，形成管线综合模型，校核空间净高及系统合理性，完成管线综合设计图 | 《广东省建筑信息模型应用统一标准》DBJ/T 15—142—2018 第 6.6.3 条 |
| | 室内装饰深化设计宜应用 BIM 技术，基于施工图设计模型，补充室内装饰构件，形成室内装饰深化设计模型，表达室内装饰设计效果 | 《广东省建筑信息模型应用统一标准》DBJ/T 15—142—2018 第 6.6.4 条 |

# 11　高新科技产业园

## 11.1　高新科技产业园概述

高新科技产业园的定义与分类　　　　　　　　　　　　　　　　　表 11.1

| 类　别 | | 概　述 | 文件依据 |
|---|---|---|---|
| 高新科技产业园 | 高科技园区 | 以高科技产业为主体的综合性园区，常与高校、科研机构相融，相互支持，一般强调效率、使用品质、服务支持 | 《建筑师技术手册》第 12 章园区建筑设计第 12.1.1 条 |
| | 产城融合社区 | 融合商务服务、生活服务、休闲娱乐等城市生活功能的产业生活共同体 | |
| | 生态产业园区 | 以新一代制造业为主体的功能性园区，强调低污染，高效率，产业链联合，多方面服务，生态环境的打造，常与科技产业园相融 | |

## 11.2　高新科技产业园规划

深圳市工业用地分类和使用　　　　　　　　　　　　　　　　　表 11.2.1

| 类　别 | | 范　围 | 适　建　用　途 | 文件依据 |
|---|---|---|---|---|
| 工业用地 | 工业用地（M） | 以产品的生产、制造、精加工等活动为主导，配套研发、设计、检测、管理等活动的用地 | | 《深圳市城市规划标准与准则》第 2.1.6 条 |
| | 普通工业用地（M1） | 以生产制造为主的工业用地 | 主导用途：厂房<br>其他用途：仓库（堆场）、小型商业、宿舍、可附设的市政设施、可附设的交通设施、其他配套辅助设施。对周边居住、公共环境有影响或污染的工业不得建设小型商业、宿舍等 | |
| | 新型产业用地（M0） | 融合研发、创意、设计、中试、无污染生产等创新型产业功能以及相关配套服务活动的用地 | 主导用途：厂房（无污染生产）、研发用房<br>其他用途：商业、宿舍、可附设的市政设施、可附设的交通设施、其他配套辅助设施 | |

粤港澳大湾区各地 M0 用地各指标要求　　　　　　　　　　　　表 11.2.2

| 城市 | 容积率 | 产业功能 | 配套功能 | 规范依据 |
|---|---|---|---|---|
| 广州 | 3.0～5.0 | ≥总计容建筑面积的60% | ≤总计容建筑面积的30%；独立占地建设的，其用地面积≤总用地面积的10% | 《广州市提高工业用地利用效率实施办法》 |
| 深圳 | 4.0～6.0 | ≥总计容建筑面积的70% | ≤总计容建筑面积的30% | 《深圳市城市规划标准与准则》 |
| 东莞 | 3.0～5.0 | ≥总计容建筑面积的50% | 配套型住宅计容建筑面积≤总计容建筑面积的20% | 《东莞市新型产业用地（M0）管理暂行办法》 |

#### 广州市工业用地规划控制指标
表 11.2.3

| 类 别 | | 容积率上限 | 容积率下限 | 建筑密度上限 | 建筑密度下限 | 规范依据 |
|---|---|---|---|---|---|---|
| 工业产业区块内 | 新型产业用（M0） | 5.0 | 3.0 | 60% | 35% | 《广州市提高工业用地利用效率实施办法》 |
| | 一类工业用（M1） | 4.0 | 2.0 | — | 30% | |
| | 二类工业用（M2） | 3.5 | 1.2 | 80% | 30% | |
| | 三类工业用（M3） | 3.2 | 1.2 | 60% | 30% | |
| 工业产业区块外 | 新型产业用（M0） | 5.0 | 3.0 | 60% | 35% | |
| | 一类工业用（M1） | 4.0 | 2.0 | 50% | 35% | |
| | 二类工业用（M2） | 3.0 | 1.2 | 50% | 35% | |
| | 三类工业用（M3） | 2.0 | 1.2 | 50% | 35% | |

#### 深圳高新科技产业园规划建设要求
表 11.2.4

| 类 别 | 规划要求 | 规范依据 |
|---|---|---|
| 功能布置 | 按照产城融合的思路，在符合城市规划的前提下，鼓励在区块线内非工业用地上适当安排会议展示、商业零售、餐饮酒店、人才住房等功能，推动产业园区从单一生产功能向城市综合功能转型 | 《深圳市工业区块线管理办法》第二十五条 |
| | 区块线内工业用地的建筑功能安排应严格按照《深圳市城市规划标准与准则》相关规定要求，除必要的宿舍、食堂、小型商业和其他配套辅助设施外，严禁在工业用地中安排成套商品住宅、专家楼、商务公寓和大规模的商业和办公等建筑功能。鼓励在新型产业用地建设无污染生产厂房 | 《深圳市工业区块线管理办法》第二十七条 |
| 建筑形态 | 工业用地建筑形态应与产业类型、业态相匹配，厂房和研发用房不得采用住宅类建筑的套型平面、建筑布局和外观形态 | 《深圳市工业区块线管理办法》第二十八条 |
| 交通组织 | 应努力营造连续、安全、便捷、舒适、充满活力和吸引力的步行及自行车交通空间 | 《深圳市城市规划标准与准则》第 6.2.1 条 |
| | 步行及自行车交通应与机动车交通分离 | 《深圳市城市规划标准与准则》第 6.2.3 条 |
| 公共空间 | 除规划确定的独立地块的公共空间外，新建及重建项目应提供占建设用地面积 5% ～ 10% 独立设置的公共空间，建筑退线部分及室内型公共空间计入面积均不宜超过公共空间总面积的 30%。公共空间面积小于 1000m² 时，宜与相邻地块的公共空间整合设置 | 《深圳市城市规划标准与准则》第 8.3.6.3 条 |
| | 广场型公共空间宜利用建筑进行围合，围合率宜控制在公共空间周长的 50% 以上，最大开口不宜周长的 25%。公共空间周边的建筑底层宜作为商业、文化、娱乐等用途，以增加其活力和场所感 | 《深圳市城市规划标准与准则》第 8.3.6.4 条 |
| 地下空间 | 坚持使用功能综合化、交通网络立体化、空间环境舒适化的原则。城市地上、地下空间应统一规划、相互连通、互为补充 | 《深圳市城市规划标准与准则》第 9.1.3 条 |
| | 地下开发利用应与轨道交通建设紧密结合，形成以地下交通网络为骨架，地下市政设施为基础，公共服务、地下商业、工业仓储等空间为补充的地下空间体系 | 《深圳市城市规划标准与准则》第 9.1.4 条 |

高新科技产业园规划模式              表 11.2.5

| 类 型 | 图 例 | 说 明 |
|---|---|---|
| 街区式 | | 街区式规划一般为城市型园区的规划方式，以密路网、高容积的方式应用于城市相融的场地需求，并且利于未来逐步发展、分期建设 |
| 组团式 | | 组团式规划一般应用于城郊型园区，可形成尺度亲和、领域感较强的单元组团，有利于主题及氛围的营造 |
| 轴线式 | | 轴线式规划一般应用于产业新区的园区规划，具有较强烈的规划形态控制，也便于功能分区 |
| 自由式 | | 自由式规划一般应用于生态型园区，具有与自然融合的空间结构，利于形成轻松自有的科研氛围 |
| 围合式 | | 围合式规划一般应用于需要重点营造自身环境的园区，对外具有较完整的形象展现 |
| 立体集约式 | | 立体集约式规划应用于成熟城市热点区域，通过立体高容高密的方式，提升园区的效率及价值，与城市无缝衔接 |
| 均布式 | | 均布式规划一般应用于城郊及新区型园区规划，具有价值均好、产品标准、交通组织顺畅的优点，但容易千篇一律，需注意避免 |

注：依据参考《建筑师技术手册》园区建筑设计篇章

# 11.3 高新科技产业园建筑

城市配套服务明细表             表 11.3.1

| 分项 | 必配/选配 | 项目细分 | 基本描述 | 建议参考 | 备 注 |
|---|---|---|---|---|---|
| 医疗配套 | ● | 药房诊所 | | 200m² | |
| | ○ | 中医医院 | | 2000m² | |
| | ○ | 综合性医院 | 按等级分为一、二、三级医院 | 50000m² | |

续表

| 分项 | 必配/选配 | 项目细分 | 基本描述 | 建议参考 | 备 注 |
|---|---|---|---|---|---|
| 教育配套 | ● | 培训中心 | | 2000m² | |
| | ● | 幼儿园、托儿所 | | 2000m² | |
| | ○ | 小学 | 分为非完全小学和完全小学 | 30000m² | |
| | ○ | 中学 | 分为非完全中学和完全中学 | 30000m² | |
| 文化配套 | ● | 图书阅览 | | 2000m² | 可兼小型活动 |
| | ○ | 博物展览 | | 2000m² | 可兼教育场地 |
| | ○ | 艺术中心 | | 2000m² | 可兼小型活动 |
| 生态配套 | ● | 公共绿地、公园 | | 8000m² | |

**产业配套服务明细表**           **表11.3.2**

| 分项 | 必配/选配 | 项目细分 | 基本描述 | 建议参考 | 备 注 |
|---|---|---|---|---|---|
| 企业配套 | ● | 会议中心 | 大型300人；20万m²/个 | 净高≥5m；500m² | 大中型会议室长宽比例宜为2:3，小型宜为1:2；考虑交通及辅助空间流线 |
| | | | 中型100人；10万m²/个 | 净高≥4m | |
| | | | 小型100人；6万m²/个 | 净高≥3m | |
| | ● | 培训教室 | 20人 | 净高≥3m | 可考虑与培训教室转化，部分可设于办公标准层内 |
| | | | 80人 | 净高≥3.6m | |
| | | | 150人 | 净高≥4m | |
| | ○ | 多功能厅 | | 净高≥5m（如有运动场地，应相应加高） | 主要房间不小于20m×30m |
| | ● | 展示销售 | 展示销售及招商洽谈 | 净高≥5m；面积≥800m² | 立面设计宜考虑LED屏 |
| | ● | 招商运营 | | 净高≥5m；面积≥700m² | |
| | ● | 办事大厅 | 一站式服务 | 净高≥5m；面积≥700m² | 平面布局为大厅或窗口式 |
| | ○ | 企业会所 | 企业洽谈会客社交 | 净高≥4.5m；面积≥200m² | 宜为独栋的高品质建筑 |
| | ● | 安保管理 | | 面积≥1000m² | |
| | ○ | 企业仓储 | | 净高≥3m；200～400m² | |
| | ● | 物业管理 | | 净高≥3m；200～400m² | |
| | ● | 政务服务 | | 净高≥3m；200～300m² | |
| 金融配套 | ● | 银行营业厅 | | 净高≥3m；400～600m² | 宜相对集中布置，以形成金融服务区 |
| | ○ | 基金证券 | | 净高≥3m；800～1000m² | |
| | ○ | 小额信贷 | 供各金融网点入驻 | 净高≥3m；80～200m² | |
| | ○ | 互联网金融 | | 净高≥3m；80～200m² | |
| | ○ | 典当行 | | 净高≥3m；80～300m² | |

注：依据参考《建筑师技术手册》园区建筑设计篇章

**生活配套服务明细表**                                              表 11.3.3

| 分项 | 必配 / 选配 | 项目细分 | 基本描述 | 建议参考 | 备 注 |
|---|---|---|---|---|---|
| 餐饮配套 | ● | 集中食堂 | 集中就餐使用 | 厨房净高≥3m；用餐区 1m²/ 人 | 设计货运流线、垃圾转运、隔油池，排油烟 |
| | ○ | 高档中餐 | | 净高≥3m；≥500m² | |
| | ● | 中式快餐 | 自助式快餐 | 净高≥3m；≥300m² | |
| | ○ | 高档西餐 | | 净高≥3m；300～1000m² | |
| | ● | 西式快餐 | | 净高≥3m；300～500m² | 如特殊要求需独立流线 |
| | ○ | 蛋糕甜品 | | 净高≥2.6m；40～100m² | |
| | ● | 茶座咖啡 | | 净高≥3m；200～500m² | |
| | ● | 冷饮奶茶 | | 净高≥2.6m；20～60m² | |
| 商业配套 | ● | 休闲服饰 | | 净高≥3m；60～300m² | |
| | ● | 小型超市 | | 净高≥3m；≥100m² | 宜考虑货运流线 |
| | ● | 便利店 | | 净高≥2.6m；30～150m² | |
| | ● | 水果超市 | | 净高≥2.6m；30～100m² | |
| | ○ | 鲜花礼品 | | 净高≥2.6m；15～100m² | |
| | ○ | 烟酒礼品 | | 净高≥2.6m；15～100m² | |
| | ● | 办公文具 | | 净高≥2.6m；15～100m² | |
| | ○ | 报纸杂志 | | 净高≥2.6m；15～100m² | |
| | ● | 诊所药房 | | 净高≥3m；100～500m² | |
| 休闲配套 | ● | 健身锻炼 | 自助式 | 净高≥4.5m；≥500m² | 主要活动用房不宜小于 24m×16m |
| | ○ | 小型书店 | | 净高≥3m；100～200m² | |
| | ○ | 图书阅览 | 阅读为主，兼做小型活动 | 净高≥4m；300～1000m² | 主阅览室空间不宜小于 24m×10m |
| | ○ | 小型影院 | 可设大、中、小及 VIP 厅 | 净高≥6.5m；≥800m² | 应考虑放映、观影、疏散流线 |
| | ○ | KTV | | 净高≥3m；≥200m² | 小包 10m²，中包 15～20m²，大包 25m² |
| | ○ | 咖啡、酒吧 | | 净高≥3m；150～450m² | |
| | ○ | 小型泳池 | | 净高≥4m；400～600m² | 露天 20m×15m、室内 26m×20m |
| | ● | 棋牌娱乐 | | 净高≥3m；150～250m² | |
| | ○ | 足浴 SPA | | 净高≥3m；80～250m² | |
| | ● | 运动场地 | 室外运动区 | | 按照用地情况适当布置 |
| | ● | 美容美发 | | 净高≥3m；80～200m² | |
| 其他配套 | ● | 邮政电信 | | 净高≥3m；60～120m² | |
| | ● | 信息中介 | | 净高≥3m；60～120m² | |
| | ○ | 票务旅游 | | 净高≥3m；60～120m² | |
| | ● | 打印复印 | | 净高≥3m；40～80m² | |

续表

| 分项 | 必配／选配 | 项目细分 | 基本描述 | 建议参考 | 备 注 |
|---|---|---|---|---|---|
| 其他配套 | ○ | 洗车养护 | | 净高≥3m；120～240m² | |
| | ○ | 汽车充电站 | | 净高≥3m | |
| | ○ | O2O体验店 | | 净高≥3m | |
| | ○ | 洗衣房 | | 净高≥3m | |
| | ○ | 租车行 | | 净高≥3m；300～500m² | |
| | ● | 物流快递 | 必要物流网点 | 净高≥3m；60～300m² | 可利用架空层或地下室布置 |

注：依据参考《建筑师技术手册》园区建筑设计篇章

高新科技产业园各功能建筑面积占比 表 11.3.4

| | 园区功能要素 | 功能用房 | 人均建筑面积（m²） | 建筑空间比例（%） |
|---|---|---|---|---|
| 高新科技产业园区 | 城市服务要素 | 医疗配套 | 1 | 0～1 |
| | | 教育配套 | | |
| | | 文化配套 | | |
| | | 生态配套 | | |
| | 企业空间要素 | 生产类空间 | 25 | 70±5 |
| | | 研发类空间 | | |
| | | 办公类空间 | | |
| | 产业服务要素 | 企业配套 | 1 | 3 |
| | | 金融配套 | | |
| | 生活服务要素 | 居住配套 | 25 | 20±5 |
| | | 商业配套 | 2.5 | 5～7 |

深圳市科技产业园建筑相关技术要求 表 11.3.5

| 类别 | 建筑分类 | 相 关 要 求 | 依 据 来 源 |
|---|---|---|---|
| 产权划分 | 厂房 | 建筑平面一般为大开间，除配电房、工具间等辅助房间外，单套套内建筑面积≥1000m² | 《深圳市建筑设计规则》第 6.14.2.1 条 |
| | 新型产业建筑 | 研发用房单套套内建筑面积≥300m² | 《深圳市建筑设计规则》第 6.15.2.1 条 |
| | 宿舍 | 单间式宿舍除阳台以外的户内建筑面积≤35m²，套间式宿舍≤70m²；且宗地内所有套间式宿舍规定建筑面积之和≤宿舍总规定建筑面积指标的30% | 《深圳市建筑设计规则》第 6.5.2.1 条 |
| 建筑层高 | 旅馆（酒店）建筑 | 首层大堂（门厅）层高≤6m，酒店餐厅、康体中心等公共配套区域层高≤5.4m，客房层层高≤4.2m | 《深圳市建筑设计规则》第 6.8.2.3 条 |
| | 普通商业建筑 | 层内50%以上为小型商铺，首层至六层层高≤5.4m，七层及以上层高≤4.5m | |

| 类别 | 建筑分类 | 相 关 要 求 | 依 据 来 源 |
|---|---|---|---|
| 建筑层高 | 集中大型商业建筑 | 单层商业用房建筑面积≤8000m²的，首层层高≤6.6m，二至六层层高≤5.4m，七层及以上层高≤4.5m；单层商业用房建筑面积>8000m²的，六层及以下部分层高≤6.6m，七层及以上层高≤5.4m | 《深圳市建筑设计规则》第6.8.2.3条 |
| | 半地下及地下商业建筑 | 与地铁等交通枢纽或地下城市公共通道相连接的地下商业建筑层高根据需要设置。除此以外的半地下及地下商业建筑层高≤6.6m | |
| | 厂房 | 单层厂房、特殊非单层厂房层高≤8m；非单层厂房首层≤6m，二至六层≤5.4m，七层及以上≤4.5m，厂房首层（架空停车）层高≤6m | 《深圳市建筑设计规则》第6.14.2.3条 |
| | 新型产业建筑 | 首层≤6m；二层及以上≤4.5m | 《深圳市建筑设计规则》第6.15.2.3条 |
| | 宿舍 | 首层（作为公共活动室）≤6m；宿舍居室单层床层高≤3.3m，双层床层高≤3.9m | 《深圳市建筑设计规则》第6.5.2.3条 |
| 荷载要求 | 厂房 | 首层≥1200kg/m²；二层、三层≥800kg/m²；四层以上≥650kg/m² | 《深圳市工业区块线管理办法》 |
| | 新型产业建筑 | 首层≥800kg/m²；二层、三层≥650kg/m²；四层以上≥500kg/m² | 《深圳市工业区块线管理办法》 |
| 电梯配置 | 商业 | 商业用房各层之间原则上应设置扶手电梯或梯段宽度不小于2.4m的开放式楼梯 | 《深圳市建筑设计规则》第6.8.2.1条 |
| | 厂房 | 非单层厂房原则上应配备不少于1台载重3吨以上货梯；当建筑面积超过15000m²时，超过部分需按每15000m²设置至少1台载重2吨以上的货梯 | 《深圳市建筑设计规则》第6.14.2.1条 |
| | 新型产业建筑 | 可独立设置客梯，应配备至少1台载重2吨以上的货梯，当与厂房同栋布置时，应满足厂房货梯的配置标准 | 《深圳市建筑设计规则》第6.15.2.1条 |
| 凹槽要求 | 宿舍 | 功能性凹槽开口的深度与宽度之比应≤4，深度>8m时按内天井控制 | 《深圳市建筑设计规则》第6.5.1.3条 |
| | 新型产业建筑 | 严格限制外墙凹槽的设置，因建筑造型需设置面宽5m以内的凹槽，凹槽面宽与进深之比应≥2；凹槽面宽与进深之比＜2的，按层计算的凹槽部分投影面积全部计入地上核减建筑面积 | 《深圳市建筑设计规则》第6.15.1.3条 |

注：依据参考《深圳市建筑设计规则》与《深圳市工业区块线管理办法》

# 12 养老建筑

## 12.1 一般规定

<table>
<tr><td colspan="3" align="center">一 般 规 定</td><td align="right">表 12.1</td></tr>
<tr><td align="center">类 别</td><td colspan="2" align="center">技 术 要 求</td><td align="center">规 范 依 据</td></tr>
<tr><td rowspan="9" align="center">一般规定</td><td colspan="2">适用于新建、扩建和改建的养老社区与社区的养老设施的建筑设计</td><td></td></tr>
<tr><td colspan="2">建筑设计要求除应符合本规定外，尚应符合国家现行有关标准的规定</td><td></td></tr>
<tr><td colspan="2">建筑设计应符合粤港澳大湾区总体规划、适老化设计、建筑物无障碍设计及节能设计等规范、标准的相关规定；应能体现对当地生活习惯、民族习惯和宗教信仰的尊重</td><td></td></tr>
<tr><td colspan="2">应符合社会效益、环境效益和经济效益相结合的原则</td><td>《城镇老年人设施规划规范》GB 50437—2007（2018 年版）第 1.0.4 条</td></tr>
<tr><td colspan="2">应为未来发展和运营调整提供改造的可能性</td><td></td></tr>
<tr><td colspan="2">建筑设计应符合老年人生理和心理的需求，综合考虑日照、通风、防寒、采光、防灾及管理等需求；保护老年人隐私和尊严，保证老年人基本生活质量，适应运营模式，保证照料服务有效开展</td><td>《城镇老年人设施规划规范》GB 50437—2007（2018 年版）第 1.0.3 条</td></tr>
<tr><td colspan="2">既有建筑改建的老年人照料设施，应预先进行可行性评估，确定通过改建能够符合本标准和国家现行有关标准的规定</td><td>《老年人照料设施建筑设计标准》JGJ 450—2018 第 3.0.5 条</td></tr>
<tr><td colspan="2">与其他建筑上下组合建造或设置在其他建筑内的老年人照料设施应位于独立的建筑分区内，宜设置在建筑的下部，且有独立的交通系统和对外出入口</td><td>《老年人照料设施建筑设计标准》JGJ 450—2018 第 3.0.3 条</td></tr>
</table>

## 12.2 分类、配建要求及规模

### 12.2.1 养老建筑的分类

1）养老建筑按类型可分为养老社区与单建或养老社区内配套的养老设施。详细分类参见表 12.2.1-1。

<table>
<tr><td colspan="3" align="center">养老建筑类型</td><td align="right">表 12.2.1-1</td></tr>
<tr><td align="center">分 类</td><td colspan="3" align="center">概念及类别</td></tr>
<tr><td rowspan="4" align="center">养老社区</td><td colspan="3">为老年人提供居住、照料及服务的居住场所</td></tr>
<tr><td rowspan="3" align="center">分类</td><td align="center">适老化住宅</td><td>指供以老年人为核心的家庭居住使用的专用住宅</td></tr>
<tr><td align="center">老年公寓</td><td>指专供老年人集中居住，符合老年体能、心态特征的公寓式老年住宅</td></tr>
<tr><td align="center">社区配套</td><td>为满足老年人的需要而建设的各种服务性设施</td></tr>
</table>

续表

| 分 类 | 概念及类别 | | | |
|---|---|---|---|---|
| 养老社区内配套的养老设施 | 为老年人提供居住、餐饮、生活照料、医疗保健、文体娱乐活动等综合性服务的机构 | | | |
| | 分类 | 养老院 | 老人院 | 为老年人提供养老服务的非营利性机构 |
| | | | 福利院 | |
| | | | 敬老院 | |
| | | 老年养护院 | | 为老年人提供集体居住，并具有相对完整的配套服务设施的机构 |
| | | 日间照料中心 | | 为社区内生活不能完全自理、日常生活需要一定照料的半失能老年人提供日间托养服务的设施 |

2）不同类型的养老建筑应依据周边建筑环境、老人身体状况、心理需求、服务人群和服务方式的不同进行设计，以强调居住社区和护理服务的特点。常见的类型名称及建筑类型，可参见表 12.2.1-2。

养老建筑分类表　　　　　　　　　　　　　　　　　表 12.2.1-2

| 类 别 | | 技术要求 | | | | | 规范、标准依据 |
|---|---|---|---|---|---|---|---|
| | | 服务人口规模（万人） | | 服务人群 | 服务形式 | 建筑形态 | |
| | | 5～10 | 0.5～1.2 | | | | |
| 养老社区 | 适老化住宅 | ▲ | △ | 能力完好 | 老年人主要利用社区的公共配套设施获得养老服务 | 单元式、外廊式建筑高度根据用地是否限制而定 | 《住宅设计规范》GB 50096—2011 《民用建筑设计统一标准》GB 50352—2019 《规划设计标准》GB 50180—2018 《老年人照料设施建筑设计标准》JGJ 450—2018 《无障碍设计规范》GB 50763—2012 《建筑设计防火规范》GB 50016—2014（2018 年版） |
| | 老年人公寓 | ▲ | △ | | 为老年人提供以餐饮、休闲娱乐为主的生活照料服务和综合管理服务 | | |
| 养老社区内配套的养老设施 | 养老院 | ▲ | △ | 轻度失能中度失能重度失能 | 为老人提供生活照料、康复护理、精神慰藉、文化娱乐等专业服务 | 内廊式或外廊式、建筑高度不宜大于 32m，不应大于 54m | 《老年人照料设施建筑设计标准》JGJ 450—2018 《无障碍设计规范》GB 50763—2012 《建筑设计防火规范》GB 50016—2014（2018 年版） 《社区老年人日间照料中心服务基本要求》GB/T 33168—2016 |
| | 老年养护院 | ▲ | △ | | | | |
| | 老年日间照料中心 | △ | ▲ | 能力完好轻度失能中度失能 | 依托社区建设，提供老年餐桌、上门居家服务等 | | |

注：（1）表中▲为应配建，△为宜配建。服务人口为城镇集中区内的规划常住人口；表中未涉及的养老建筑配建项目可根据城镇社区发展需要增补。

（2）养老社区中适老化住宅设计其日照、电梯、楼梯、居室空间可参考《老年人照料设施建筑设计标准》及《无障碍设计标准》，须满足适老化居住使用需求

**12.2.2　配建要求**

养老建筑配建要求宜符合表 12.2.2 规定。

养老建筑配建设计要求

表 12.2.2

| 项目 | 内容 | 设 计 要 点 | 规范、标准依据 |
|---|---|---|---|
| 建筑布局 | 要求 | 老年人设施布局应符合当地老年人口的分布特点，并宜靠近居住人口集中的地区布局。建筑设计应为未来发展和运营调整提供改造的可能性 | 《城镇老年人设施规划规范》GB 50437—2007 第 4.2.1 条 《老年人照料设施建筑设计标准》JGJ 450—2018 第 3.0.4 条 |
| | 总平面 | 总平面应根据养老建筑的不同类型进行合理布局，功能分区、动静分区应明确 | 《老年人照料设施建筑设计标准》JGJ 450—2018 第 4.2.1 条、第 4.4.1 条 |
| | | 总平面布置应进行场地景观环境和园林绿化设计 | |
| | 用地 | 老年养护院、养老院用地宜独立设置，独立占地的养老建筑的建筑密度不宜大于 30%，场地内建筑宜以多层为主 | 《城镇老年人设施规划规范》GB 50437—2007 第 4.2.2 条、第 5.1.3 条 |
| | 日照 | 间距及日照应符合现行国家标准的规定及当地城市的规划要求 | |
| | 消防 | 老年人照料设施与其他建筑上下组合时，老年人照料设施宜设置在建筑的下部 | 《建筑设计防火规范》GB 50016—2014（2018 年版）第 5.4.4A 条、第 6.2.2 条 |
| | | 与其他建筑合建时，老年人照料设施部分应与其他场所进行防火分隔，应采用耐火极限不低于 2.00h 的防火墙和 1.00h 的楼板与其他场所或部位分隔 | |
| 场地设计 | 要求 | 老年人设施场地内直接为老年人服务的各类设施均应进行无障碍设计，并应符合《无障碍设计规范》GB 50763 的规定 | 《城镇老年人设施规划规范》GB 50437—2007 第 5.2.1 条～第 5.2.3 条 |
| | | 场地应人车分行，并应设置公共停车位 | |
| | | 室外活动场地应平整防滑、排水畅通，坡度不应大于 2.5% | |
| | | 全日照料设施应为老年人设室外活动场地；老年人日间照料设施宜为老年人设室外活动场地 | 《老年人照料设施建筑设计标准》JGJ 450—2018 第 4.3.1 条、第 4.3.2 条 |
| | | 老年人集中的室外活动场地应与满足老年人使用的公用卫生间邻近设置 | |
| 道路交通 | 出入口 | 建筑基地及建筑物的主要出入口不宜开向城市主干道。货物、垃圾、殡葬等运输宜设置单独的通道和出入口 | 《老年人照料设施建筑设计标准》JGJ 450—2018 第 4.2.2 条、第 4.2.4 条 |
| | | 道路系统应保证救护车辆能停靠在建筑的主要出入口处，且应与建筑的紧急送医通道相连 | |
| | 动线 | 交通组织应便捷流畅，满足消防、疏散、运输要求的同时应避免车辆对人员通行的影响 | 《老年人照料设施建筑设计标准》JGJ 450—2018 第 4.2.3 条 |
| 绿化景观 | 要求 | 养老建筑场地范围内的绿地率新建不应低于 40%，扩建和改建不应低于 35%，集中绿地内可统筹设置少量老年人活动场地 | 《城镇老年人设施规划规范》GB 50437—2007 第 5.3.1 条～第 5.3.3 条 《老年人照料设施建筑设计标准》JGJ 450—2018 第 4.2.2 条 |
| | | 绿化植物选择应适应当地气候、土壤条件及植物多样性要求，不应对老年人生活和健康造成危害 | |
| | | 设置观赏水景水池时，应有安全提示与安全防护措施 | |
| 停车场 | 要求 | 应设置机动车和非机动车停车场，停车场距建筑物主要出入口应设置无障碍标识，并满足无障碍要求 | 《老年人照料设施建筑设计标准》JGJ 450—2018 第 4.2.5 条 |
| | | 应结合绿化合理布置，可利用乔木遮阳 | |
| | | 应将通行方便、行走距离路线最短的停车位设为无障碍机动车位或无障碍停车下客点，并与无障碍人行道相连 | 《无障碍设计规范》GB 50763—2012 第 3.14.1 条 《民用建筑设计统一标准》GB 50352—2019 第 5.2.5 条 |
| | 排水坡度 | 停车场地应满足排水要求，排水坡度不应小于 0.3% | |
| | 数量 | 应设置无障碍停车位，且设置要求和停车位数量应符合现行国家标准《无障碍设计规范》GB 50763 的相关规定 | |

### 12.2.3 建设规模及指标

养老建筑建设规模及指标宜符合表 12.2.3 规定。

养老建筑建设标准及要求　　　　　　　表 12.2.3

| 类　　别 | | 服务内容 | 配建规模及要求 | 配建指标 | | 规范、标准依据 |
|---|---|---|---|---|---|---|
| | | | | 建筑面积<br>（m²/床） | 用地面积<br>（m²/床） | |
| 养老社区 | 适老化住宅 | 老年人为核心的家庭专用住宅及家庭住宅进行适老化 | 居住建筑应按每100套住房设置不少于2套无障碍住房；<br>建设规模根据用地属性及城市规划而定 | — | — | 《无障碍设计规范》GB 50763—2012 第 7.4.3 条 |
| | 养老公寓 | 为老年人提供居家式生活起居、餐饮服务、文化娱乐、保健服务等 | 养老公寓的配建要求国家无统一规定，可根据当地规划要求执行 | — | — | |
| 养老社区内配套的养老设施 | 养老院 | 对自理、介助和介护老年人给予生活起居、餐饮服务、医疗保健、文化娱乐等综合服务 | （1）宜临近医疗卫生、文体等公共服务设施布局；<br>（2）建设规模不宜少于 20 床 | ≥35 | 18～44 | 《城镇老年人设施规划规范》GB 50437—2007 第 3.2.4 条 |
| | 老年养护院 | 对自理、介助和介护老年人给予生活起居、餐饮服务、康复娱乐、心理疏导、临终关怀等服务 | （1）宜临近医疗卫生、文体等公共服务设施布局；<br>（2）建设规模不宜少于 20 床 | ≥35 | 18～44 | |
| | 老年日间照料中心、托老所 | 老年人日托服务，包括餐饮、文娱、健身、医疗保健等 | （1）宜与社区服务设施统筹建设；<br>（2）服务半径不宜大于 300m | 350～750m²/处 | — | 《城镇老年人设施规划规范》GB 50437—2007 第 3.2.6 条 |

注：1. 养老院、老年养护院应按所在地城市规划常住人口规模配置，每千名老人不应少于 40 床；

2. 老年人设施应分区、分级设置，人均用地不应少于 0.1m²；

3. 服务人口为 5 万～10 万人时，养老院、老年养护院配建要求和指标应符合表 12.2.3 的规定；服务人口为 0.5 万～1.2 万人时，老年人日间照料中心配建要求和指标应符合表 13.2.3 的规定

# 12.3　选址及规划布局

项　目　选　址　　　　　　　　　　表 12.3.1

| 类　　别 | 技 术 要 求 | 规范、标准依据 |
|---|---|---|
| 项目选址 | 养老社区应选择在地形平坦、自然环境较好、阳光充足、通风良好、环境安静、具有良好基础设施条件的地段布置 | 《城镇老年人设施规划规范》GB 50437—2007（2018 年版）第 4.2.1 条、第 4.2.2 条 |

续表

| 类　别 | 技　术　要　求 | 规范、标准依据 |
|---|---|---|
| 项目选址 | 社区的养老设施便于利用周边的生活、医疗等社会公共服务设施 | 《老年养护院建设标准》建标 144—2010 第十四条 3 条 |
| | 应选择在交通便捷、方便可达的地段布置，但应避开对外公路、快速路及交通量大的交叉路口等地段 | 《城镇老年人设施规划规范》GB 50437—2007（2018 年版）第 4.2.3 条 |
| | 应远离污染源、噪声源及易燃、易爆、危险品生产、储运的区域 | 《城镇老年人设施规划规范》GB 50437—2007（2018 年版）第 4.2.4 条 |
| | 社区的养老设施布局应符合当地老年人口的分布特点，并宜靠近居住人口集中的地区布局 | 《城镇老年人设施规划规范》GB 50437—2007（2018 年版）第 4.1.1 条 |
| | 养老社区宜设于居住区，与社区医疗急救、体育健身、文化娱乐、供应服务、管理设施组成健全的生活保障网络系统，便于利用周边公共服务设施，节约用地及设施的共享，但应相对独立 | |

规　划　布　局　　　　　　　　　　　　　　　表 12.3.2

| 类　别 | 技　术　要　求 | 规范、标准依据 |
|---|---|---|
| 建筑布局 | 老年人用房的建筑朝向和间距应符合现行国家标准《城市居住区规划设计标准》GB 50180 的规定 | |
| | 独立占地的养老建筑建筑密度不应大于 30% | 《老年养护院建设标准》建标 144—2010 第十六条 |
| 场地与道路 | 养老建筑室外活动场地应平整防滑、排水畅通，坡度不应大于 2.5% | 《老年人照料设施建筑设计标准》JGJ 450—2018 第 4.3.1 条第 3 点 |
| | 养老建筑场地内应人车分行，并在靠近出入口处应考虑一定量的公共停车位 | 《城镇老年人设施规划规范》GB 50437—2007（2018 年版）第 5.2.2 条 |
| | 场地内直接为老年人服务的各类设施均应进行无障碍设计，并应符合《无障碍设计规范》GB 50763 的规定 | |
| 场地绿化 | 独立占地的养老建筑场地范围内的绿地率，新建不应低于 40%，扩建和改建不应低于 35%，居住用地中有养老设施要求的不应低于 30% | 《城镇老年人设施规划规范》GB 50437—2007（2018 年版）第 5.3.1 条 |
| | 集中绿地内可统筹设置少量老年人活动场地 | 《城镇老年人设施规划规范》GB 50437—2007（2018 年版）第 5.3.2 条 |
| | 绿化植物选择应适应当地气候、土壤条件及植物多样性要求，不应对老年人生活和健康造成危害 | 《城镇老年人设施规划规范》GB 50437—2007（2018 年版）第 5.3.3 条 |
| 室外活动场地 | 室外设施应满足老年人安全需要，临水和临空的活动场所、踏步及坡道等设施，应设置安全护栏、扶手及照明设施 | 《城镇老年人设施规划规范》GB 50437—2007（2018 年版）第 5.4.1 条 |
| | 室外休憩设施宜设置在向阳避风处，并应设置遮阳、防雨设施 | 《城镇老年人设施规划规范》GB 50437—2007（2018 年版）第 5.4.2 条 |

| 类　别 | 技 术 要 求 | 规范、标准依据 |
|---|---|---|
| 室外活动场地 | 老年人集中活动场地附近应结合老年人活动人数设置公共厕所或公共卫生间。公共卫生间宜与邻近建筑统筹建设。公共厕所或公共卫生间应采取适老化措施 | 《城镇老年人设施规划规范》GB 50437—2007（2018 年版）第 5.4.5 条 |
| 出入口选择 | 建筑基地及建筑物的主要出入口不宜开向城市主干道 | 《老年人照料设施建筑设计标准》JGJ 450—2018 第 4.2.2 条 |
| | 货物、垃圾、殡葬等运输宜设置单独的通道和出入口 | 《老年人照料设施建筑设计标准》JGJ 450—2018 第 4.2.2 条 |
| 总图功能 | 社区的养老设施建筑总平面应根据设施的不同类型进行合理布局，功能分区、动静分区应明确，以达到方便使用、减少干扰的目的 | 《老年人照料设施建筑设计标准》JGJ 450—2018 第 4.2.1 条 |

# 12.4　设计内容及要求

## 12.4.1　要求

专 门 要 求　　　　　　　　　　表 12.4.1

| 类　别 | 技 术 要 求 | 规范、标准依据 |
|---|---|---|
| 安全疏散 | 老年人建筑人员疏散应符合现行国家标准《建筑设计防火规范》GB 50016—2014（2018 年版）的规定<br>　每个照料单元的用房及附属空间都不应跨越防火分区或防火单元<br>　老年人用房的厅、廊、房间如设置休息座椅或休息区、布设管道设施、挂放各类物件等形成的突出物应有防刮碰的保护措施<br>　建筑出入口至机动车道路之间应留出满足安全疏散的缓冲空间<br>　老年人用房与救护车辆停靠的建筑物出入口之间的通道，应满足紧急送医需求。就医通道设置应满足担架抬行和轮椅推行的使用需求 | 《老年人照料设施建筑设计标准》JGJ 450—2018 第 6.3 条 |

室内环境与装修／声环境：

老年人建筑的声环境设计宜利用自然声创造良好的整体环境，并利用环境声景改善老年人的生活环境

老年人的建筑应位于现行国家标准《声环境质量标准》GB 3096 规定的 0 类、1 类或 2 类声环境功能区

老年人居室和老年人休息室不应与电梯井道、有噪声振动的设备机房等相邻布置；老年人用房允许噪声级应符合下表的规定

老年人用房室内的允许噪声级

| 房间类别 | | 允许噪声级（等效连续 A 声级，dB） | |
|---|---|---|---|
| | | 昼间 | 夜间 |
| 生活用房 | 居室 | ≤ 40 | ≤ 30 |
| | 休息室 | ≤ 40 | |
| 文娱与健身用房 | | ≤ 45 | |
| 康复与医疗用房 | | ≤ 40 | |

规范、标准依据：《老年人照料设施建筑设计标准》JGJ 450—2018 第 6.5 条

续表

| 类　别 | | 技　术　要　求 | 规范、标准依据 |
|---|---|---|---|
| 室内环境与装修 | 光环境 | 老年人居室、单元起居厅、餐厅、文娱与健身用房宜设置备用照明，照度值不应低于该场所一般照明照度标准值的10% | 《老年人照料设施建筑设计标准》JGJ 450—2018 第7.3.1条 |
| | | 老年人居住建筑的主要用房应充分利用天然采光，主要用房的采光窗洞口与该房间的地面面积之比，不宜小于下表的规定<br><br> 老年人用房窗地比 <br><table><tr><td>房间名称</td><td>窗地比（$A_c/A_d$）</td></tr><tr><td>单元起居厅、老年人集中使用的餐厅、居室、休息室、文娱与健身用房、康复与医疗用房</td><td>≥1：6</td></tr><tr><td>公用卫生间、盥洗室</td><td>≥1：9</td></tr></table><br>注：$A_c$—窗洞口面积；$A_d$—地面面积 | 《老年人照料设施建筑设计标准》JGJ 450—2018 第5.7.1条 |
| | 室内装修 | 室内装饰装修材料的选择应符合现行国家标准《民用建筑工程室内环境污染控制规范》GB 50325 的规定<br>老年人建筑室内装修设计宜与建筑设计结合，实行一体化设计<br>室内色彩应有利于营造温馨、宜居的环境氛围，宜以暖色调为主<br>室内部品与家具布置应安全稳固，适合老年人生理特点和使用需求 | 《老年人照料设施建筑设计标准》JGJ 450—2018 第6.2条 |

## 12.4.2　适老化设计要点

室外空间适老化设计要点　　　　　　　　　　　　　　　　表 12.4.2-1

| 项目 | 内　容 | | | 设　计　要　点 | 规范、标准依据 |
|---|---|---|---|---|---|
| 室外空间 | 室外场地及道路 | 集中活动场地 | 要求 | 老年人活动场地位置宜选择在向阳、避风处，避免与车辆交通空间交叉 | 《老年人照料设施建筑设计标准》JGJ 450—2018 第4.3.1条 |
| | | | | 活动场地位置宜选择在向阳、避风处，并保证场地能获得日照 | |
| | | 道路 | 宽度 | 不宜<1.50m，供轮椅交错通行或多人并行的局部宽度应达到1.80m以上 | 《无障碍设计规范》GB 50763—2012 第3.5.1条<br>《老年人照料设施建筑设计标准》JGJ 450—2018 第5.6.3条 |
| | | | 坡度 | 不应>2.5%，当坡度>2.5%时，变坡点应予以提示，并宜设置扶手 | 《老年人照料设施建筑设计标准》JGJ 450—2018 第4.3.1条 |
| | | | 地面 | 地面防滑等级及防滑安全程度应符合《老年人照料设施建筑设计标准》JGJ 450—2018 第6.1.6条的规定 | 《老年人照料设施建筑设计标准》JGJ 450—2018 |
| | 日照 | | 要求 | 老年人居住用房应布置在日照充足、通风良好的地段；日照标准不应低于冬至日日照时数2h；当居室日照标准低于冬至日日照时数2h时，日照标准应按下列规定之一确定 | 《老年人照料设施建筑设计标准》JGJ 450—2018 第5.2.1条 |
| | | 生活单元 | 日照时数 | 同一生活单元内至少1个居住空间日照标准不应低于冬至日日照时数2h | |

续表

| 项目 | 内 容 | | 设 计 要 点 | 规范、标准依据 |
|---|---|---|---|---|
| 室外空间 | 照料单元 | 日照时数 | 同一照料单元内的单元起居厅日照标准不应低于冬至日日照时数 2h | 《老年人照料设施建筑设计标准》JGJ 450—2018 第 5.2.1 条 |
| | 出入口 | 轮椅坡道 | 有高差时，应设置轮椅坡道 | |
| | | 要求 | 主要出入口应为无障碍出入口，宜设置为平坡出入口。主要出入口设置台阶时，台阶两侧宜设置扶手 | 《无障碍设计规范》GB 50763—2012 第 8.5.2 条 |
| | | 宽度 | 净宽度不应＜1.00m，轮椅坡道起点、终点和中间休息平台的水平长度不应＜1.50m | 《无障碍设计规范》GB 50763—2012 第 3.4.2 条、第 3.4.6 条 |
| | | 坡度 | 平坡出入口的地面坡度不应大于 1/20，有条件时不宜大于 1/30 | 《老年人照料设施建筑设计标准》JGJ 450—2018 第 5.6.2 条 |
| | | | 坡度不应＞1/12；最低坡度不应＜1：8，水平长度不应＜2.40m | 《无障碍设计规范》GB 50763—2012 第 3.4.4 条 |
| | | | 当高度超过 300mm 且坡度大于 1：20 时，应在两侧设置扶手，坡道与休息平台的扶手应保持连贯 | 《无障碍设计规范》GB 50763—2012 第 3.4.3 条 |

无障碍坡道图示：

| | 台阶 | 要求 | 踏步应防滑，三级及三级以上的台阶应在两侧设置扶手 | 《无障碍设计规范》GB 50763—2012 第 3.6.2 条 |
|---|---|---|---|---|
| | | | 台阶上行及下行的第一阶宜在颜色或材质上与其他阶有明显区别 | |
| | | 踏步尺寸 | 室外台阶（踏步高）≤0.15m，（踏步宽）≥0.30m，并不应＜100mm | |
| | 出入口 | 要求 | 严禁采用旋转门 | 《老年人照料设施建筑设计标准》JGJ 450—2018 第 5.6.2 条 |
| | | | 养老建筑内每个防火分区或一个防火分区的每个楼层，其安全出口的数量不应少于 2 个 | 《建筑设计防火规范》GB 50016—2014 第 5.5.8 条 |
| | | | 无障碍出入口的上方应设置雨棚 | 《无障碍设计规范》GB 50763—2012 第 3.3.2 条 |

续表

| 项目 | 内 容 | | 设 计 要 点 | 规范、标准依据 |
|---|---|---|---|---|
| 室外空间 | 出入口 | 出入口 宽度 | 建筑主要出入口的门不应小于 1.10m | 《老年人照料设施建筑设计标准》JGJ 450—2018 第5.7.3条 |
| | | | 无障碍出入口的平台的净深度不应≤1.50m<br>无障碍出入口的门厅、过厅如设置两道门，门扇同时开启时两道门的间距不应小于1.50m | 《无障碍设计规范》GB 50763—2012 第3.3.2条 |
| | | 地面 | 建筑出入口的地面、台阶、踏步、坡道等均应采用防滑材料铺装，应有防止积水的措施，严寒、寒冷地区宜采取防结冰措施 | |

室内空间适老化设计要点

表 12.4.2-2

| 项目 | 内 容 | | 设 计 要 点 | 规范、标准依据 |
|---|---|---|---|---|
| 室内空间 | 公共空间 | 公共餐厅 要求 | 单人座椅应可移动且牢固稳定，餐桌应便于轮椅老年人使用<br>空间布置应能满足餐车进出、送餐到位服务的需要，并应为护理人员留有分餐、助餐空间 | 《老年人照料设施建筑设计标准》JGJ 450—2018 第5.2.6条 |
| | | 餐位数 | 护理型机构：按服务床位×40%配置<br>非护理型机构：按服务床位×70%配置<br>日间照料：按服务床位100%配置 | |
| | | 餐厅面积 | 护理型机构：餐位每座使用面积≤4.00m² | |
| | | 公共餐厅 餐厅面积 | 非护理型机构：餐位每座使用面积≤2.50m²<br>日间照料：每座使用面积≤2.50m² | 《老年人照料设施建筑设计标准》JGJ 450—2018 第5.2.6条 |
| | | 公共卫生间 要求 | 应与单元起居厅或老年人集中使用的餐厅邻近设置<br>每个公用卫生间内至少应设1个供轮椅老年人使用的无障碍厕位，或设无障碍卫生间 | 《老年人照料设施建筑设计标准》JGJ 450—2018 第5.2.8条 |
| | | 无障碍厕位 | 尺寸宜做到2.00m×1.50m，不应小于1.80m×1.00m | 《无障碍设计规范》GB 50763—2012 第3.9.2条 |
| | 公共空间 | 公共浴室 要求 | 当居室卫生间未设洗浴设施时，应集中设置浴室 | 《老年人照料设施建筑设计标准》JGJ 450—2018 第5.2.10条 |
| | | | 浴室内应配备助浴设施，并应留有助浴空间 | |
| | | | 应附设无障碍厕位、无障碍盥洗盆或盥洗槽，并应附设更衣空间 | |
| | | | 浴室地面应防滑、不积水 | 《无障碍设计规范》GB 50763—2012 第3.10.1条 |
| | | | 浴室内部应能保证轮椅进行回转，回转直径不＜1.50m | |
| | | 数量 | 每8～12床设1个浴位，轮椅老年人的专用浴位不应少于总浴位数的30%，且不应少于1个 | 《老年人照料设施建筑设计标准》JGJ 450—2018 第5.2.10条 |

续表

| 项目 | 内 容 | | 设 计 要 点 | 规范、标准依据 |
|---|---|---|---|---|
| 室内空间 | 居室空间 | 入户空间<br><br>要求 | 入户门把手一侧的墙面，应设宽度不＜400mm 的墙面<br>入户门扇内外应留有直径不＜1.50m 的轮椅回转空间 | 《无障碍设计规范》GB 50763—2012 第 3.5.3 条 |
| | | 门宽 | 入户门不应＜0.80m，有条件时，不宜＜0.90m<br>护理型床位居室的门不应＜1.10m | 《老年人照料设施建筑设计标准》JGJ 450—2018 第 5.7.3 条 |
| | | 卫生间<br><br>要求 | 当设盥洗、便溺、洗浴等设施时，应留有助洁、助厕、助浴等操作空间<br>应有良好的通风换气措施，地面应防滑、不积水<br>与相邻房间室内地坪不宜有高差；当有不可避免的高差时，不应大于 15mm，且应以斜坡过渡 | 《老年人照料设施建筑设计标准》JGJ 450—2018 第 5.2.7 条 |
| | | 面积 | 卫生间面积不应＜4.00m² | 《无障碍设计规范》GB 50763—2012 第 3.12.4 条 |
| | | 面宽 | 通行净宽度不应＜800mm | 《无障碍设计规范》GB 50763—2012 第 3.9.3 条 |

卫生间图示：

设置浴帘，既能够防止水流外溅，又不影响护理人员的辅助操作

淋浴喷头高度可调，能够分别满足坐姿和站姿时的淋浴需求

沿淋浴区墙面设置扶手，供老人在洗浴区移动时握扶，以确保安全。横向扶手距地高度为700mm。纵向扶手顶端距地高度不应小于1400mm

设置浴凳，供老人坐姿洗浴

智能马桶盖插座

镜子不宜过高，以方便使用轮椅的老人能够在镜子中看到自己完整的面容。一般镜子下沿与地面的距离控制在1100～1200mm为宜

洗手池下部留空，以便于使用轮椅的老人接近和使用。水池下方的净高不宜小于650mm，可采用浅水池方便轮椅老人的腿部插入

| | | 餐厨空间<br><br>要求 | 餐厅宜与厨房临近设置，便于老年人取放餐，避免老年人就餐行走过长距离 | |
| | | 尺寸 | 操作台下方净宽和高度都不应＜650mm，深度不应＜250mm | 《无障碍设计规范》GB 50763—2012 第 3.12.4 条 |
| | | | 厨房宜在 1.60m 以上设中部吊柜及地位把手，便于老人使用并放置常用物品 | |

续表

| 项目 | 内 容 | | | 设 计 要 点 | 规范、标准依据 |
|---|---|---|---|---|---|
| 室内空间 | 居住空间 | 厨房图示： 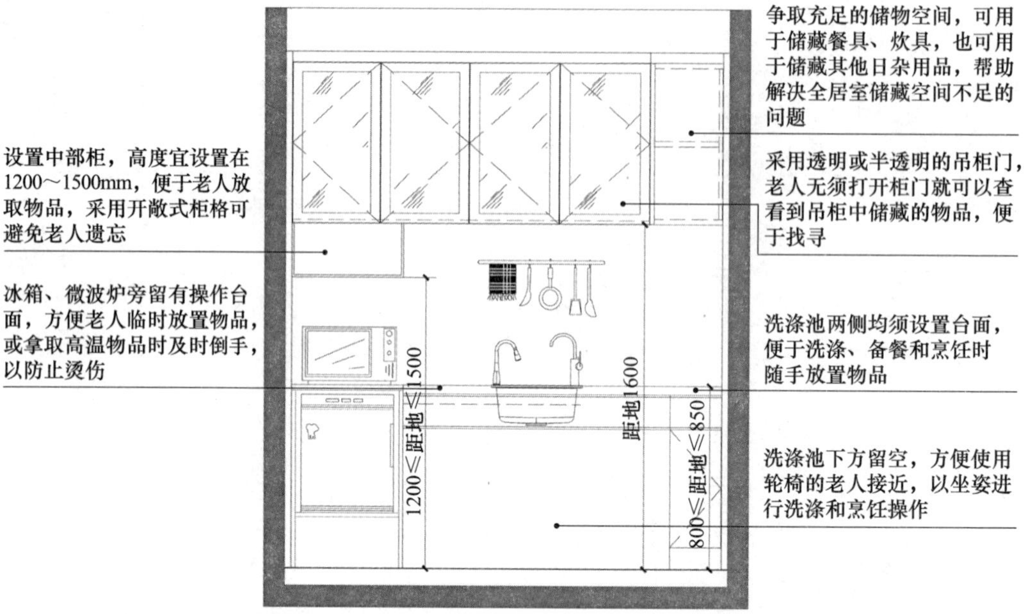 | | | |
| | | 居住空间 | 要求 | 应留有轮椅回转空间<br>宜设置紧急呼叫可对讲按钮，便于老人随时呼叫、应急响应<br>门窗应采取安全防护措施及方便老年人辨识的措施 | 《老年人照料设施建筑设计标准》JGJ 450—2018 第 5.2.3 条 |
| | | | 使用面积 | 单人间居室不应＜10.00m²，双人间居室不应＜16.00m² | |
| | | | 层高 | 净高不宜低于2.40m，最低处距地面不应低于2.10m，且低于2.40m高度部分面积不应大于室内使用面积的1/3 | |
| | | | 尺寸 | 主要通道的净宽不应小于1.05m，床边留有护理、急救操作空间，相邻床位的长边间距不应小于0.80m | |
| | 交通空间 | 走廊 | 宽度 | 老年人使用的走廊，通行净宽不应＜1.80m，确有困难时不应＜1.40m；当走廊的通行净宽≥1.40m且＜1.80m时，走廊中应设通行净宽不≤1.80m的轮椅错车空间，错车空间的间距不宜≥15.00m | 《老年人照料设施建筑设计标准》JGJ 450—2018 第 5.6.3 条 |
| | | 电梯 | 要求 | 二层及以上楼层、地下室、半地下室设置老年人用房时应设电梯，电梯应为无障碍电梯，且至少1台能容纳担架<br>老年人居室使用的电梯，每台电梯服务的设计床位数不应≥120床<br>老人建筑宜选用病床专用电梯 | 《老年人照料设施建筑设计标准》JGJ 450—2018 第 5.6.4 条、第 5.6.5 条 |

续表

| 项目 | 内　　容 | | 设　计　要　点 | 规范、标准依据 |
|---|---|---|---|---|
| 室内空间 | 交通空间 | 电梯　轿厢尺寸 | 最小规格深度不应＜1.40m，宽度不应＜1.10m<br>厢门开启的净宽度不应＜800mm<br>在轿厢的侧壁上应设高0.90～1.10m带盲文的选层按钮<br>轿厢的三面壁上应设高850～900mm扶手 | 《无障碍设计规范》GB 50763—2012第3.7.1条、第3.7.2条 |
| | | 楼梯　要求 | 禁采用弧形楼梯和螺旋楼梯 | 《老年人照料设施建筑设计标准》JGJ 450—2018第5.6.6条 |
| | | | 应采用防滑材料饰面，所有踏步上的防滑条、警示条等附着物不应突出踏面 | |
| | | | 不应采用无踢面和直角形突缘的踏步 | 《无障碍设计规范》GB 50763—2012第3.6.1条 |
| | | 踏步尺寸 | 老年人住宅建筑的楼梯（踏步高）≤0.15m，（踏步宽）≥0.30m | 《老年人照料设施建筑设计标准》JGJ 450—2018第5.2.3条 |
| | | | 老年人公共建筑的楼梯（踏步高）≥0.13m，（踏步宽）≤0.32m | 《民用建筑设计统一标准》GB 50352—2019第6.8.10条 |
| | | 通行宽度 | 梯段通行净宽不应＜1.20m，各级踏步应均匀一致，楼梯缓步平台内不应设置踏步 | 《老年人照料设施建筑设计标准》JGJ 450—2018第5.6.7条 |

**参考文献：**

［1］老年人照料设施建筑设计标准 JGJ 450—2018.

［2］建筑设计防火规范 GB 50016—2014（2018年版）.

［3］城镇老年人设施规划规范 GB 50437—2007（2018年版）.

［4］民用建筑设计统一标准 GB 50352—2019.

［5］无障碍设计规范 GB 50763—2012.

［6］老年养护院建设标准（建标144—2010）.

［7］社区老年人日间照料中心服务基本要求 GB/T 33168—2016.

［8］社区老年人日间照料中心建设标准（建标143—2010）.

［9］住宅设计规范 GB 50096—2011.

［10］民用建筑工程室内环境污染控制规范 GB 50325—2010（2013年版）.

［11］建筑防烟排烟系统技术标准 GB 51251—2017.

［12］养老设施建筑设计详解 1.

［13］养老设施建筑设计详解 2.

# 13 城市更新

## 13.1 珠三角城市更新政策流程

珠三角城市更新政策流程 表 13.1

| 地区 | 主要政策文件 | 工作流程 | |
|---|---|---|---|
| 深圳市 | 《深圳市城市更新办法》《深圳市城市更新办法实施细则》 | 城市更新单元计划 | 以城市更新单元为基本单位，通过更新单元计划，划定拆除范围，明确申报主体、更新意愿、更新方向以及公共利益项目用地等内容 |
| | | 土地及建筑物信息核查 | 主管部门对城市更新单元范围内土地的性质、权属、功能、面积等进行核查，并对地上建筑物的性质、面积等信息进行核查和汇总 |
| | | 编制城市更新单元规划 | 对城市更新单元的目标定位、更新模式、土地利用、开发建设指标、公共配套设施、道路交通、市政工程（含地下综合管廊）、城市设计、利益平衡等方面作出细化规定，明确更新单元规划强制性内容和引导性内容，明确城市更新单元实施的规划要求，协调各方利益，落实城市更新目标和责任 |
| | | 确认实施主体，制定实施方案 | 更新单元实施方案应当包括更新单元内项目的基本情况、进度安排、单一主体形成指导方案、搬迁补偿安置指导方案、搬迁及建筑物拆除进度安排、监管措施等相关内容 |
| 广州市 | 《广州市城市更新办法》《广州市城市更新办法配套文件》 | 项目申报 | 申请纳入标图建库，确定改造范围，更新意愿收集，申请纳入城市更新年度计划 |
| | | 项目方案编制 | 纳入城市更新片区实施计划的区域，应当编制片区策划方案。包括：城市更新片区发展定位、功能布局、产业方向；具体范围、更新目标、更新模式和方式、拆迁补偿总量和规划控制指标；城市设计指引；实施经济分析及资金来源安排；分期实施时序、资金安排建议；历史文物资源及保护方案等 |
| | | | 片区策划方案经市城市更新领导机构审定后，由区政府按照规定组织编制项目实施方案。<br>项目实施方案明确现状调查成果、改造范围、用地界址、地块界线、复建和融资建筑量、改造成本、资金平衡、产业项目、用地整合、拆迁补偿安置、农转用报批、建设时序、社会稳定风险评估等内容 |
| | | 项目方案审核 | 方案审核、完善历史用地手续 |
| | | 项目方案批复 | 方案批复、社会风险评估、项目实施方案公告 |
| | | 项目方案批后实施阶段 | 引入合作企业，区政府集中受理行政审批申请 |

| 地区 | 主要政策文件 | 工作流程 | |
|---|---|---|---|
| 东莞市 | 东莞市人民政府关于印发《关于深化改革全力推进城市更新提升城市品质的意见》的通知 | 更新单元划定 | 编制更新单元划定方案，提出单元改造目标，明确更新范围、更新方向，依据上层次规划提出应在单元内配建的公共设施的内容、用地规模、建设主体和移交方式等 |
| | | 改造主体确认 | 核查和确认不动产权益、征询不动产权益人意愿、拟定拆迁补偿方案、确定政府综合收益、编报挂牌招商方案 |
| | | 实施方案编制 | 编制"1＋N"总体实施方案，由一份请示和原更新单元（项目）审批涉及前期研究报告、改造方案、征地报批方案、收储方案、收地方案、供地方案等若干份方案（报告）构成 |
| | | 供地实施监管 | 支付款项、查处建筑、平整土地、产权注销、市自然资源部门出具用地批复、市土地储备机构办理入库、地价款分配 |
| 佛山市 | 《佛山市人民政府办公室关于深入推进城市更新（"三旧"改造）工作的实施意见（试行）》 | 更新单元计划 | 更新单元划定、更新必要性论证、功能定位研究、城市更新方案说明、控制性详细规划强制性内容符合性分析、公益性责任分析、控制性详细规划调整说明 |
| | | 更新单元规划 | 明确更新项目的具体范围、更新目标、更新模式、开发时序和规划控制指标；基础设施、公共服务设施和其他用地的功能、产业方向及布局；容积率论证方案；城市更新单元所在街坊范围内公益性设施整体统筹方案、建设容量总体平衡方案；城市设计指引 |
| | | 实施方案 | 改造地块基本情况、规划情况、土地利用现状情况、协议补偿方案、土地整合方案以及征收方案、拆迁安置方案、分期建设方案、公益性设施及用地建设和移交方案、实施主体形成方案、完善历史用地方案、社会风险评估等 |
| | | | 确定实施主体，由实施主体负责落实改造项目方案 |
| 珠海市 | 《珠海经济特区城市更新管理办法》《珠海市城市更新项目申报审批程序指引（试行）》 | 预审阶段 | 基础数据核查及申报主体资格认定：确定更新单元意向范围、核查土地权属、现状建设、房地产权益和城市更新意愿、更新类型、更新方向 |
| | | | 城市更新单元划定及规划编制指导：划定拆除范围、重建范围和补公用地以及保留范围、村民房屋面积认定、历史用地或历史建筑处置、搬迁补偿安置协议、产业布局初步方案 |
| | | 正式报批阶段 | 城市更新单元规划及其他事项审批：城市更新单元规划草案、供地方案、公共服务设施论证、景观风貌评估、历史文物资源保护、交通评估、产业布局方案、同一控制性详细规划编制单元调整 |
| | | | 实施主体资格认定、项目实施方案核准及监管协议签订 |

| 地区 | 主要政策文件 | 工 作 流 程 | |
|---|---|---|---|
| 中山市 | 《中山市"三旧"改造实施办法》《中山市"三旧"改造实施细则（修订）》 | 前期工作 | 开展土地房屋现状情况、改造意愿摸查统计以及实施改造的可行性前期研究等，确定改造范围，初拟改造方案 |
| | | | 纳入年度实施计划 |
| | | 改造项目实施 | 编制片区策划方案及项目单元规划：编制改造项目规划方案、拟定补偿安置方案。对改造项目方案符合规划技术规范和公共配套设施等基本要求的，镇区应当统筹组织编制改造单元规划 |
| | | | 编制改造方案：改造主体编制"三旧"改造方案，优化设计方案、细化补偿安置方案等，并公开阐述改造思路、介绍有关具体改造方案 |
| | | | 签署项目合作协议，明确项目实施主体 |

# 13.2　深圳市存量土地开发

## 13.2.1　深圳市存量土地开发通用政策

1）开发容量计算

（1）密度分区与容积率（《深圳市城市规划标准与准则》2018 局部修订稿第 4.1.2 条、第 4.3 条；深规划资源规〔2019〕1 号《深圳市拆除重建类城市更新单元规划容积率审查规定》）

城市建设用地密度分区等级基本规定　　　　　　　　表 13.2.1-1

| 密度分区 | 密度一区 | 密度二区 | 密度三区 | 密度四区 | 密度五区 |
|---|---|---|---|---|---|
| 开发建设特征 | 高密度 | 中高密度 | 中密度 | 中低密度 | 低密度 |

注：1. 城市建设用地密度分区不包括机场、港口、核电站等特殊管理地区。

　　2. 深圳市建设用地密度分区指引图见《深圳市城市规划标准与准则》2018 局部修订稿图 4.1.2

各类用地密度分区基准容积率及容积率上限指引表　　　　表 13.2.1-2

| 密度分区 | 居住用地 | | 商业服务业用地基准容积率 | 工业用地基准容积率 | 普通工业用地基准容积率 | 物流用地基准容积率 | 仓储用地基准容积率 |
|---|---|---|---|---|---|---|---|
| | 基准容积率 | 容积率上限 | | | | | |
| 密度一区 | 3.2 | 6.0 | 5.4 | 4.0 | 3.5 | 4.0 | 3.5 |
| 密度二区 | 3.2 | 6.0 | 4.5 | 4.0 | 3.5 | 4.0 | 3.5 |
| 密度三区 | 3.0 | 5.5 | 4.0 | 4.0 | 3.5 | 4.0 | 3.5 |
| 密度四区 | 2.5 | 4.0 | 2.5 | 2.5 | 2.0 | 2.5 | 2.0 |
| 密度五区 | 1.5 | 2.5 | 2.0 | 2.0 | 1.5 | 2.0 | 1.5 |

注：1. 密度三区范围内的居住用地地块若位于地铁站点 500m 范围内的，其容积率上限可按照密度一、二区执行；

　　2. 除机场、码头、港口、核电站等特殊管理地区外，因城市规划调整而出现的密度分区未覆盖地区，用地位于一般地区的原则上应按照相邻片区同等密度分区确定；

　　3. 用地紧邻基本生态控制线等生态敏感地区，原则上应比相邻片区密度分区下降一区确定

（2）容积率（《深圳市城市规划标准与准则》2018 局部修订稿第四章；深规划资源规〔2019〕1 号《深圳市拆除重建类城市更新单元规划容积率审查规定》）

地块容积由基础容积、转移容积、奖励容积三部分组成。

① 地块容积率及地块容积

**地块容积的计算方式**　　　　　　　　　　　　　　　　　　　　　　表 13.2.1-3

| 用地 | 计算公式 | 说明 |
|---|---|---|
| 单一功能用地 | $FA \leqslant FA_{基础} + FA_{转移} + FA_{奖励}$<br><br>$FA_{基础} = FAR_{基准} \times (1 - A1) \times (1 + A2) \times (1 + A3) \times S$ | $FA$—地块容积；$FA_{基础}$—地块基础容积；<br>$FA_{转移}$—地块转移容积；$FA_{奖励}$—地块奖励容积；<br>$FAR_{基准}$—密度分区地块基准容积率；<br>A1—地块规模修正系数；A2—周边道路修正系数；<br>A3—地铁站点修正系数；S—地块面积 |
| 混合功能用地 | $FA_{基础混合} = FA_{基础1} \times K1 + FA_{基础2} \times K2 \cdots$ | $FA_{基础混合}$—该地块各类功能基础容积之和；<br>$FA_{基础1}$、$FA_{基础2}$……—分别为该地块基于各类单一用地功能的地块基础容积；<br>K1、K2……—分别为该地块各类功能的地块基础容积混合修正权重 |

**其他情形下的规划容积**　　　　　　　　　　　　　　　　　　　　表 13.2.1-4

| | 情　形 | 规　定 |
|---|---|---|
| 1 | 规划容积无法满足公共服务设施、交通设施、市政设施承载能力及特色风貌区、生态敏感、核电防护、地质安全、机场限高等特定要求的 | 规划容积应适当降低 |
| 2 | 规划容积按照所在片区已批法定图则确定的开发建设量申报的 | 规划容积可直接依据法定图则确定 |
| 3 | 市政府另有规定、规划容积可适当提高的其他情形 | 应按照相关规定程序批准确定 |
| 4 | 密度分区内涉及特色风貌、生态保护、文物保护、机场净空、微波通道、气象探测环境保护、油气管线防护、危险品仓库、核电站防护等因素的特定地块 | 应按有关规定适当降低地块容积及容积率，通过开展专题研究，按程序批准确定 |
| 5 | 在城市更新、按照等价值评估确定土地安置规模的特定类型的土地整备、经市政府批准的城市设计重点地区、政策性住房用地，经市相关主管部门批准的地下空间规划地区等特定地区，为实现城市综合效益，在满足公共服务设施、交通设施和市政设施等服务能力的前提下 | 具体地块容积及容积率经专题研究后，可在本标准与准则的基础上适当提高，具体规则由市相关主管部门另行制定 |

② 基础容积

地块基础容积是在密度分区确定的基准容积率的基础上，根据微观区位影响条件（地块规模、周边道路和地铁站点等）进行修正的容积部分。

**地块规模修正系数表**　　　　　　　　　　　　　　　　　　　　　表 13.2.1-5

| 用地功能 | 情况一 | | 情况二 | |
|---|---|---|---|---|
| | 基准用地规模 | 修正系数 | 基准用地规模 | 修正系数 |
| 居住用地 | ≤2hm² | 0 | >2hm² | 按超出基准用地规模每 0.1hm² 计 0.005 并累加计算，不足 0.1hm² 按 0.1hm² 修正，最大取值小于等于 0.3 |
| 商业服务业用地 | ≤1hm² | 0 | >1hm² | |
| 普通工业用地 | ≤3hm² | 0 | >3hm² | |
| 新型产业用地 | ≤1hm² | 0 | >1hm² | |
| 仓储用地 | ≤5hm² | 0 | >5hm² | |
| 物流用地 | ≤2hm² | 0 | >2hm² | |

周边道路修正系数                                                                      表 13.2.1-6

| 地块类别 | 一边临路 | 两边临路 | 三边临路 | 周边临路 |
|---|---|---|---|---|
| 修正系数 | 0 | ＋0.1 | ＋0.2 | ＋0.3 |

同一车站的地铁站点修正系数                                              表 13.2.1-7

| | 距离站点（m） | 车站类型 | |
|---|---|---|---|
| | | 多线车站 | 单线车站 |
| 修正系数 | 0～200 | ＋0.7 | ＋0.5 |
| | 200～500 | ＋0.5 | ＋0.3 |

不同车站重叠覆盖的地铁站点修正系数                                表 13.2.1-8

| | a1 | a2 | b1 | b2 |
|---|---|---|---|---|
| a1 | ＋0.7 | ＋0.7 | ＋0.7 | ＋0.7 |
| a2 | ＋0.7 | ＋0.5 | ＋0.5 | ＋0.5 |
| b1 | ＋0.7 | ＋0.5 | ＋0.5 | ＋0.5 |
| b2 | ＋0.7 | ＋0.5 | ＋0.5 | ＋0.3 |

注：1. a1 代表多线车站 0～200m 覆盖范围，a2 代表多线车站 200～500m 覆盖范围；b1 代表单线车站 0～200m 覆盖范围，b2 代表单线车站 200～500m 覆盖范围。

2. 普通工业用地、仓储用地地块不作地铁站点修正。

3. 周边道路修正系数和地铁站点修正系数同时存在时，商业服务业用地、新型产业用地、物流用地地块可进行重复修正，居住用地地块仅选取其中最大值修正。

4. 涉及以下情形的，应按以下规定测算：

| 地块规划为单一用地性质的 | 按主导用途进行测算，其兼容功能不纳入测算 |
|---|---|
| 居住、商业功能的混合用地，地块基础容积测算中居住功能占地块基础容积的比例取值 | 居住功能为第一主导功能的按 60% 取值 |
| | 居住功能为第二主导功能的按 40% 取值 |

测算后，地块最终建筑功能实际比例可依据《深圳市城市规划标准与准则》关于土地混合使用的有关规定具体确定

③ 转移容积

地块转移容积是地块开发因特定条件，如公共服务设施、市政交通设施、历史文化保护、绿地公共空间系统等因公共利益制约而转移的容积部分。

计入转移容积情形                                                                  表 13.2.1-9

| 1 | 城市更新单元拆除用地范围内经核算的实际土地移交用地面积（含无偿移交的历史建筑及历史风貌区用地面积、不含清退用地面积）超出基准土地移交用地面积的，超出的用地面积与城市更新单元基础容积率的乘积作为转移容积 |
|---|---|
| 2 | 根据《深圳市城市更新外部移交公共设施用地实施管理规定》可转移至城市更新单元开发建设用地范围内的建筑面积作为城市更新单元拆除用地范围外的转移容积进行核算 |

注：其中，移交用地具有以下情形之一的，再增加该类型移交用地面积与城市更新单元基础容积率乘积的 30% 计入转移容积：

| | 情　形 | 补　充　说　明 |
|---|---|---|
| 1 | 在法定规划的基础上额外落实或扩大片区所需的小学、初中或九年一贯制学校用地 | 移交用地面积按照额外落实的或扩大的用地面积确定。如法定规划仅规定学校班数而未明确用地面积的，则学校用地面积基数按《深圳市城市规划标准与准则》规定的中间值核算 |
| 2 | 落实高中、综合医院用地 | 移交用地面积按照高中、综合医院用地面积确定 |

续表

| | 情　形 | 补　充　说　明 |
|---|---|---|
| 3 | 在法定规划基础上额外落实占地面积不小于3000m²的文化设施用地 | 移交用地面积按照文化设施用地面积确定 |
| 4 | 保留已纳入市政府公布的深圳市历史风貌区、历史建筑名录或市主管部门认定为有保留价值的历史风貌区或历史建筑，且实施主体承担修缮、整治费用及责任，并将土地及地上建、构筑物产权无偿移交政府 | 规划申报主体应当根据经批准的更新单元规划历史文化保护与利用专项研究要求，制订历史风貌区或历史建筑修缮及整治实施方案报辖区政府（含新区管委会）审定，并由辖区政府（含新区管委会）指定具体部门接收完成修缮整治后的相关产权 |

④ 奖励容积

地块奖励容积是为保障公共利益目的实现而奖励的容积部分。

**拆除重建类更新项目计入奖励容积情形**　　　　　　　　表 13.2.1-10

| | | |
|---|---|---|
| 1 | 开发建设用地中，依据《关于加强和改进城市更新实施工作的暂行措施》《深圳市城市更新项目保障性住房配建规定》和《深圳市城市更新项目创新型产业用房配建规定》等规定配建的安居型商品房、公共租赁住房、人才住房及创新型产业用房等政策性用房，除明确规定计入基础容积的，其余建筑面积计入奖励容积 | |
| 2 | 开发建设用地中，按法定规划及《深圳市城市规划标准与准则》《关于加强和改进城市更新实施工作的暂行措施》等要求落实的附建式公共服务设施、交通设施及市政设施，其建筑面积计入奖励容积 | 社区健康服务中心和社区老年人日间照料中心，按其建筑面积的2倍计入奖励容积 |
| | | 垃圾转运站（含再生资源回收站、环卫工人作息房、公共厕所）和变电站，按其建筑面积的3倍计入奖励容积 |
| 3 | 城市更新单元内为连通城市公交场站、轨道站点或重要的城市公共空间，经核准设置24小时无条件对所有市民开放的地面通道、地下通道、架空连廊，并由实施主体承担建设责任及费用的，按其对应的投影面积计入奖励容积 | |
| 4 | 城市更新单元拆除用地范围内，保留已纳入市政府公布的深圳市历史建筑名录或市主管部门认定有保留价值的历史建筑但不按照《深圳市拆除重建类城市更新单元规划容积率审查规定》第五条第二款第一项要求移交用地的，按保留建筑的建筑面积的1.5倍及保留构筑物的投影面积的1.5倍计入奖励容积。规划申报主体应同时制订历史建筑修缮及整治实施方案报辖区政府（含新区管委会）审定，并由实施主体承担保留建、构筑物的活化和综合整治责任及费用 | |
| 5 | 市政府规定的其他奖励情形 | |

注：1. 上述奖励容积之和不应超出基础容积的30%。因配建安居型商品房、公共租赁住房、人才住房所核算的奖励容积超出基础容积20%的部分可不受本款限制。

2. 在上述规定外增配的安居型商品房、公共租赁住房、人才住房及创新型产业用房等政策性用房，其建筑面积不作为奖励容积

（3）规划容积调整（深规划资源规〔2019〕1号《深圳市拆除重建类城市更新单元规划容积率审查规定》）

已通过市城市更新主管部门或区政府审议并公示的城市更新单元规划容积调整需符合以下规定。

**城市更新单元规划容积调整**　　　　　　　　表 13.2.1-11

| | | |
|---|---|---|
| 1 | 城市更新单元规划获批准两年以内的城市更新项目原则上不予以调整已批规划容积；已签订土地使用权出让合同的城市更新项目，不再按照城市更新相关规则调整已批规划容积 | |
| 2 | 属下列情形之一的，方可申请调整规划容积 | ① 因城市发展所需增配公共服务设施（含非营利性的民办学校）、交通设施、市政设施导致更新单元开发条件发生变化，且除上述设施建筑面积外，不增加其他经营性建筑面积的 |

| | | |
|---|---|---|
| 2 | 属下列情形之一的,方可申请调整规划容积 | ② 因城市公共利益所需参照最新配建标准增配安居型商品房、公共租赁住房、人才住房、创新型产业用房等城市公共利益项目且不增加其他经营性建筑面积的<br>③ 因产业转型升级需要,市政府明确同意项目提高容积率的<br>④ 因法定图则片区功能等发生重大变化导致更新单元开发条件变化的 |

注：1. 上述情形①、②直接在原规划容积基础上增配,不再按照上述条文规定重新核算项目规划容积。

2. 上述情形③、④可按照本规定重新确定项目规划容积,且须严格按照现行规定核定土地贡献率、政策性用房配建比例及配套设施建设责任。

3. 上述情形④涉及增加经营性建筑面积的规划容积调整,相应增加的建筑面积地价按评估地价标准计收

2）保障性住房、人才公寓、创新产业用房配建比例

（1）保障性住房（深建规〔2017〕7号《深圳市人才住房和保障性住房配建管理办法》第八条、第九条；深规土〔2017〕3号《关于规范城市更新实施工作若干问题的处理意见（二）》）

**保障性住房配建情形**　　　　　　　　　　　　　　　　表 13.2.1-12

| | 配 建 方 式 | 适 用 情 形 | 补 充 说 明 |
|---|---|---|---|
| 1 | 集中配建是指配建的人才住房和保障性住房集中布局到整栋、整单元或者连续楼层的某竖向户型 | 项目中的商品房与人才住房和保障性住房户型面积差异偏大 | 采用分散配建方式的项目,人才住房和保障性住房不预先确定坐落及户型,按照所在项目商品住房的同等标准建造,待商品房预售前由监管主体在整个项目中随机抽取选定人才住房和保障性住房房源 |
| | | 配建人才住房和保障性住房建筑面积较大,适合集中单独布局 | |
| | | 城市更新项目中配建的人才住房和保障性住房独立占地 | |
| 2 | 分散配建是指配建的人才住房和保障性住房分散布局在不同的楼栋,包括横向按楼层分散、纵向按单元分散、完全随机分散 | 项目中商品房与人才住房和保障性住房户型面积较接近 | |
| | | 配建人才住房和保障性住房建筑面积较小,不足以成栋或单元 | |

**拆除重建类城市更新单元人才住房和保障性住房配建比例测算表**　　表 13.2.1-13

| | 类　别 | | 基　准　比　例 | 核增、核减比例计算公式 |
|---|---|---|---|---|
| 1 | 项目配建基准比例（$R_基$） | | 一类地区20%；二类地区18%；三类地区15% | — |
| 2 | 核减 | 城中村用地（$r_城$） | 一类地区8%；二、三类地区5% | $r_城 = R_城 \times S_城 / S$ |
| | | 土地移交率（$r_移$） | 土地移交率超过30%但不超过40%,人才住房和保障性住房比例核减2%；土地移交率超过40%,人才住房和保障性住房比例核减3% | $r_移 = 2\%$ 或 $3\%$ |
| 3 | 核增 | 轨道站点500m范围内居住用地（$r_轨$） | 3% | $r_轨 = R_轨 \times S_轨 / S_居$ |
| | | 拆除范围内旧工业区（仓储区）或城市基础设施及公共服务设施用地改造为住宅（$r_工$） | 15% | $r_工 = R_工 \times (S - S_{城国村、旧屋村用地}) \times S_工 / S$ |
| 4 | 更新单元人才住房和保障性住房配建总比例（$R$） | | | $R = R_基 - r_城 - r_移 + r_工 + r_轨$ |

注：1. 公式相关说明具体见《关于城市更新实施工作若干问题的处理意见（二）》附表。

2. 项目拆除重建范围跨多个区域涉及不同配建比例的，根据所在区域的配建要求分别进行核算，加权平均后确定配建比例。

3. 经核算后，项目配建的保障性住房建筑面积超过 30000m² 的，宜在单元范围内安排一定的集中用地进行建设。

4. 项目需配建的保障性住房建筑面积不足 3000m² 的，为便于规划设计和管理，可用作搬迁安置用房，优先用于土地整备、政府组织的城市更新项目的搬迁安置等。

5. 改造方向为新型产业用地的项目，可在开发建设用地内，规划不少于开发建设用地面积 15% 且不超过 20% 的独立的保障性住房用地。

6. 配建类型为公共租赁住房等产权归政府所有的保障性住房的，相应的用地计入城市更新用地移交率。

7. 单一用地性质的二类居住用地允许配套建设的商业，不包括办公、旅馆业建筑和商务公寓。

8. 更新项目中属外部移交用地计入更新项目合法土地面积的部分，不再进行人才住房、安居型商品房、公共租赁住房配建比例的核增或核减

（2）人才公寓配建比例（深府办〔2016〕38 号《关于加强和改进城市更新实施工作暂行措施的通知》）

拆除重建类城市更新项目改造后包含商务公寓，位于《配建规定》确定的一、二、三类地区的，建成后分别将 20%、18%、15% 的商务公寓移交政府，作为人才公寓。上述配建的商务公寓建筑面积的 50% 在城市更新单元规划容积率测算时计入基础建筑面积。

移交政府的商务公寓免缴地价，建成后由政府按照公共租赁住房的回购方式回购，产权归政府所有，纳入全市住房保障体系由住房建设主管部门进行管理。

（3）创新型产业用房配建比例（出自深规土〔2016〕2 号《深圳市城市更新项目创新型产业用房配建规定》）

**拆除重建类项目改造为新型产业用地功能的创新型产业用房配建比例表**　　　　表 13.2.1-14

| 条　　件 | | 配建比例 |
|---|---|---|
| 一般创新性产业用房 | | 12% |
| 城市更新项目位于《深圳经济特区高新技术产业园区条例》适用范围内 | 权利主体为高新技术企业，自行开发的产业升级改造项目 | 10% |
| | 权利主体为非高新技术企业，其与高新技术企业合作开发的产业升级改造项目 | 12% |
| | 权利主体为非高新技术企业，自行开发的产业升级改造项目 | 25% |

注：1. 前海合作区辖区范围内的创新型产业用房配建规定另行制定。

　　2. 城市更新项目配建的创新型产业用房应集中布局，由项目实施主体在项目实施过程中一并建设。项目分期建设的，创新型产业用房原则上应布局在首期

**城市更新项目配建的创新型产业用房产权归属与地价**　　　　表 13.2.1-15

| 条　　件 | 产　权　归　属 | 地　　价 | 备　　注 |
|---|---|---|---|
| 建成后由政府回购的 | 归政府所有 | 免缴地价 | |
| 建成后政府不回购的 | 产权归项目实施主体所有 | 地价按《深圳市城市更新办法实施细则》第五十七条研发用地的基准地价标准的 50% 计收 | 需按照《深圳市创新型产业用房管理办法》规定的对象、价格和方式进行使用和租售 |

3）公共配套设施配建标准（《深圳市城市规划标准与准则》2018 局部修订稿表 5.4.1；深府办〔2016〕38 号《关于加强和改进城市更新实施工作暂行措施的通知》附件 2、附件 3）

拆除重建类城市更新项目配建的社区级非独立占地公共设施应满足法定图则、相关专项规划和《深圳市城市规划标准与准则》要求，涉及的公共设施规模不小于表 13.2.1-16 确定的规模，并在此

基础上增配 50% 且不小于 1000m² 的社区级公共配套用房，具体功能在建设用地规划许可前明确。

公共设施及部分交通设施和市政设施配置标准汇总表　　　　表 13.2.1-16

| 类别 | 序号 | 项目名称 | | 一般规模（m²/处） | | 服务规模（万人） | 配置规定 | 配置要求 |
|---|---|---|---|---|---|---|---|---|
| | | | | 用地面积 | 建筑面积 | | | |
| 管理服务设施 | 1 | 派出所 | | — | 3000～6000 | 10～15 或 1 个街道设 1 处 | — | ● |
| | 2 | 社区管理用房 | | ≥300 | — | 1～2 | — | ● |
| | 3 | 物业服务用房 | | — | — | ～ | — | ● |
| | 4 | 社区警务室 | | ≥50 | — | 1～2 | — | ● |
| | 5 | 便民服务站（社区服务中心） | | ≥400 | — | 1～2 | — | ● |
| | 6 | 社区菜市场 | | ≥750 | — | 1～2 | — | ○ |
| 文化娱乐设施 | 7 | 文化活动中心 | | 8000～10000 | — | 10～15 | — | ● |
| | 8 | 文化活动室 | | 1000～2000 | — | 1～2 | — | ● |
| 体育设施 | 9 | 综合体育活动中心 | | — | 10000～15000 | 10～15 | — | ● |
| | 10 | 社区体育活动场地 | | — | 200～1500<br>1500～3000<br>3000～6000 | ＜0.5<br>0.5～1<br>1～2 | — | ● |
| 教育设施 | 11 | 寄宿制高中 | 36 班 | — | 39600～54000 | — | — | ○ |
| | | | 48 班 | — | 52800～72000 | — | | |
| | | | 60 班 | — | 66000～90000 | — | | |
| | 12 | 普通高中 | 18 班 | — | 16200～18900 | — | — | ○ |
| | | | 24 班 | — | 21600～25200 | — | | |
| | | | 30 班 | — | 27000～31500 | — | | |
| | | | 36 班 | — | 32400～37800 | — | | |
| | 13 | 初中 | 18 班 | — | 9000～14400 | ＜2.5 | — | ● |
| | | | 24 班 | — | 12000～19200 | 2.5～3 | | |
| | | | 36 班 | — | 18000～28800 | 3～5 | | |
| | | | 48 班 | — | 24000～38400 | 5～6.5 | | |
| | 14 | 九年一贯制学校 | 27 班 | — | 12200～19500 | ＜1.0 | — | ○ |
| | | | 36 班 | — | 16300～25700 | 1.0～1.4 | | |
| | | | 45 班 | — | 20400～32000 | 1.4～1.8 | | |
| | | | 54 班 | — | 24400～38500 | 1.8～2.1 | | |
| | | | 72 班 | — | 32400～51000 | 2.1～2.9 | | |

续表

| 类别 | 序号 | 项目名称 | | 一般规模（m²/处） | | 服务规模（万人） | 配置规定 | 配置要求 |
|---|---|---|---|---|---|---|---|---|
| | | | | 用地面积 | 建筑面积 | | | |
| 教育设施 | 15 | 小学 | 18班 | — | 6500～10000 | ＜1.0 | — | ● |
| | | | 24班 | — | 8700～13000 | 1.0～1.3 | | |
| | | | 36班 | — | 10800～16500 | 1.3～1.6 | | |
| | | | 48班 | — | 13000～20000 | 1.6～2.0 | | |
| | 16 | 幼儿园 | 6班 | — | 1800～2100 | ＜0.4 | — | ● |
| | | | 9班 | — | 2700～3200 | 0.4～0.7 | | |
| | | | 12班 | — | 3600～4300 | 0.7～0.9 | | |
| | | | 18班 | — | 5400～6500 | 0.9～1.3 | | |
| 医疗卫生设施 | 17 | 综合医院 | 200床 | 16000～18000 | 16000～23400 | 3～5 | 用地面积80～117m²/床，建筑面积80～90m²/床 | ● |
| | | | 500床 | 40000～45000 | 40000～58500 | 10～12 | | |
| | | | 800床 | 64000～70000 | 64000～93600 | 15～20 | | |
| | 18 | 门诊部 | | ≥400 | — | — | — | ○ |
| | 19 | 社区健康服务中心 | | ≥1000 | — | 3～5 | — | ● |
| 社会福利设施 | 20 | 养老院 | | 6000～9000 | 4000～7500 | — | 建筑面积≥30m²/床，用地面积20～25m²/床 | ● |
| | 21 | 社区老年人日间照料中心 | | ≥750 | — | 1～2 | 建筑面积为社区老年人人均建筑面积0.32m² | ● |
| 交通设施（部分） | 22 | 公交首末站 | | 800～2500 | — | — | — | ● |
| 市政设施（部分） | 23 | 邮政支局 | | 1500 | — | 10～12 | — | ○ |
| | 24 | 邮政所 | | 100～150 | — | 1～2 | — | ● |
| | 25 | 小型垃圾转运站 | | 150～480 | 500～800 | 2～3 | — | ● |
| | 26 | 再生资源回收 | | 60～100 | — | 2～3 | — | ○ |
| | 27 | 公共厕所 | | 60～120 | 90～170 | 1～2 | — | ○ |
| | 28 | 环卫工人休息房 | | 7～20 | 20～30 | 0.8～1.2 | 环卫工人人均占用建筑面积3～4m² | ○ |

注：表中●为必须设置的项目，○为可选择设置的项目

4）工业区块线（深府规〔2018〕14号《深圳市工业区块线管理办法》第二、三、四章）

（1）区块线的划定

171

**工业区块线的划定与调整**　　　　　　　　　　　　表 13.2.1-17

| 区块线 | 划定等级 | 一级线是为保障城市长远发展而确定的工业用地管理线 |
|---|---|---|
| | | 二级线是为稳定城市一定时期工业用地总规模、未来逐步引导转型的工业用地过渡线 |
| | 用地面积 | 各区区块线内的工业用地的面积不得低于辖区区块线总用地面积的60%。单个区块线内的工业用地面积，原则上不低于该区块总用地面积的60% |
| | 规模 | 基本规模是根据全市区块线总规模要求，分解到各区必须完成的指标 |
| | | 划定规模是各区结合辖区产业发展情况，拟定的辖区区块线具体指标，划定规模原则上应不低于基本规模 |
| | 局部调整程序 | 一级线调整（含一级线范围调整、减少一级线规模并增加二级线规模等）：由各区政府提出调整方案，经市规划国土部门会同市产业部门审查后，报市政府批准 |
| | | 二级线调整（含二级线范围调整、增加一级线规模并减少二级线规模）：由各区政府审批，并报市政府备案。各区可以根据实际工作需要制定辖区工业区块线局部调整的具体操作规程 |

（2）用地规划方向及比例

① 区块线内工业用地规划方向

**区块线内工业用地规划方向**　　　　　　　　　　　表 13.2.1-18

| 区块线 | 工业用地规划方向要求 |
|---|---|
| 区块线一级线 | 原则上不得建设商品住宅和大型商业服务业设施，除因公共服务设施、市政和交通基础设施（含轨道车辆段、停车场上盖开发）、绿地等公共利益需要，原则上不得调整为其他非工业用途 |
| | 在公共配套条件支撑的情况下，位于已建成或近期规划建设的轨道站点500m范围内的工业用地，可建设人才住房和保障性住房，但用地面积原则不超过该区块总面积的10% |
| | 区块线内已规划为其他用途（包括居住、商业、道路、配套设施等）的用地，可按照已批准的城市规划予以实施 |
| 区块线二级线 | 区块线二级线内的现状工业用地在《深圳市工业区块线管理办法》有效期内应予以保留，除因公共服务设施、市政和交通基础设施（含轨道车辆段、停车场上盖开发）、绿地等公共利益需要，以及为促进产城融合确需安排的会议展示、商业零售、餐饮酒店等配套设施外，原则上不得作为其他非工业用途 |
| | 二级线内现状工业用地如需开展以工业为主导功能的城市更新或土地整备，应按程序调整城市规划，并纳入一级线进行管理 |
| | 线内现状工业用地如确需开展以居住、商业为主导功能的城市更新或土地整备，需按局部调整程序调出区块线，并按照批准的城市规划予以实施 |

注：二级线内现状为其他用途的用地（包括居住、商业等），可按照批准的城市规划予以实施。本办法施行前已列入城市更新计划的项目，可按照批准的更新方向予以实施

② 区块线工业用地比例管理

**工业用地比例要求**　　　　　　　　　　　　　　表 13.2.1-19

| 宝安区、龙岗区、龙华区、坪山区和光明区 | 组织实施辖区区块线内工业用地出让时，普通工业用地供应面积原则上不得低于当年度工业用地供应总面积的60% |
|---|---|
| 其他各区 | 各区块内的工业用地面积原则上不得低于该区块总用地面积的60% |

注：1. 每年新增整备用地中用于工业用地的比例不低于30%，并纳入一级线进行管理。

2. 加强土地整备拓展工业用地来源，每年新增整备用地中用于工业用地的比例不低于30%，并纳入一级线进行管理。各区新整备出1km²以上较大面积工业地块的，在保持区块线总规模不减少的情况下，可以置换出已纳入一级线管理的零星工业地块。

3. 区块线内如确需安排重要的公共服务设施、会议展示等配套设施和市政、交通基础设施等项目，应以行政区（或功能区）为单位进行平衡，保证辖区区块线内工业用地的面积不低于辖区区块线总用地面积的60%

**因产业发展需要，区块线内普通工业用地调整为新型产业用地要求**　　　　表 13.2.1-20

| 南山区 | 新型产业用地面积不超过辖区区块线中工业用地总面积的 80% |
|---|---|
| 宝安区、龙岗区、龙华区、坪山区和光明区 | 新型产业用地面积原则上不超过辖区区块线中工业用地总面积的 20% |
| 其他各区 | 新型产业用地比例暂不作要求 |

③ 建筑功能及设计规划原则

**建筑功能及设计规划原则**　　　　表 13.2.1-21

| | |
|---|---|
| 厂房 | 首层层高不低于 6m，二层以上层高不低于 4.5m |
| | 首层地面荷载不低于 1200kg/m²，二、三层楼层荷载不低于 800kg/m²，四层以上楼层荷载不低于 650kg/m² |
| | 至少配备 2 台载重 3 吨以上的货梯 |
| | 建筑平面应为大开间，除配电房、工具间等辅助房间外，同一楼层厂房单套套内建筑面积不得小于 1000m² |
| 研发用房 | 首层层高不低于 5.0m，二层以上层高不低于 4.2m |
| | 首层地面荷载不低于 800kg/m²，二、三层楼层荷载不低于 650kg/m²，四层以上楼层荷载不低于 500kg/m² |
| | 单独设置客梯，至少配备 1 台载重 2 吨以上的货梯 |
| | 研发用房单套套内建筑面积不得小于 300m² |

注：区块线内工业用地的建筑功能安排应严格按照《深圳市城市规划标准与准则》相关规定要求，除必要的宿舍、食堂、小型商业和其他配套辅助设施外，严禁在工业用地中安排成套商品住宅、专家楼、商务公寓和大规模的商业和办公等建筑功能

### 13.2.2　深圳市存量土地开发模式

1）土地整备利益统筹

（1）利益统筹的适用范围（深规土规〔2018〕6 号《深圳市土地整备利益统筹项目管理办法》第二条）

适用于以原农村集体经济组织继受单位及其成员实际掌控用地为主的项目，包括合法用地和未完善征转手续土地。项目以街道为界限（大鹏新区以新区为界限），项目范围内至少有一块 3000m² 以上集中成片的未完善征（转）地补偿手续规划建设用地。

（2）利益统筹项目留用土地规模核算（出自深规土规〔2018〕6 号《深圳市土地整备利益统筹项目管理办法》第五、六、七、八条）

利益统筹项目留用土地是指按本办法核算并确认给原农村集体经济组织继受单位的用地，包括项目范围内已批合法用地、项目范围外调入合法指标以及本项目核定利益共享用地。具体规模按以下方式核算：

**利益统筹项目留用土地规模核算方式**　　　　表 13.2.2-1

| | 分　类 | 核　算　方　式 |
|---|---|---|
| 1 | 项目范围内已批合法用地，指原农村集体经济组织继受单位及其成员已落地确权的合法用地（包括已取得地产证、土地使用权出让合同、非农建设用地批复、征地返还用地批复、农村城市化历史遗留违法建筑处理证书、屋村范围认定批复的用地等） | 此类用地按照等土地面积核算留用土地规模 |
| 2 | 项目范围外调入合法指标，包括非农建设用地指标、征地返还用地指标，以及其他土地整备项目留用土地指标 | 此类用地指标按照相关规定核准后，可在项目范围内安排落实 |

| | 分　类 | 核　算　方　式 |
|---|---|---|
| 3 | 本项目核定利益共享用地是指项目内上述第 1 项用地范围外的未完善征（转）地补偿手续规划建设用地，扣除上述第 2 项中非农建设用地指标和征地返还用地指标后的剩余土地 | 按照利益共享用地核算比例表核算的留用土地规模 |

**利益共享用地核算比例表**　　　　　　　　　　　　表 13.2.2-2

| 现状容积率 | 核算比例 | 说　明 |
|---|---|---|
| 0 | ≤20% | 现状容积率为项目实施范围内现状建筑面积与规划建设用地面积的比值 |
| 0＜现状容积率≤1.5 | ≤20%＋20%×现状容积率 | |
| 现状容积率＞1.5 | ≤50% | |

注：1. 在利益统筹项目范围内安排的留用土地规模原则上不得超过项目规划建设用地面积的 55%。

　　2. 因规划统筹需要，利益统筹项目周边国有未出让的边角地、夹心地和插花地可纳入留用土地选址范围，但纳入选址范围的国有未出让土地面积不超过 3000m$^2$，或不超过项目范围内规划建设用地面积的 10%

**利益统筹项目利益共享用地部分上浮**　　　　　　　表 13.2.2-3

| | 条　件 | | 浮　动 |
|---|---|---|---|
| 1 | 留用土地位于利益统筹项目范围内工业区块线且规划为工业用地的 | | 利益共享用地部分可上浮 50% |
| 2 | 本项目范围内无法安排留用土地的，其留用土地指标中的利益共享用地和合法用地 | 与本街道城市更新项目统筹处理 | 其合法用地部分按照等土地面积核算，利益共享用地部分上浮 50% |
| | | 直接落在本街道经济关系未理顺的已建成区并由原农村集体经济组织继受单位拆除重建 | |

（3）留用土地规划建筑面积核算规则（出自深规土规〔2018〕6 号《深圳市土地整备利益统筹项目管理办法》第九条）

留用土地规划建筑面积由基础建筑面积、配套建筑面积和共享建筑面积三部分构成。

① 基础建筑面积

基础建筑面积是指留用土地按照《深圳市城市规划标准与准则》核算确定的建筑面积。

**基础建筑面积的计算公式**　　　　　　　　　　　　表 13.2.2-4

| 序号 | 类　别 | 计　算　公　式 |
|---|---|---|
| 1 | 留用土地在项目范围内安排的 | 基础建筑面积 ＝ $S_{项目内留用}$ × 地块容积率 |
| 2 | 留用土地落在项目范围外经济关系未理顺的已建成区域并由原农村集体经济组织继受单位拆除重建的 | 基础建筑面积 ＝ $S_{拆除重建}$ × 地块容积率 ＋ $FA_{利益统筹}$ ×1.5 |

注：计算公式的相关说明具体见《深圳市土地整备利益统筹项目管理办法》附件

② 配套建筑面积

留用土地应当按照《深圳市城市规划标准与准则》、法定图则及相关专项规划的要求配建社区级公共设施。社区级公共设施的类别、规模在土地整备规划中确定。配建的社区级公共设施建成后无偿移交政府，产权归政府所有。

③ 共享建筑面积

共享建筑面积是指在规划允许条件下，可在基础建筑面积的基础上增加的建筑面积。共享建筑面积原则上不超过基础建筑面积的 30%。

共享建筑面积中政府或政府指定机构回购 60% 的建筑面积用于人才住房、公共租赁住房或创新型产业用房等，其余 40% 的建筑面积通过利益共享归属于原农村集体经济组织继受单位。回购物业产权归政府或政府指定机构。

（4）移交土地（深规土规〔2018〕6号《深圳市土地整备利益统筹项目管理办法》第四条）

除留用土地外，其余土地全部移交政府管理。

2）棚户区改造

（1）棚户区改造政策适用范围（深府规〔2018〕8号《关于加强棚户区改造工作的实施意见》第（一）条）

**棚户区改造政策适用范围** 表13.2.2-5

| | 条 件 | |
|---|---|---|
| 1 | 使用年限20年以上，且符合右侧条件之一的老旧住宅区 | 存在住房质量、消防等安全隐患 |
| | | 使用功能不齐全 |
| | | 配套设施不完善 |
| 2 | 使用年限不足20年，且按照《危险房屋鉴定标准》JGJ 125—2016鉴定危房等级为D级的住宅区 | |

注：符合《关于加强和改进城市更新实施工作的暂行措施》（深府办〔2016〕38号）第六条规定，无法独立进行改造的零散旧住宅区可以不纳入棚户区改造政策适用范围

（2）棚户区改造项目界定依据（深建规〔2016〕9号《深圳市棚户区改造项目界定标准》第三条）

具有下列文件之一的，均可作为棚户区改造项目界定依据：

**棚户区改造项目界定依据** 表13.2.2-6

| 1 | 具有相关资质的地质灾害评估机构出具的地质灾害危险性评估报告 |
|---|---|
| 2 | 房屋安全鉴定相关专业机构出具的危房鉴定报告 |
| 3 | 具有相关资质的消防安全评价机构出具的消防安全评估报告 |
| 4 | 具有相关资质的规划设计机构出具的基础设施和公共服务设施建设评估报告 |
| 5 | 符合一定条件且取得《城市更新单元规划》批复 |

（3）棚户区改造项目实施模式（深府规〔2018〕8号《关于加强棚户区改造工作的实施意见》第一条（三））

棚户区改造以公共利益为目的，主要通过拆旧建新的方式，由各区政府主导，以人才住房专营机构为主，其他企业可以参与。棚户区改造项目在满足基础设施及公共服务配套设施要求的基础上，其住宅部分除用于搬迁安置住房外，应当全部用作人才住房和保障性住房，以租为主，租售并举，统一由人才住房专营机构运营管理。

棚户区改造项目建设的人才住房由人才住房专营机构持有或回购，项目建设的保障性住房由区政府回购。人才住房回购政策另行制定。

（4）棚户区改造搬迁安置补偿和奖励标准（深府规〔2018〕8号《关于加强棚户区改造工作的实施意见》第（二）条）

**棚户区改造搬迁安置补偿和奖励标准** 表13.2.2-7

| 序号 | 补偿和奖励方式 | 标 准 |
|---|---|---|
| 1 | 货币补偿 | 按照《深圳市房屋征收与补偿实施办法（试行）》（深圳市人民政府令第292号）的规定确定 |
| 2 | 产权调换 | 按照套内建筑面积1：1或不超过建筑面积1：1.2的比例 |
| 3 | 货币补偿和产权调换相结合 | 根据项目实际情况，奖励权利主体每套住房增购不超过10m$^2$的建筑面积，增购面积的价格按照同地块安居型商品房的价格计收，最高不超过被搬迁住房类似房地产的市场价格 |

3）城市更新

（1）城市更新条件（深圳市人民政府令（第 290 号）《深圳市城市更新办法》第二条）

城市更新需满足以下条件之一：

① 城市的基础设施、公共服务设施亟需完善；

② 环境恶劣或者存在重大安全隐患；

③ 现有土地用途、建筑物使用功能或者资源、能源利用明显不符合社会经济发展要求，影响城市规划实施；

④ 依法或者经市政府批准应当进行城市更新的其他情形。

（2）城市更新三种模式（出自深圳市人民政府令（第 290 号）《深圳市城市更新办法》第十九、二十三条）

**城市更新模式**                                    表 13.2.2-8

| 城市更新的模式分类 | 改造内容 | 是否改变建筑主体结构和使用功能 | 土地使用期限是否改变 |
|---|---|---|---|
| 综合整治 | 主要包括改善消防设施、改善基础设施和公共服务设施、改善沿街立面、环境整治和既有建筑节能改造等内容 | 均不改变 | 不改变 |
| 功能改变 | 改变部分或者全部建筑物使用功能 | 不改变主体结构改变建筑使用功能 | 不改变 |
| 拆除重建 | 拆除原有建筑物，再按照批准的规划进行新建建设的活动 | 均改变 | 按照新出让用地重新计算 |

（3）城市更新单元计划立项

① 城市更新单元的划定条件 [深府〔2012〕1 号《深圳市城市更新办法实施细则》第十二条；深府办〔2016〕38 号《关于加强和改进城市更新实施工作的暂行措施》第（八）、（九）条]

**城市更新单元计划条件**                              表 13.2.2-9

| 分类 | 序号 | 条件 | |
|---|---|---|---|
| 一般更新单元 | 1 | 城市更新单元内拆除范围的用地面积 | 应当大于 10000m² |
| | | | 基于鼓励产业转型升级、完善独立占地且总面积不小于 3000m² 的城市基础设施、公共服务设施或者其他城市公共利益项目等原因确需划定城市更新单元 |
| | | | 按整村范围划定城市更新单元的不受本项限制 |
| | 2 | 城市更新单元不得违反基本生态控制线、一级水源保护区、重大危险设施管理控制区（橙线）、城市基础设施管理控制区（黄线）、历史文化遗产保护区（紫线）等城市控制性区域管制要求 | |
| | 3 | 城市更新单元内可供无偿移交给政府，用于建设城市基础设施、公共服务设施或者城市公共利益项目等的独立用地应当大于 3000m² 且不小于拆除范围用地面积的 15%。城市规划或者其他相关规定有更高要求的，遵从其规定 | |
| 重点更新单元 | 1 | 位于《城市更新"十三五"规划》划定的优先拆除重建区内 | |
| | 2 | 福田、罗湖、盐田、南山等区的，拆除范围用地面积原则上不小于 15 万 m² | |
| | | 宝安、龙岗、龙华、坪山、光明、大鹏等区的，拆除范围用地面积原则上不小于 30 万 m² | |
| | 3 | 拆除范围内合法用地比例应当不低于 30% | |

| 分类 | 序号 | 条件 | |
|------|------|------|------|
| 小地块城市更新单元 | 1 | 位于原特区已生效法定图则范围内、拆除范围用地面积不足10000m² 但不小于3000m² 的区域 | 旧工业区升级改造为工业用途或者市政府鼓励发展产业的 |
| | | | 旧工业区、旧商业区升级改造为商业服务业功能的 |
| | | | 为完善法定图则确定的独立占地且总面积不小于3000m² 的城市基础设施、公共服务设施或其他城市公共利益项目,确需划定城市更新单元的(应当就单元范围、拆除范围、配建要求等内容进行专项研究,在计划审批过程中予以专项说明) |
| | 2 | 小地块城市更新单元拆除范围内的用地应为完整宗地,土地及建筑物应当具有合法手续 | |
| | 3 | 权利主体的城市更新意愿应当达到100% | |

② 划定城市更新单元时涉及下列用地的,依照以下规定分别处理(深府〔2012〕1号《深圳市城市更新办法实施细则》第十三条、第十四条):

**城市更新单元划定特殊用地规定**　　　　　　　　　　表 13.2.2-10

| 用地类别 | | | 处理方法 |
|------|------|------|------|
| 建设用地 | 政府社团用地、特殊用地 | | 不单独划定为城市更新单元 |
| | 全市土地整备规划和年度整备计划确定的政府土地整备区 | | 范围内不划定城市更新单元 |
| | 除通过城市更新实现用地清退外,被非法占用的已完成征转及补偿手续的国有未出让用地和基本农田保护区用地 | | 不划入城市更新单元 |
| | 福田区、罗湖区、盐田区、南山区的原农村集体经济组织地域范围 | | 应当整村划定城市更新单元 |
| 非建设用地 | 因规划统筹确需划入城市更新单元 | 属于国有未出让的边角地、夹心地、插花地的 | 总面积不超过项目拆除范围用地面积的10%且不超过3000m² 的部分 |
| | | | 可以作为零星用地一并出让给项目实施主体 |
| | | 超过3000m² 的部分 | 应当结合城市更新单元规划的编制进行用地腾挪或者置换,在城市更新单元规划中对其规划条件进行统筹研究 |
| | | 属于已批未建用地的 | 在征得土地使用权人同意后,可以结合城市更新单元规划的编制进行用地腾挪或者置换 |
| | 除上述非建设用地 | | 不划入城市更新单元 |

(4)城市更新单元规划(出自深圳市人民政府令(第290号)《深圳市城市更新办法》第十二条)

**城市更新单元规划应当包括的内容**　　　　　　　　　表 13.2.2-11

| 1 | 城市更新单元内基础设施、公共服务设施和其他用地的功能、产业方向及其布局 |
|------|------|
| 2 | 城市更新单元内更新项目的具体范围、更新目标、更新方式和规划控制指标 |
| 3 | 城市更新单元内城市设计指引 |
| 4 | 其他应当由城市更新单元规划予以明确的内容 |

(5)城市更新计划清理〔《关于深入推进城市更新工作促进城市高质量发展的若干措施》第(十六)条;深府办〔2016〕38号《关于加强和改进城市更新实施工作的暂行措施》第(八)、(九)条〕

城市更新计划清理情形 表 13.2.2-12

| 1 | 自城市更新计划公告之日起 1 年内，未完成土地及建筑物信息核查和城市更新单元规划报批的 |
| 2 | 自城市更新单元规划批准之日起 2 年内，项目首期未确认实施主体的 |
| 3 | 自实施主体确认之日起 1 年内，未办理用地出让手续的 |

注：更新单元规划在计划有效期内未获批准的，由各区公告失效，3 年内不得再次申报拆除重建类更新单元计划。失效的更新单元计划涉及城中村居住用地的，优先纳入城中村综合整治分区

## 13.3 城市更新的模式

### 13.3.1 综合整治类城市更新

1）旧工业区升级改造（出自 2016.12.06 发布的《深圳市综合整治类旧工业区升级改造操作指引（试行）》）

（1）更新单元计划

① 申报主体

a. 权利主体自行申报。

b. 权利主体委托单一市场主体申报。

c. 市、区政府相关部门申报。

② 申报材料

| 1. 申请书 | 2. 申报表格 | 3. 申报主体的身份证明材料 | 4. 图纸 |
| 5. 更新意愿证明材料 | 6. 权属材料 | 7. 照片 | 8. 其他材料 |

注：1. 图纸包括①更新单元范围图、②现状权属图、③建筑物信息图、④建筑物现状功能一览表及拟改造模式的分区图。

2. 其他材料包括申报主体认为需要提供的其他材料；更新单元范围内涉及危房的，须提供相关质检部门认定书

（2）更新单元规划

① 更新计划经批准后，计划申报主体应委托具有城市规划乙级及以上资质的设计机构编制更新单元规划。

② 更新单元规划申报材料包括更新单元规划方案、土地建筑物信息核查复函及法律法规规定的其他材料。更新单元内涉及拟保留未批先建建筑物的，还应提供由具有相应资质机构出具的建筑质量合格证明文件，涉及在原有建筑结构主体上进行加建的，应提供建筑质量安全评估报告。

（3）确定实施主体

实施主体的确定 表 13.3.1-1

| 1 | 更新单元范围内仅有单一权利主体的，该权利主体即为实施主体 |
| 2 | 更新单元范围内有多个权利主体的，所有权利主体通过委托方式确认一个单一权利主体作为实施主体 |
| 3 | 更新单元范围内的所有权利主体通过委托方式确认一个单一市场主体作为实施主体 |

（4）用地审批

更新单元范围内土地权属清晰，按以下情况进行用地审批：

表 13.3.1-2

| 1 | 不涉及历史用地处置或不涉及单一市场主体作为实施主体的 | 由实施主体向管理局申请直接签订土地使用权出让合同补充协议或补签土地使用权出让合同 | |
|---|---|---|---|
| 2 | 涉及历史用地的部分 | 由原农村集体经济组织继受单位（以下简称"继受单位"）向管理局申请历史用地处置，管理局审查后按用地审批有关规定报市规划国土委审批 | 审批通过后，由继受单位向管理局申请签订土地使用权出让合同 |
| 3 | 涉及单一市场主体作为实施主体的 | 由实施主体向管理局申请用地审批，管理局审查后按用地审批有关规定报市规划国土委审批 | 审批通过后，由实施主体向管理局申请签订土地使用权出让合同补充协议或补签土地使用权出让合同 |

注：具体成果要求见《深圳市综合整治类旧工业区升级改造操作指引（试行）》第三章

2）城中村治理标准（深城提办〔2018〕3 号《深圳市城中村综合治理标准指引手册》）

（1）社区治安治理标准

① 确保出租屋人员信息采集率达标

采集率标准：非深户籍人员信息采集率不低于97%、未注销率不高于3%。

② 确保居住登记申报覆盖率达到97%

③ 确保楼长制普及率达到90%以上

④ 确保创建宜居出租屋完成率75%以上

⑤ 实现城中村出租屋视频门禁系统安装全覆盖

⑥ 实现视频门禁数据全接入省、市大数据共享平台

⑦ 实现视频门禁运维管理平台全功能运行

（2）消防安全治理标准

① 必须配齐消火栓

② 必须保障消防供水

③ 必须至少建立一个小微型消防站

④ 必须建立日常消防管理机制

⑤ 必须严管"三小场所"

⑥ 必须确保出租屋消防逃生空间

⑦ 必须普及消防宣传教育

（3）用电安全治理标准

① 确保城中村全部抄表到户

② 确保电力管线规范有序

③ 确保用电单相三线入户，并配备漏电保护装置

④ 确保电动车充电装置集中设置，并就近接入配电变压器

（4）燃气安全治理标准

① 优先实现管道天然气进村

② 确保落实瓶装燃气定点供应

③ 确保瓶装燃气供应规范服务

④ 确保瓶装燃气气瓶信息溯源可查

⑤ 确保落实燃气市场监管和隐患排查

⑥确保瓶装气备案电动自行车信息查询顺畅

（5）食品安全治理标准

①确保食品生产经营者 100% 持证持照

②确保无非法流动摊贩

③确保无销售"五无"食品行为

④确保无非法交易、屠宰活禽违法行为

⑤确保无将餐厨废弃物交给非特许经营企业和个人的行为

⑥确保食品摊贩规范经营，确定经营区域、时段、摊位数量，并逐一登记备案，制定实施相应管理制度

⑦确保落实食品安全督查督导，建立检查台账

（6）弱电管线治理标准

①确保具备下地条件的和新建的管线优先下地

②确保不具备下地条件的管线捆扎、套管、贴墙，横平竖直，整齐划一

（7）环境卫生治理标准

①确保环境卫生干净整洁

②确保垃圾分类落实到位

③确保垃圾收运全程密闭

④确保"四害"防控达到国家标准

（8）市容秩序治理标准

①确保社区范围无"六乱一超"现象

②确保餐饮油烟无乱排放现象

（9）交通秩序治理标准

①确保道路硬化率达到 100%

②确保道路交通标志和标线完成率达到 100%

③建立专兼职结合的交通安全护卫队

④建立交通应急事件处理机制，并定期组织演练

⑤落实交通文明宣传的责任和义务（如在城中村内开设交通宣传展板、定期播放视频影像等）

⑥建立城中村交通隐患排查整治工作台账

（10）生活污水治理标准

①确保具备条件的实现雨污分流

②确保不具备条件的实现污水就地就近收集处理

③确保落实排水设施专业管养

### 13.3.2 功能改变类城市更新（深府〔2012〕1号《深圳市城市更新办法实施细则》第二十三条）

具有以下情形之一的，不得实施功能改变类城市更新：

表 13.3.2

| | |
|---|---|
| 1 | 申请将配套服务设施改变功能，改变后无法满足相关配套要求的 |
| 2 | 申请将文物古迹、历史建筑、纪念性建筑、标志性建筑、具有地方特色和传统风格的建筑物等改变功能，改变后不符合保护要求的 |

续表

| 3 | 申请将危险房屋或者城市更新单元规划确定的拆除重建区域内的建筑物改变功能的 |
|---|---|
| 4 | 建筑物改变使用功能后，不符合建筑结构安全、城市景观设计，或者公共安全、消防、环境、卫生、物业管理等相关技术要求的 |
| 5 | 申请建筑物部分改变使用功能，但改变的部分不能满足独立使用要求或者造成建筑物剩余部分使用不便的 |
| 6 | 建筑物由业主区分所有，未经本栋建筑物内其他业主及同一宗地内其他主张与改变功能有利害关系的业主同意的 |
| 7 | 未经评估和无害化治理的污染场地申请改变功能进行二次开发的 |
| 8 | 其他法律、法规、规章以及市政府规定不得改变建筑物使用功能的情形 |

### 13.3.3 拆除重建类城市更新

1）城市更新单元计划

（1）城市更新单元申报情形（深规划资源规〔2019〕4 号《深圳市拆除重建类城市更新单元计划管理规定》第二章）

城市更新单元申报情形　　　　　　　　　　　表 13.3.3-1

| 序号 | 条　件 | | |
|---|---|---|---|
| 1 | 法定图则已划定城市更新单元 | | |
| 2 | 未划入城市更新单元的特定城市建成区符合右侧条件之一，确需进行拆除重建类城市更新，已自行拟订城市更新单元 | 城市的基础设施、公共服务设施亟需完善 | 城市基础设施、公共服务设施严重不足，按照规划需要落实独立占地且用地面积大于 3000m² 的城市基础设施、公共服务设施或者其他城市公共利益项目 |
| | | 环境恶劣或者存在重大安全隐患 | 环境污染严重，通风采光严重不足，不适宜生产、生活 |
| | | | 相关机构根据《危险房屋鉴定标准》鉴定为危房集中，或者建筑质量有其他严重安全隐患 |
| | | | 消防通道、消防登高面等不满足相关规定，存在严重消防隐患 |
| | | | 经相关机构鉴定存在经常性水浸等其他重大安全隐患 |
| | | 现有土地用途、建筑物使用功能或者资源、能源利用明显不符合社会经济发展要求，影响城市规划实施 | 所在片区规划功能定位发生重大调整，现有土地用途、土地利用效率与规划功能不符，影响城市规划实施 |
| | | | 属于本市禁止类和淘汰类产业，能耗、水耗、污染物排放严重超出国家、省、市相关标准的，或者土地利用效益低下，影响城市规划实施并且可以进行产业升级 |
| | | | 其他严重影响城市近期建设规划实施的情形 |

注：1. 在满足申报情形的基础上，在城市基础设施和公共服务设施支撑的前提下，规划为工业的旧工业区，可申请按照简易程序调整法定图则用地功能建设人才住房、安居型商品房或公共租赁住房。其中工业区块线内的，按照工业区块线管理办法执行。

2. 对使用年限较久、房屋质量较差、建筑安全隐患较多、使用功能不完善、配套设施不齐全等亟需改善居住条件的成片旧住宅区，适用棚户区改造政策的，按照棚户区改造相关规定实施改造。

3. 因规划统筹需要，与其他各类旧区（旧工业区、旧商业区、城中村及旧屋村等）混杂的零散旧住宅区，可通过城市更新实施改造

（2）城市更新单元的申报主体（深规划资源规〔2019〕4 号《深圳市拆除重建类城市更新单元计划管理规定》第四章第十九条）

**城市更新单元的申报主体形成方式** 表 13.3.3-2

| 序号 | 条 件 | 申 报 主 体 |
|---|---|---|
| 1 | 拆除范围内权利主体单一的 | 由权利主体申报或委托单一主体申报 |
| 2 | 拆除范围内存在多个权利主体的 | 同意申报的相关权利主体须共同委托单一主体申报 |
| 3 | 属城中村、旧屋村或原农村集体经济组织和原村民在城中村、旧屋村范围以外形成的建成区域的 | 由所在原农村集体经济组织继受单位进行申报，或由其委托单一主体申报 |
| 4 | 通过政府主导的方式实施城市更新的 | 重点更新单元计划由辖区城市更新机构申报 |
| | | 其他由市、区政府相关部门申报 |
| 5 | 与其他各类旧区（旧工业区、旧商业区、城中村及旧屋村等）混杂的零散旧住宅区 | 由辖区街道办事处作为申报主体 |
| | 拆除范围内其余部分 | 由其他主体其与辖区街道办事处一起作为该单元的联合申报主体 |

注：申报主体负责申报更新单元计划、委托编制城市更新单元规划

（3）申报更新单元计划权利主体更新意愿（深规划资源规〔2019〕4号《深圳市拆除重建类城市更新单元计划管理规定》第四章第二十条）

**申报更新单元计划权利主体更新意愿应符合以下条件** 表 13.3.3-3

| 序号 | 分 类 | | 条 件 |
|---|---|---|---|
| 1 | 拆除范围内用地为单一地块 | 权利主体单一的 | 该主体同意进行城市更新 |
| | | 建筑物为多个权利主体共有的 | 占份额三分之二以上的按份共有人或者全体共同共有人同意进行城市更新 |
| | | 建筑物区分所有的 | 专有部分占建筑物总面积三分之二以上的权利主体且占总人数三分之二以上的权利主体同意进行城市更新 |
| | 拆除范围内用地包含多个地块的 | | 符合上述规定地块的总用地面积应当不小于拆除范围用地面积的80% |
| 2 | 拆除范围内用地属城中村、旧屋村或原农村集体经济组织和原村民在城中村、旧屋村范围以外形成的建成区域的 | | 须经原农村集体经济组织继受单位的股东大会表决同意进行城市更新 |
| | | | 符合本表第1项规定，并经原农村集体经济组织继受单位同意 |
| 3 | 属于与其他各类旧区（旧工业区、旧商业区、城中村及旧屋村等）混杂的零散旧住宅区 | | 同意进行城市更新的权利主体应达到100% |

（4）计划调整与调出（深规划资源规〔2019〕4号《深圳市拆除重建类城市更新单元计划管理规定》第七章）

① 因公共利益、规划统筹、项目实施等原因，可申请计划调整。

计划调整应保障拆除范围内公共配套的服务水平、用地的完整性以及项目的可实施性。

计划调整的内容包含拆除范围、更新方向、承担的公共利益、更新单元计划有效期，但不得对申报主体进行调整。

公告的更新单元计划内容发生变化的，应申请计划调整。符合以下情形的，更新单元计划内容的调整可与更新单元规划同步申报、审批：

**符合申请计划调整的情形**                     表 13.3.3-4

| | |
|---|---|
| 1 | 因更新单元计划制定过程中的技术误差（含坐标误差、现状地形图误差、放点误差、权属误差等）导致已批计划拆除范围变化的 |
| 2 | 因城市基础设施、公共服务设施以及其他公共利益项目建设需要导致已批计划拆除范围扩大的，扩大后拆除范围内合法用地比例须符合本规定第三章相关要求 |
| 3 | 因规划统筹需扩大已批拆除范围 |
| 4 | 在满足《深圳市城市规划标准与准则》要求且更新单元计划公告的公共利益总用地面积不减少、配套设施有效使用面积不减少的前提下，将独立占地的垃圾转运站、公交首末站、公共停车场及其他社区级配套设施改为附属建设的，若扩大的拆除范围包含开发建设用地的，扩大部分面积原则上不得超出原已批计划拆除范围面积的 10%，且不超过 3000m$^2$，扩大部分内合法用地比例须符合本规定第三章相关要求 |
| 5 | 在更新单元计划公告的公共利益总用地面积不减少的情况下，因《深圳市城市规划标准与准则》修订了配套设施面积标准而减少已批法定图则或其他法定规划确定的配套设施占地面积的 |

② 计划调整应满足以下要求

**计划调整的条件**                          表 13.3.3-5

| 调整内容 | 条 件 |
|---|---|
| 拆除范围调整 | 属于拆除范围增加的，增加部分或增加后的合法用地比例、建筑物建成时间、城市更新五年专项规划的空间管控要求等应符合本规定的要求 |
| | 属于拆除范围减少的，减少后的拆除范围面积、合法用地比例应符合本规定的要求（涉及 2010 年结转计划和实施计划的，其减少后的拆除范围合法用地比例不低于计划批准时拆除范围的合法用地比例） |
| 更新方向调整 | 符合本规定第六条规定的，可申请调整更新方向，建设人才住房、安居型商品房或公共租赁住房 |

注：1. 计划调整由申报主体提出，按照更新单元计划制定程序进行申报。其中，因法定图则或其他法定规划调整导致已批计划更新主导方向或公共利益变化的，更新单元计划调整可与更新单元规划同步申报。

2. 对于已纳入 2010 年结转和实施计划的项目，已按规定确认申报主体的，由其进行计划调整申报；未明确申报主体的，由各区城市更新机构按照我市城市更新政策要求对申报主体进行认定并予以公告，再由认定的申报主体进行计划调整申报。

3. 计划调整应提交以下申报材料：

| | |
|---|---|
| 1 | 计划调整申请书，应详细说明计划调整的内容和理由 |
| 2 | 申报表格 |
| 3 | 申报主体的身份证明材料 |
| 4 | 图纸（涉及拆除范围调整的，应增加拆除范围调整图） |
| 5 | 更新意愿证明材料。属增加拆除范围的，应提供增加部分的城市更新意愿达成情况证明文件。属减少拆除范围的，应提供减少部分的权利主体的意愿证明文件以及已自行理清经济关系的证明材料 |
| 6 | 权属证明材料 |
| 7 | 照片。涉及拆除范围调整的，应提供调整部分的现场照片 |
| 8 | 申报主体认为需提供的计划调整可行性研究报告等其他材料 |

③ 计划申报主体可申请调出更新单元计划，并提交以下材料：

表 13.3.3-6

| | |
|---|---|
| 1 | 计划调整申请书，应详细说明计划调整的内容和理由 |
| 2 | 意愿证明材料（同意调出更新单元计划的意愿应符合该更新单元计划制定时的更新意愿政策要求） |
| 3 | 已自行理清经济关系的证明材料 |
| 4 | 拆除范围图 |
| 5 | 申报主体认为需提供的其他材料 |

注：1. 计划调整及调出的申报及审批程序、申报材料格式等要求参照计划制定的相关规定执行。

2. 经批准的更新单元计划，经发现违反城市更新相关政策的，调出更新单元计划。

3. 已批更新单元计划中纳入棚户区改造计划及土地整备计划的片区，调出更新单元计划

2）城市更新单元规划

（1）拆除范围划定（深规划资源规〔2019〕4号《深圳市拆除重建类城市更新单元计划管理规定》第三章）

①拆除范围的用地面积应满足以下要求

表 13.3.3-7

| 1 | 面积大于 10000m² | |
|---|---|---|
| 2 | 福田区、罗湖区、南山区、盐田区 | 原农村集体经济组织地域范围应当对整村用地进行研究，分别明确是否进行更新以及更新方式，以整村方式划定拆除范围 |
| | 其他各区 | 鼓励参照福田区、罗湖区、南山区、盐田区执行 |
| 3 | 福田区、罗湖区、南山区、盐田区 | 拆除范围用地面积原则上不小于 15 万 m² |
| | 其他各区 | 拆除范围用地面积原则上不小于 30 万 m² |

②拆除范围内权属清晰的合法土地面积占拆除范围用地面积的比例（以下简称合法用地比例）应符合以下要求

表 13.3.3-8

| | 坪山中心区 | 重点更新单元 | 其他更新单元 |
|---|---|---|---|
| 合法用地比例 | ≥ 50% | ≥ 30% | ≥ 60% |

③拆除范围内的历史违建按规定申请简易处理的条件

表 13.3.3-9

| | 坪山中心区 | 重点更新单元 | 其他更新单元 |
|---|---|---|---|
| 合法用地比例 | ≥ 50% | ≥ 30% | ≥ 50% |

注：经简易处理的历史违建及其所在用地视为权属清晰的合法建筑物及土地。

④合法用地比例的计算应符合以下要求

表 13.3.3-10

| 适用于城市更新清退用地处置规定政策的清退用地 | 不参与合法用地比例的计算 |
|---|---|
| 拆除范围内涉及非农建设用地与农村城市化历史遗留违法建筑处理用地重叠的 | 非农建设用地在农村城市化历史遗留违法建筑处理用地处理完成前已经划定的，重叠部分仅按非农建设用地计入合法用地指标 |
| | 非农建设用地在农村城市化历史遗留违法建筑处理用地处理完成后调入的，非农建设用地可在拆除范围内另行计入合法用地指标，无需再调整非农建设用地方案 |
| 非农建设用地与旧屋村用地重叠的 | 非农建设用地可在拆除范围内另行计入合法用地指标，无需再调整非农建设用地方案 |
| 涉及城市更新外部移交公共设施用地的 | 按照《深圳市城市更新外部移交公共设施用地实施管理规定》（深府办规〔2018〕11号）进行计算 |

⑤拆除范围内建筑物建成年份及规定

拆除范围内建筑物应在 2009 年 12 月 31 日前建成。其中旧住宅区未达到 20 年的，原则上不划入拆除范围。旧工业区、旧商业区建筑物建成时间未达到 15 年的，原则上不划入拆除范围，因规划统筹和公共利益需要，符合以下条件之一的，可纳入拆除范围进行统筹改造：

表 13.3.3-11

| 条　件 | 规　定 |
|---|---|
| 拆除范围内建成时间未满 15 年的建筑物占地面积之和原则上不得大于 6000m²，且不超过拆除范围用地面积的三分之一 | 宗地内全部建筑物建成时间未满 15 年的，其占地面积为该宗地面积 |
|  | 宗地内部分建筑物建成时间未满 15 年的，按其建筑面积占宗地内建筑面积的比例折算其占地面积 |
| 拆除范围内法定规划确定的公共利益用地面积原则上不小于拆除范围用地面积的 40% 且不小于 6500m² | 2009 年 12 月 31 日前建成的旧工业区，在符合市产业发展导向，因发展需要且通过综合整治、局部拆建等方式无法满足产业空间需求的前提下，可申请拆除重建，更新方向应为普通工业（M1） |
|  | 国有已出让用地在 2007 年 6 月 30 日之前已建设，但建设面积不足合同或有关批准文件确定的建筑面积，不涉及闲置土地或闲置土地处置已完成，因规划实施等原因，整宗地可划入拆除范围，适用城市更新政策 |
|  | 对于单一宗地的"工改工"项目，部分建筑物未满 15 年但满足旧工业区综合整治类更新年限要求，且该部分建筑物建筑面积不超过宗地总建筑面积三分之一的，可申请以拆除重建为主、综合整治为辅的城市更新 |

注：根据《危险房屋鉴定标准》鉴定为危房的，可不受本条款限制

⑥ 拆除范围边界划定按照下述要求依次划定

**拆除范围边界划定**　　　　表 13.3.3-12

| 1 | 拆除范围原则上应包含完整宗地和建筑物，以及明晰的产权边界 | |
|---|---|---|
| 2 | 涉及道路的 | 规划道路与现状道路一致的，原则上以现状道路边界为界，现状道路用地不划入拆除范围 |
| | | 规划道路与现状道路不一致且规划道路为未建成区的，原则上以规划道路边界为界，规划道路用地不划入拆除范围 |
| | | 规划道路与现状道路不一致且规划道路现状为建成区的，原则上以规划道路中心线为界；规划道路为支路的，拆除范围应包含相对应的规划支路用地 |
| 3 | 涉及轨道交通线路、给排水管网、通信线路、电力管线等其他线性工程控制用地的，与涉及道路的要求一致 | |
| 4 | 涉及山体、河流等自然地理实体的，原则上以自然地理实体边界为界 | |
| 5 | 工业区块线内规划为工业的旧工业区申请通过城市更新建设人才住房、安居型商品房或公共租赁住房的 | 拆除范围边界涉及合法用地，且超过 50% 的用地位于地铁站点 500m 范围内的，该合法用地可全部适用有关政策 |
| | | 拆除范围边界涉及其他用地，因规划统筹或技术误差等原因导致拆除范围位于地铁站点 500m 范围外的，超出的用地面积不得大于拆除范围的 10% |

⑦ 不划入拆除范围的用地

**不划入拆除范围的用地**　　　　表 13.3.3-13

| 1 | 市年度土地整备计划和棚户区改造计划确定的区域 |
|---|---|
| 2 | 未建设用地、独立的广场用地和停车场用地 |
| 3 | 土地使用权期限届满的用地 |
| 4 | 调出更新单元计划未满三年的用地 |

⑧ 拆除范围涉及以下用地的，原则上不划入拆除范围，符合以下情形的按照相应规定执行：

原则上不划入拆除范围的用地情形 表 13.3.3-14

| 1 | 现状为公共管理和服务设施用地（GIC）、交通设施用地（S）、公用设施用地（U） | 确因规划统筹等原因需纳入拆除范围，更新后不得减少其用地规模 |
|---|---|---|
| 2 | 现状容积率超过 2.5 的城中村、旧屋村 | 因落实市近期建设与土地利用规划、市重大项目或土地利用年度计划确定的重大城市基础设施和公共服务设施的需要等原因确需划入拆除范围的，区政府应充分研究其可实施性，并报市政府审批 |
| 3 | 楼堂馆所或市区财政全额投资的公益性、非营利性用地 | 因规划统筹等原因需划入拆除范围的，应征得权利主体及主管部门的同意，其处置应符合国家、省、市的有关规定 |
| 4 | 被非法占用的已完成征转及补偿手续的国有未出让用地和基本农田保护区范围内用地 | 因规划统筹等原因确需划入拆除范围的，应征得权利主体及主管部门的同意意见，其处置应符合国家、省、市的有关规定 |
| 5 | 被非法占用的已完成征转及补偿手续的国有未出让用地和基本农田保护区范围内用地 | 通过城市更新实现用地清退的除外 |

注：1. 工业园区内为生产、生活服务的停车场、回车场、道路以及绿地等用地，符合省"三旧"改造地块数据库入库标准的，可与工业园区一并划入拆除范围。
2. 拆除范围周边建筑物功能、形态、权属性质相同的，宜统筹划入拆除范围

⑨ 拆除范围的划定还应满足以下要求：

拆除范围划定特殊要求 表 13.3.3-15

| | 情 形 | 要 求 |
|---|---|---|
| 1 | 拆除范围涉及基本生态控制线、水源保护区、橙线（重大危险设施管理控制区）、黄线（城市基础设施管理控制区）、紫线（历史文化遗产保护区）、蓝线（城市河流水系和水源工程保护与控制区）等城市控制性区域的应符合相关管控要求 | |
| 2 | 与其他各类旧区（旧工业区、旧商业区、城中村及旧屋村等）混杂的零散旧住宅区，因规划统筹确需纳入拆除范围的，零散旧住宅区总用地面积占拆除范围用地面积的比例原则上不超过 50% | |
| 3 | 拆除范围内现状工业用地如涉及疑似污染地块的，应按照《深圳市建设用地土壤环境调查评估工作指引（试行）》的规定开展土壤环境初步调查、土壤环境详细调查和风险评估等工作 | |

（2）容积率审查规定（深规划资源规〔2019〕1 号 《深圳市拆除重建类城市更新单元规划容积率审查规定》）

① 现状容积率超过 2.5 的城中村、旧屋村，原则上不进行拆除重建类城市更新。

对于 2016 年 12 月 28 日之前已经市城市更新主管部门或区政府（新区管委会）审议通过更新计划（含调整计划）的城中村、旧屋村项目，在同时满足以下条件的情况下，其规划容积率的审查可综合考虑住房回迁、项目可实施性等因素，按照表 13.3.3-16 中的净拆建比参考值对规划容积进行校核。

a. 拆除范围内现状容积率不低于 2.5，现状建筑面积以深圳市地籍测绘大队直接出具或审核的测绘查丈报告为准；

b. 城中村、旧屋村合法用地占拆除范围用地的比例不低于 70%。

净拆建比校核取值参考表 表 13.3.3-16

| 拆除范围用地面积 $S$（$hm^2$） | $S \leq 10$ | $10 < S \leq 20$ | $20 < S \leq 30$ | $30 < S \leq 40$ | $S > 40$ |
|---|---|---|---|---|---|
| 净拆建比参考上限值 | 1.9 | 2.0 | 2.1 | 2.2 | 2.3 |

注：净拆建比是指项目规划容积扣减按照城市更新政策配建的政策性用房及公共配套设施、市政配套设施等建构筑物面积之后与拆除范围内现状建筑面积的比值

② 在符合《深圳市城市规划标准与准则》有关规定，且不改变城市更新单元主导功能及规划地块混合用地性质的前提下，转移容积、奖励容积可在更新单元开发建设用地内统筹安排。

可在更新单元开发建设用地内统筹安排的转移容积、奖励容积　　　　表 13.3.3-17

| 用地分类 | 规划容积上限 |
|---|---|
| 单一用地性质的居住用地 | 除无偿移交政府的公共配套设施建筑面积之外，其规划容积应符合《深圳市城市规划标准与准则》规定的居住容积率上限 |
| 含居住功能的混合用地 | 其规划住宅建筑面积应符合《深圳市城市规划标准与准则》规定的居住容积率上限 |

（3）土地信息核查（出自深规土规〔2018〕15号《深圳市拆除重建类城市更新单元土地信息核查及历史用地处置规定》）

① 土地信息核查的申请材料

土地信息核查的申请材料　　　　表 13.3.3-18

| 1. 土地信息核查申请表 | 2. 申请人身份证明 | 3. 土地权属证明材料或处理意见书 |
|---|---|---|
| 4. 土地信息一览表及相关图示 | 5. 土地征（转）情况证明材料等其他必要材料 | |

注：1. 因城市更新单元规划统筹、技术误差或计入外部移交用地等原因，申请核查范围可与城市更新单元拆除范围不一致。

2. 城市更新单元计划批准后，申报主体应当在城市更新单元规划申报前向区城市更新职能部门申请对拆除范围内的土地信息进行核查

② 土地信息核查的审查要求

区城市更新职能部门应当在受理之日起20个工作日内对土地权属、用地面积等内容进行核查，并将核查结果函复申报主体。申请核查范围与城市更新单元拆除范围不一致的，区分拆除范围内、外分别进行核查数据汇总。

核查结果作为该城市更新单元实施过程中规划审批、完善土地征（转）手续、历史用地处置和项目地价测算的基础，不作为土地性质、权属、面积等的证明材料。

③ 历史用地处置范围

城市更新单元拆除范围内用地手续不完善的建成区，同时符合下列要求的，可纳入历史用地处置范围：

a. 未签订征（转）地协议或已签订征（转）地协议但土地或者建筑物未作补偿的（协议明确土地或者建筑物不再补偿的，不属于"未作补偿"情形）；

b. 用地行为发生在2009年12月31日之前。

已签订征（转）地协议且土地及建筑物均已按协议进行部分补偿但补偿未完成的用地，不得纳入历史用地处置范围。

④ 历史用地处置的申请

土地信息核查完成后，继受单位在城市更新单元规划申报时或申报前可向区城市更新职能部门申请历史用地处置，并提交以下材料：

a. 历史用地处置申请及承诺书；

b. 土地信息核查结果的复函；

c. 继受单位股东代表大会审议同意历史用地处置的决议。法律法规或继受单位章程对事项的决议形式有要求的，遵从其要求。

d. 法律、法规、规章及规范性文件规定的其他材料。

⑤历史用地处置的审查要求

历史用地处置申请经审查符合条件的，区城市更新职能部门应当在受理之日起 20 个工作日内，向继受单位核发历史用地处置意见书。

区城市更新职能部门应当结合历史用地处置情况进行更新单元规划审查。

⑥历史用地处置比例

历史用地处置比例

表 13.3.3-19

| 拆除重建类城市更新单元 | | 处置土地中交由继受单位进行城市更新的比例 | 处置土地中无偿移交政府的比例 |
|---|---|---|---|
| 一般更新单元 | | 80% | 20% |
| 重点更新单元 | 合法用地比例≥60% | 80% | 20% |
| | 60%＞合法用地比例≥50% | 75% | 25% |
| | 50%＞合法用地比例≥40% | 65% | 35% |
| | 40%＞合法用地比例≥30% | 55% | 45% |

⑦历史用地处置实施要求

城市更新项目实施主体确认后，历史用地处置意见书作为项目用地审批及出让的依据，处置后的土地可以通过协议方式出让给项目实施主体进行开发建设。城市更新单元调出更新单元计划的，历史用地处置意见书自动失效。

在实施主体申请开发建设用地审批前，继受单位应当依法自行理清历史用地处置范围内的经济关系，拆除、清理地上建筑物、构筑物及附着物。在城市更新项目签订土地使用权出让合同前，继受单位应与政府部门签订完善征（转）地手续的协议，政府不再另行支付任何补偿。城市更新单元规划确定的无偿移交政府用地应在城市更新项目签订土地使用权出让合同前移交。

（4）外部移交用地（深府办规〔2018〕11 号《深圳市城市更新外部移交公共设施用地实施管理规定》）

①外部移交用地的定义

通过拆除重建类城市更新项目（以下简称更新项目）的实施，实现更新项目拆除范围外公共设施用地移交的情形，上述移交的公共设施用地统称外部移交用地。

②外部移交用地可包含以下情形

外部移交用地可包含情形

表 13.3.3-20

| 1 | 法定图则或其他法定规划确定的文体设施用地（GIC2）、医疗卫生用地（GIC4）、教育设施用地（GIC5）、社会福利用地（GIC7）、公用设施用地（U）、绿地与广场用地（G）、交通场站用地（S4） |
|---|---|
| 2 | 各区政府（含新区管委会，下同）亟须实施的道路、河道等线性工程的重要节点用地 |
| 3 | 基本生态控制线范围内（不含一级水源保护区）手续完善的各类用地。其中现状为符合基本生态控制线有关规定且与生态环境保护相适宜的重大道路交通设施、市政公用设施、旅游设施、公园、现代农业、教育科研等项目用地除外 |

注：涉及法定规划未覆盖区域或因《深圳市城市规划标准与准则》调整导致其用地类别与现行用地类别不一致的，应先取得规划主管部门的相关意见

③ 外部移交用地划定标准

**外部移交用地划定标准**                                                    表 13.3.3-21

| 1 | 应与更新项目位于同一行政区（含新区）辖区范围内 | |
|---|---|---|
| 2 | 应包含完整的宗地和建筑物，以及明晰的产权边界 | |
| 3 | 满足规划确定的公共服务设施和城市基础设施建设要求 | |
| 4 | 单个划定范围的用地面积原则上不小于 3000m²，但涉及右侧情形的除外 | 现状公共服务设施和城市基础设施按照规划要求扩建的 |
| | | 各区政府亟需实施的道路、河道等线性工程的重要节点用地 |
| 5 | 用地范围涉及建成区和未建设用地的，应参照城市更新单元拆除范围边界划定要求分别划定 | |
| 6 | 外部移交用地涉及被占用的国有未出让用地的，应无偿清退，不适用本项第（5）条及第（6）条 | |

注：1. 外部移交用地不得包含土地整备年度计划范围内的用地。已列入土地整备年度计划范围内的用地需通过本规定实施的，应先行调出土地整备年度计划。

    2. 外部移交用地不划入更新项目的拆除范围，不计入更新项目内无偿移交给政府的用地，不核减更新项目承担的公共设施用地面积。

    3. 外部移交用地不计入辖区城市更新五年规划拆除重建类更新计划用地规模，不需位于辖区划定的拆除重建类更新空间范围。

    4. 外部移交用地涉及水源保护区的，其建设应符合国家相关规定

④ 外部移交用地在城市更新单元计划申报时应征集相关权利主体意愿应满足以下要求

**征集权利主体意愿应满足要求**                                              表 13.3.3-22

| 序号 | 分类 | | 条件 |
|---|---|---|---|
| 1 | 外部移交用地范围内用地为单一地块 | 权利主体单一的 | 该主体同意移交 |
| | | 建筑物为多个权利主体共有的 | 占份额三分之二以上的共有人或者全体共有人同意移交 |
| | | 建筑物区分所有的 | 专有部分占建筑物总面积三分之二以上的权利主体且占总人数三分之二以上的权利主体同意移交 |
| | 范围内用地包含多个地块的 | | 符合上述规定地块的总用地面积应当不小于移交范围用地面积的 80% |
| 2 | 外部移交用地范围内用地属城中村、旧屋村或原农村集体经济组织和原村民在城中村、旧屋村范围以外形成的建成区域的 | | 须经原农村集体经济组织继受单位的股东大会表决同意移交，但章程规定由股东代表大会表决或对表决通过率有特别规定的，遵从其规定 |
| | | | 涉及原农村集体经济组织继受单位所属物业的，可按《深圳经济特区股份合作公司条例》执行 |

⑤ 拆除重建类城市更新单元计划外部移交用地面积可计入拆除范围合法用地比例

**可计入拆除范围合法用地比例**                                              表 13.3.3-23

| 用 地 类 型 | | 外部移交用地面积计入拆除范围内合法土地面积 |
|---|---|---|
| 合法用地比例 ≥ 30% | 手续完善的各类用地 | 其土地面积全部计入 |
| | 未完善征（转）手续的用地 | 按其土地面积的 55% 计入 |

注：1. 计入后的拆除范围内合法用地比例应符合城市更新单元计划申报的相关要求。

    2. 计入后的合法土地面积按等面积安排于拆除范围内未完善征（转）手续的用地上，该部分用地不再进行历史用地处置，可协议出让给更新项目实施主体开发建设

⑥外部移交用地中建成区部分可以按照下列规定计算转移容积计入更新项目

**计算转移容积规定**  表 13.3.3-24

| | 情 形 | 计 算 方 式 | 说 明 |
|---|---|---|---|
| 1 | 外部移交用地建成区现状容积率低于转移系数规定表的 | 转移容积＝外部移交用地建成区用地面积 × 转移系数 | 涉及跨多个密度分区的，按其建成区用地占比加权平均后确定转移系数；位于基本生态控制线范围内的，按相邻片区密度分区下降一区确定（密度五区除外） |
| 2 | 外部移交用地建成区现状容积率等于或高于转移系数规定表的 | 转移容积按其现状建筑面积的1倍取值 | 现状建筑面积以深圳市地籍测绘大队直接出具或者审核的测绘报告为准 |

注：1. 外部移交用地属未建设用地的部分，不计算转移容积。

2. 为保障全市住房供应、促进职住平衡，在符合《深圳市城市规划标准与准则》及不改变城市更新单元主导功能的前提下，转移容积应优先安排居住功能

**转移系数规定表**  表 13.3.3-25

| 外部移交用地所在密度分区 | 密度一区 | 密度二区 | 密度三区 | 密度四区 | 密度五区 |
|---|---|---|---|---|---|
| 转移系数 | 2.2 | 1.8 | 1.5 | 1.2 | 0.7 |

⑦外部移交用地的地价测算方法

**地价测算方法**  表 13.3.3-26

| | 条 件 | 地价测算方法 |
|---|---|---|
| 1 | 按本项第（5）条计入的手续完善的各类用地 | 应以外部移交用地的合法用地类别，与拆除范围内手续完善的各类用地按照城市更新地价测算规则及次序一并参与地价测算 |
| 2 | 计入的外部移交用地中未完善征（转）手续的用地 | 其计入的合法土地面积参照"历史用地处置"的测算次序、地价标准和修正系数参与地价测算 |
| 3 | 城市更新单元涉及分期实施的 | 外部移交用地按照前款规定与城市更新单元规划确定的首期拆除范围一并参与地价测算 |

⑧实施要求

更新项目实施主体应自行理清外部移交用地范围内的经济关系，自行拆除、清理地上建筑物、构筑物及附着物等（按相关规定需保留的除外），其中外部移交用地属于未完善征（转）手续的，原农村集体经济组织继受单位应与政府签订完善处置土地征（转）手续的协议，政府均不作补偿。

外部移交用地应按照相关规定与更新项目范围内所有权利主体形成单一主体，原则上在更新项目获得实施主体确认和签订项目实施监管协议后方可拆除建筑物，并在首期更新项目土地使用权出让合同签订前无偿移交。

（5）落实公共利益项目用地要求（深规划资源规〔2019〕4号《深圳市拆除重建类城市更新单元计划管理规定》第三章）

拆除范围内原则上应包含完整的规划独立占地的城市基础设施、公共服务设施或其他城市公共利益项目用地，且应满足以下要求：

**落实公共利益项目用地要求**  表 13.3.3-27

| | 要 求 | |
|---|---|---|
| 1 | 无偿移交给政府的城市公共利益项目用地应当大于3000m² 且不小于拆除范围用地面积的15% | |
| 2 | 申报拆除范围与法定图则划定单元范围一致的 | 应落实法定图则确定的城市公共利益项目用地 |

| | 要　求 | |
|---|---|---|
| 2 | 申报拆除范围与法定图则划定单元范围不一致的 | 位于划定单元范围内的部分，其土地移交率原则上不低于法定图则单元中公共利益用地所占单元范围用地的比例，且应优先落实法定图则单元内独立占地的重大公共利益项目 |
| | 法定图则单元中公共利益用地所占单元范围用地的比例超过 50% 的 | 在城市基础设施和公共服务设施满足《深圳市城市规划标准与准则》要求且不影响使用功能的前提下，在更新单元规划阶段综合研究后按程序确定城市公共利益项目用地 |

3）城市更新实施主体

（1）拆除重建类城市更新的实施方式（深府〔2012〕1 号《深圳市城市更新办法实施细则》第三十三条）

**拆除重建类城市更新的实施方式**　　　　　　　　　　　　　　表 13.3.3-28

| 序号 | 实施方式 | 具体实施操作 |
|---|---|---|
| 1 | 权利主体自行实施 | 包括项目拆除重建区域内的单一权利主体自行实施，或者多个权利主体将房地产权益转移到其中一个权利主体后由其实施 |
| 2 | 市场主体单独实施 | 项目拆除重建区域内的权利主体将房地产权益转移到非原权利主体的单一市场主体后由其实施 |
| 3 | 合作实施 | 城中村改造项目中，原农村集体经济组织继受单位可以与单一市场主体通过签订改造合作协议合作实施 |
| 4 | 政府组织实施 | 政府通过公开方式确定项目实施主体，或者由政府城市更新实施机构直接实施。涉及房屋征收与补偿的，按照《国有土地上房屋征收与补偿条例》规定执行 |

（2）拆除重建类城市更新的实施主体的确认（深府〔2012〕1 号《深圳市城市更新办法实施细则》第四十六条）

**拆除重建类城市更新实施主体的确认**　　　　　　　　　　　　表 13.3.3-29

| 序号 | 分　类 | | 实　施　主　体 |
|---|---|---|---|
| 1 | 城市更新单元内项目拆除范围存在多个权利主体的 | 权利主体以房地产作价入股成立或者加入公司 | 所有权利主体将房地产的相关权益移转到同一主体后，形成单一主体 |
| | | 权利主体与搬迁人签订搬迁补偿安置协议 | |
| | | 权利主体的房地产被收购方收购 | |
| 2 | 属于合作实施的城中村改造项目的 | | 单一市场主体还应当与原农村集体经济组织继受单位签订改造合作协议 |
| 3 | 属于以旧住宅区改造为主的改造项目的 | | 区政府应当在城市更新单元规划经批准后，组织制定搬迁补偿安置指导方案和市场主体公开选择方案，经占建筑物总面积 90% 以上且占总数量 90% 以上的业主同意后，公开选择市场主体。市场主体与所有业主签订搬迁补偿安置协议后，形成单一主体 |

（3）城市更新单元内项目实施主体资格确认需并提供以下材料（出自深府〔2012〕1 号《深圳市城市更新办法实施细则》第四十九条）

城市更新单元内项目实施主体资格确认材料 　　　　　　　　表 13.3.3-30

| 序号 | 材 料 内 容 | |
|---|---|---|
| 1 | 项目实施主体资格确认申请书 | |
| 2 | 申请人身份证明文件 | |
| 3 | 城市更新单元规划确定的项目拆除范围内土地和建筑物的测绘报告、权属证明及抵押、查封情况核查文件 | |
| 4 | 申请人形成或者作为单一主体的相关证明材料 | 申请人收购权利主体房地产的证明材料及付款凭证 |
| | | 申请人制定的搬迁补偿安置方案及与权利主体签订的搬迁补偿安置协议、付款凭证、异地安置情况和回迁安置表 |
| | | 权利主体以其房地产作价入股成立或者加入公司的证明文件 |
| | | 申请人本身即为权利主体或者权利主体之一的相关证明文件 |
| | | 以合作方式实施的城中村改造项目的改造合作协议 |
| 5 | 其他相关文件资料 | |

（4）城市更新职能部门与实施主体签订的项目实施监管协议内容（出自深府〔2012〕1号《深圳市城市更新办法实施细则》第五十二条）：

① 实施主体按照城市更新单元规划要求应履行的移交城市基础设施和公共服务设施用地等义务；

② 实施主体应当完成搬迁，并按照搬迁补偿安置方案履行货币补偿、提供回迁房屋和过渡安置等义务；

③ 更新单元内项目实施进度安排及完成时限；

④ 城市更新职能部门采取的设立资金监管账户或者其他监管措施；

⑤ 双方约定的其他事项。

# 14 居住区及环境

## 14.1 居住区场地

### 14.1.1 居住区场地

居住区场地一般规定　　　　　　　表 14.1.1

| 类　别 | | 技 术 要 求 | 规 范 依 据 |
|---|---|---|---|
| 居住区场地 | 选址 | 居住区应选择在安全、适宜居住的地段进行建设 | 《城市居住区规划设计标准》GB 50180—2018 第 3.0.2 条 |
| | 分级控制规模 | 按照居民在合理的步行距离内满足基本生活需求的原则，可分为十五分钟生活圈居住区、十分钟生活圈居住区、五分钟生活圈居住区及居住街坊四级。其分级控制规模应符合表 14.1.1a 的规定 | 《城市居住区规划设计标准》GB 50180—2018 第 3.0.4 条 |
| | 公共绿地 | 新建各级生活圈居住区应配套规划建设公共绿地，并应集中设置具有一定规模，且能开展休闲、体育活动的居住区公园 | 《城市居住区规划设计标准》GB 50180—2018 第 4.0.4 条 |
| | 日照标准 | 住宅建筑与相邻建、构筑物的间距应满足日照要求 | 《城市居住区规划设计标准》GB 50180—2018 第 4.0.8 条 |
| | 配套指标 | 配套设施用地及建筑面积控制指标，应按照居住区分级对应的居住人口规模进行控制。并应符合表 14.1.1b 的规定 | 《城市居住区规划设计标准》GB 50180—2018 第 5.0.3 条 |
| | 道路 | 居住区的路网系统应与城市道路交通系统有机衔接，居住区应采取"小街区、密路网"的交通组织方式，路网密度不应小于 8km/km²；城市道路间距不应该超过 300m，宜为 150～250m，并应与居住街坊的布局相结合 | 《城市居住区规划设计标准》GB 50180—2018 第 6.0.2 条 |
| | 径流量控制 | 场地设计应合理评估和预测场地可能存在的水涝风险，尽量使场地雨水就地消纳或利用，防止径流外排到其他区域形成水涝和污染 | 《绿色建筑评价标准》GB/T 50378—2014 第 4.2.14 条 |

居住区分级控制规模　　　　　　　表 14.1.1a

| 距离与规模 | 十五分钟生活圈居住区 | 十分钟生活圈居住区 | 五分钟生活圈居住区 | 居住街坊 |
|---|---|---|---|---|
| 步行距离（m） | 800～1000 | 500 | 300 | — |
| 居住人口（人） | 50000～100000 | 15000～25000 | 5000～12000 | 1000～3000 |
| 住宅数量（套） | 17000～32000 | 5000～8000 | 1500～4000 | 300～1000 |

配套设施控制指标（m²／千人）　　　　　　　表 14.1.1b

| 类别 | 十五分钟生活圈居住区 | | 十分钟生活圈居住区 | | 五分钟生活圈居住区 | | 居住街坊 | |
|---|---|---|---|---|---|---|---|---|
| | 用地面积 | 建筑面积 | 用地面积 | 建筑面积 | 用地面积 | 建筑面积 | 用地面积 | 建筑面积 |
| 总指标 | 1600～2910 | 1450～1830 | 1980～2660 | 1050～1270 | 1710～2210 | 1070～1820 | 50～150 | 80～90 |

## 14.1.2 总平面

**总平面一般规定** 表 14.1.2

| 类别 | | 技术要求 | 规范依据 |
|---|---|---|---|
| 总平面图 | 城市道路关系 | 基地内建筑面积小于或等于 3000m² 时，其连接道路宽度不应小于 4.0m；大于 3000m² 时，且只有一条连接道路时，其宽度不小于 7.0m；当有两条或两条以上连接道路时，单条道路宽度不小于 4.0m | 《民用建筑设计统一标准》GB 50352—2019 第 4.2.1 条 |
| | 出入口 | 中等城市、大城市的主干路交叉口，自道路红线交叉点起沿线 70.0m 范围内不应设置机动车出入口<br>距人行横道、人行天桥、人行地道（包括引道，引桥）最近边缘线不小于 5.0m<br>距地铁出入口、公共交通站台边缘不应小于 15.0m<br>距公园、学校及有儿童、老年人、残障人士使用建筑的出入口，最近边缘不应小于 20.0m | 《民用建筑设计统一标准》GB 50352—2019 第 4.2.4 条 |
| | 住宅至道路边缘的最小间距 | 住宅至道路边缘的最小间距，应符合表 14.1.2a 的规定 | 《住宅建筑规范》GB 50368—2005 第 4.1.4 条 |
| | 居住区内道路 | 主要附属道路至少应有两个车行出入口连接城市道路，其道路宽度不小于 4.0m，其他附属道路宽度不小于 2.5m<br>人行出入口间距不宜超过 200m | 《城市居住区规划设计标准》GB 50180—2018 第 6.0.4.1 条 |
| | 居住区内道路纵坡 | 居住区内道路最小纵坡不小于 0.3%，最大纵坡控制应符合表 14.1.2b 的要求 | 《城市居住区规划设计标准》GB 50180—2018 第 6.0.4.3 条 |

**住宅至道路边缘的最小间距** 表 14.1.2a

| 住宅建筑与道路关系 | | | 路面宽度 | | |
|---|---|---|---|---|---|
| | | | <6m | 6~9m | >9m |
| 住宅面向道路 | 无出入口 | 高层 | 2.0 | 3.0 | 5.0 |
| | | 多层 | 2.0 | 3.0 | 3.0 |
| | 有出入口 | | 2.5 | 5.0 | — |
| 住宅山墙面向道路 | 高层 | | 1.5 | 2.0 | 4.0 |
| | 多层 | | 1.5 | 2.0 | 2.0 |

注：1. 当道路设有人行便道时，其道路边缘指便道边线；
    2. 表中"—"表示住宅不应面向路面宽度>9m 的道路开设出入口

**居住区内道路纵坡控制表** 表 14.1.2b

| 道路类别及控制内容 | 最大纵坡 |
|---|---|
| 机动车道 | 8% |
| 非机动车道 | 3% |
| 步行道 | 8% |

## 14.2　居住建筑设计

### 14.2.1　住宅建筑分类

**住宅建筑分类**　　　　　　　　　　　　　　　　　　　　　表 14.2.1

| 分　类 | 高度或层数 |
|---|---|
| 低层住宅 | 1～3F |
| 多层住宅 | 4～6F |
| 中高层住宅 | 7～9F |
| 高层住宅 | ≥10F（防火规范高度＞27m） |
| 超高层住宅 | 高度＞100m |

### 14.2.2　套内空间

1）套型使用面积

住宅的套型使用面积应满足规划要求，最小使用面积应符合表 14.2.2-1 的要求。

保障房的套型使用面积应满足当地保障房建设标准的要求。

**住宅套型的最小使用面积表（单位：m²）**　　　　　　表 14.2.2-1

| 套型 | 功　能　空　间 | 最小使用面积 | 规　范　依　据 |
|---|---|---|---|
| 一类 | 起居室（厅）、卧室、厨房和卫生间 | 30 | 《住宅设计规范》GB 50096—2011 第5.1.2条 |
| 二类 | 兼起居室卧室、厨房和卫生间 | 22 | |

2）套内空间使用面积

**套内空间使用面积要求**　　　　　　　　　　　　　　　表 14.2.2-2

| 类　别 | | 设　计　要　求 | 规范依据 |
|---|---|---|---|
| 套内空间 | 卧室 起居室 | 卧室的使用面积不应小于下列规定：<br>1. 双人卧室≥9m²；<br>2. 单人卧室≥5m²；<br>3. 兼起居的卧室≥12m²。<br>起居室（厅）的使用面积不应小于10m²<br>应减少直接开向起居厅的门的数量。起居室（厅）内布置家具的墙面直线长度宜大于3m<br>无直接采光的餐厅、过厅等，其使用面积不宜大于10m² | 《住宅设计规范》GB 50096—2011第5.2.1条～第5.2.4条 |
| | 厨房 | 厨房的使用面积不应小于下列规定：<br>1. 由卧室、起居室（厅）、厨房和卫生间等组成的住宅套型的厨房使用面积不应小于4.0m²。<br>2. 由兼起居的卧室、厨房和卫生间等组成的住宅最小套型的厨房使用面积不应小于3.5m²。<br>厨房宜布置在套内近入口处。<br>厨房应设置洗涤池、案台、炉灶及排油烟机、热水器等设施或为其预留位置。<br>厨房应按炊事操作流程布置。排油烟机的位置应与炉灶位置对应，并应与排气道直接连通。<br>单排布置设备的厨房净宽不应小于1.50m；双排布置设备的厨房其两排设备之间的净距不应小于0.9m | 《住宅设计规范》GB 50096—2011第5.3.1条～第5.3.5条 |

续表

| 类 别 | | 设 计 要 求 | 规范依据 |
|---|---|---|---|
| 套内空间 | 卫生间 | 每套住宅应设卫生间，至少应配置便器、洗浴器、洗面器三件卫生设备或为其预留位置。三件卫生设备集中配置的卫生间的使用面积不应小于 2.50m²。<br>卫生间可根据使用功能要求组合不同的设备。不同组合的空间使用面积不应小于下列规定：<br>1. 设便器、洗面器的为 1.80m²；<br>2. 设便器、洗浴器的为 2.00m²；<br>3. 设洗面器、洗浴器的为 2.00m²；<br>4. 设洗面器、洗衣机的为 1.80m²；<br>5. 单设便器的为 1.10m²。<br>无前室的卫生间的门不应直接开向起居室（厅）或厨房<br>卫生间不应直接布置在下层住户的卧室、起居室（厅）、厨房和餐厅的上层<br>当卫生间布置在本套内的卧室、起居室（厅）、厨房和餐厅的上层时，均应有防水和便于检修的措施<br>套内应设置洗衣机的位置 | 《住宅设计规范》GB 50096—2011第5.4.1条~第5.4.6条 |

3）层高净高

住宅层高宜为 2.8m，最大层高应满足当地规划设计要求。

**住宅套内净高表** 表 14.2.2-3

| 功能空间 | 净 高 | 规 范 依 据 |
|---|---|---|
| 起居室（厅）、卧室 | ≥2.40m，使用面积≤1/3 的局部空间≥2.10m<br>坡屋顶时，使用面积≤1/2 的局部空间≥2.10m | 《住宅设计规范》GB 50096—2011 第5.5.2 条~第5.5.5 条 |
| 厨房、卫生间 | ≥2.20m，管道下方≥0.90m<br>厨房、卫生间内排水横管下表面与楼面、地面净距不得低于1.90m，且不得影响门、窗扇开启 | |

4）阳台、套内楼梯、门窗洞口

**住宅阳台、套内楼梯、门窗洞口规定** 表 14.2.2-4

| 类 别 | | 设 计 要 求 | 规 范 依 据 |
|---|---|---|---|
| 套内空间 | 阳台 | 每套住宅宜设阳台或平台<br>阳台栏杆设计应采用防止儿童攀登的构造，栏杆的垂直杆件间净距不应大于 0.11m，放置花盆处必须采取防坠落措施<br>住宅的阳台栏板或栏杆净高，六层及六层以下的不应低于 1.05m；七层及七层以上的不应低于 1.10m<br>封闭阳台栏板或栏杆也应满足阳台栏板或栏杆净高要求<br>顶层阳台应设雨罩，各套住宅之间毗连的阳台应设分户隔板<br>阳台、雨罩均应做有组织排水，雨罩及开敞阳台应做防水措施<br>当阳台设有洗衣设备时应设置专用给、排水管线及专用地漏，阳台楼、地面均应做防水<br>当阳台或建筑外墙设置空调室外机时，其安装位置应符合下列要求：<br>（1）能通畅地向室外排放空气和自室外吸入空气；<br>（2）在排出空气一侧不应有遮挡物；<br>（3）可方便地对室外机进行维修和清扫换热器；<br>（4）安装位置不应对室外人员形成热污染 | 《住宅设计规范》GB 50096—2011 第5.6.1 条~第5.6.8 条 |

| 类　别 | | 设　计　要　求 | 规　范　依　据 |
|---|---|---|---|
| 套内空间 | 过道储藏空间套内楼梯 | 套内入口过道净宽不宜小于 1.20m；通往卧室、起居室（厅）的过道净宽不应小于 1.00m；通往厨房、卫生间、贮藏室的过道净宽不应小于 0.90m<br>套内设于底层或靠外墙、靠卫生间的壁柜内部应采取防潮措施<br>套内楼梯当一边临空时，梯段净宽不应小于 0.75m；当两侧有墙时，墙面之间净宽不应小于 0.90m，并应在其中一侧墙面设置扶手<br>套内楼梯的踏步宽度不应小于 0.22m；高度不应大于 0.20m，扇形踏步转角距扶手中心 0.25m 处，宽度不应小于 0.22m | 《住宅设计规范》GB 50096—2011 第 5.7.1 条～第 5.7.4 条 |
| | 门窗 | 外窗窗台距楼面、地面的净高低于 0.90m 时，应有防护措施。窗外有阳台或平台时可不受此限制。窗台的净高或防护栏杆的高度均应从可踏面起算，保证净高达到 0.90m<br>当设置凸窗时应符合下列规定：<br>（1）窗台高度低于或等于 0.45m 时，防护高度从窗台面起算不应低于 0.90m<br>（2）可开启窗扇窗洞口底距窗台面的净高低于 0.90m 时，窗洞口处应有防护措施。其防护高度从窗台面起算不应低于 0.90m<br>底层外窗和阳台门、下沿低于 2.00m 且紧邻走廊或共用上人屋面上的窗和门，应采取防卫措施<br>面临走廊、共用上人屋面或凹口的窗，应避免视线干扰，向走廊开启的窗扇不应妨碍交通<br>住宅户门应采用具备防盗、隔声功能的防护门。向外开启的户门不应妨碍公共交通及相邻户门开启<br>厨房和卫生间的门应在下部设有效截面积不小于 0.02m² 的固定百叶，或距地面留出不小于 30mm 的缝隙<br>门洞最小尺寸应符合表 14.2.2-5 的要求 | 《住宅设计规范》GB 50096—2011 第 5.8.1 条～第 5.8.7 条 |

**门洞最小尺寸**　　　　　　　　　　　　　　　　　　　　　　　　表 14.2.2-5

| 类　别 | 洞口宽度（m） | 洞口高度（m） |
|---|---|---|
| 共用外门 | 1.20 | 2.00 |
| 户（套）门 | 1.00 | 2.00 |
| 起居室（厅）门 | 0.90 | 2.00 |
| 卧室门 | 0.90 | 2.00 |
| 厨房门 | 0.80 | 2.00 |
| 卫生间门 | 0.70 | 2.00 |
| 阳台门（单扇） | 0.70 | 2.00 |

注：1. 表中门洞口高度不包括门上亮子高度，宽度以平开门为准。
　　2. 洞口两侧地面有高低差时，以高地面为起算高度

### 14.2.3　公共空间

1）出入口、门厅、信报箱

**基　本　规　定**　　　　　　　　　　　　　　　　　　　　　　　　表 14.2.3-1

| 类　别 | | 设　计　要　求 |
|---|---|---|
| 公共空间 | 出入口 | 包括台阶、坡道、平台 |

| 类　别 | | 设　计　要　求 |
|---|---|---|
| 公共空间 | 大堂 | 大堂可与电梯厅、楼梯间等合用；门厅外门净宽应≥1.50m，净高应≥2.00m；门厅层高不应小于住宅层高；设置架空层时，可与架空层同高 |
| | 室内外高差 | 首层设有住宅时，住宅的室内外高差≥0.30m；首层设有架空花园时，架空花园地面不应低于室外场地标高，住宅门厅（含电梯厅、楼梯间等）与室外场地高差≥0.15m |
| | 雨篷 | 出入口上方应设置雨篷，进深不应小于入口平台进深，且≥1.00m；当台阶、坡道等出入口上方设置阳台、外廊、开敞楼梯、开敞电梯厅、露台、上人屋面等时，雨篷应采取防止物体坠落伤人的安全措施 |
| | 架空层 | 高层住宅宜在建筑地面层或裙房屋面的住宅首层设置架空层，提供绿化休闲空间；架空层层高应满足当地规划设计控制要求 |
| | 信报箱、物流存储箱 | 出入口应设置信报箱，宜设置物流存储箱；不应占用公共通行空间，应兼顾收发与住宅安防要求，并选用定型产品 |

2）楼梯、电梯

**楼梯、电梯规定**　　　　　　　　表 14.2.3-2

| 类　别 | | 设　计　要　求 | 规　范　依　据 |
|---|---|---|---|
| 公共空间 | 楼梯 | 楼梯梯段净宽不应小于1.10m，不超过六层的住宅，一边设有栏杆的梯段净宽不应小于1.00m。楼梯梯段净宽系指墙面装饰面至扶手中心之间的水平距离。<br>楼梯踏步宽度不应小于0.26m，踏步高度不应大于0.175m。扶手高度不应小于0.90m。楼梯水平段栏杆长度大于0.50m时，其扶手高度不应小于1.05m。楼梯栏杆垂直杆件间净空不应大于0.11m。<br>楼梯平台净宽不应小于楼梯梯段净宽，且不得小于1.20m。楼梯平台的结构下缘至人行通道的垂直高度不应低于2.00m。入口处地坪与室外地面应有高差，并不应小于0.10m。楼梯平台净宽系指墙面装饰面至扶手中心之间的水平距离；楼梯平台的结构下缘至人行通道的垂直高度系指结构梁（板）的装饰面至地面装饰面的垂直距离。<br>楼梯为剪刀梯时，楼梯平台的净宽不得小于1.30m。<br>楼梯井净宽大于0.11m时，必须采取防止儿童攀滑的措施 | 《住宅设计规范》GB 50096—2011 第 6.3.1 条～第 6.3.5 条 |
| | 电梯 | 七层及七层以上住宅或住户入口层楼面距室外设计地面的高度超过16m的住宅必须设置电梯。<br>注：<br>1. 底层作为商店或其他用房的多层住宅，其住户入口层楼面距该建筑物的室外设计地面高度超过16m时必须设置电梯；<br>2. 底层做架空层或贮存空间的多层住宅，其住户入口层楼面距该建筑物的室外设计地面高度超过16m时必须设置电梯；<br>3. 顶层为两层一套的跃层住宅时，跃层部分不计层数，其顶层住户入口层楼面距该建筑物室外设计地面的高度不超过16m时，可不设电梯；<br>4. 住宅中间层有直通室外地面的出入口并具有消防通道时，其层数可由中间层起计算。<br>十二层及十二层以上的住宅，每栋楼设置电梯不应少于两台，其中应设置一台可容纳担架的电梯。<br>十二层及十二层以上的住宅每单元只设置一部电梯时，从第十二层起应设置与相邻住宅单元联通的联系廊。联系廊可隔层设置，上下联系廊之间的间隔不应超过五层。联系廊的净宽不应小于1.10m，局部净高不应低于2.00m | 《住宅设计规范》GB 50096—2011 第 6.4.1 条～第 6.4.7 条 |

| 类　别 | | 设 计 要 求 | 规 范 依 据 |
|---|---|---|---|
| 公共空间 | 电梯 | 十二层及十二层以上的住宅由二个及二个以上的住宅单元组成。且其中有一个或一个以上住宅单元未设置可容纳担架的电梯时，应从第十二层起设置与可容纳担架的电梯联通的联系廊。联系廊可隔层设置，上下联系廊之间的间隔不应超过五层。联系廊的净宽不应小于1.10m，局部净高不应低于2.00m。<br>七层及七层以上住宅电梯应在设有户门或公共走廊的每层设站。住宅电梯宜成组集中布置。<br>候梯厅深度不应小于多台电梯中最大轿箱的深度，且不应小于1.50m<br>电梯不应紧邻卧室布置 | 《住宅设计规范》GB 50096—2011 第 6.4.1 条～第6.4.7 条 |

3）无障碍设计要求

**无障碍设计一般规定**　　　　　　　　　　　　　　　　　表 14.2.3-3

| 类　别 | | 设 计 要 求 | 规 范 依 据 |
|---|---|---|---|
| 公共空间 | 无障碍设计 | 建筑入口设台阶时，应同时设置轮椅坡道和扶手<br>坡道的坡度应符合表14.2.3-4的规定；<br>供轮椅通行的门净宽不应小于0.8m<br>供轮椅通行的推拉门和平开门，在门把手一侧的墙面，应留有不小于0.5m的墙面宽度<br>供轮椅通行的门扇，应安装视线观察玻璃、横执把手和关门拉手，在门扇的下方安装高0.35m的护门板<br>门槛高度及门内外地面高差不应大于0.15m，并应以斜坡过渡<br>七层及七层以上住宅建筑入口平台宽度不应小于2.00m，七层以下住宅建筑入口平台宽度不应小于1.50m<br>供轮椅通行的走道和通道净宽不应小于1.20m | 《住宅设计规范》GB 50096—2011 第 6.6.2 条～第6.6.4 条 |

**坡道的坡度**　　　　　　　　　　　　　　　　　　　　　表 14.2.3-4

| 坡度 | 1：20 | 1：16 | 1：12 | 1：10 | 1：8 |
|---|---|---|---|---|---|
| 最大高度（m） | 1.50 | 1.00 | 0.75 | 0.60 | 0.35 |

4）避难层、避难间

**避难层、避难间一般规定**　　　　　　　　　　　　　　　表 14.2.3-5

| 类　别 | | 设 计 要 求 | 规 范 依 据 |
|---|---|---|---|
| 公共空间 | 避难层避难间 | 建筑高度大于100m的住宅建筑应设置避难层，并应符合消防设计要求。避难层的层高应满足当地规划设计控制要求<br>建筑高度大于54m的住宅建筑，每户应有1间房间符合下列规定：（1）应靠外墙设置，并应设置可开启外窗；（2）内、外墙的耐火极限不应低于1.00h，该房间的门宜采用乙级防火门，外窗的耐火完整性不宜低于1.00h | 《建筑设计防火规范》GB 50016—2014第5.5.31条、第5.5.32条 |

# 14.3 居住区环境

## 14.3.1 室外环境

**室外环境一般规定**　　　　　　　　　　　　　　　　　　表 14.3.1

| 类　别 | | 技 术 要 求 | 规 范 依 据 |
|---|---|---|---|
| 室外环境 | 公共空间系统 | 规划设计应该统筹庭院、街道、公园及小广场等公共空间形成连续、完整的公共空间系统 | 《城市居住区规划设计标准》GB 50180—2018 第 7.0.2 条 |

续表

| 类 | 别 | 技 术 要 求 | 规 范 依 据 |
|---|---|---|---|
| 室外环境 | 微气候 | 规划设计应结合当地主导风向、周边环境、温度湿度等微气候条件，采取有效措施降低不利因素对居民生活的干扰 | 《城市居住区规划设计标准》GB 50180—2018 第 7.0.7 条 |
| | 风环境 | 建筑物周围人行区距地面 1.5m 处风速小于 5m/s，户外休息区、儿童娱乐区风速小于 2 m/s。且室外风速放大系数小于 2<br>建筑迎风面与背风面表面风压差不大于 5Pa | 《绿色建筑评价标准》GB/T 50378—2019 第 8.2.8 条 |
| | 交通设施 | 场地出入口到达公共交通站点的步行距离不超过 300m，或到达轨道交通站的步行距离不大于 500m<br>场地出入口步行距离 800m 范围内设有不少于 2 条的公共交通站点 | 《绿色建筑评价标准》GB/T 50378—2019 第 6.2.1 条 |
| | 公共服务 | 场地出入口到达幼儿园的步行距离不大于 300m<br>场地出入口到达小学的步行距离不大于 500m<br>场地出入口到达中学的步行距离不大于 1000m<br>场地出入口到达医院的步行距离不大于 1000m<br>场地出入口到达群众文化活动设施的步行距离不大于 800m<br>场地出入口到达老年人日间料理中心的步行距离不大于 500m<br>场地 500m 范围内设有不少于 3 种的公共服务设施 | 《绿色建筑评价标准》GB/T 50378—2019 第 6.2.3 条 |
| | 噪声污染控制 | 根据噪声源的位置、方向和强度，应在建筑功能分区、道路布置、建筑朝向、距离以及地形、绿化和建筑物的屏障作用等方面采取综合措施，防止或降低环境噪声 | 《民用建筑设计统一标准》GB 50352—2019 第 5.1.4 条 |

### 14.3.2 室内环境

**室内环境一般规定**　　　　　　　　　　　　　　　　表 14.3.2-1

| 类 | 别 | 技 术 要 求 | 规 范 依 据 |
|---|---|---|---|
| 室内环境 | 光环境 | 主要功能房间有合理的控制眩光措施<br>住宅建筑室内主要功能空间至少 60% 面积比例区域，其采光照度值不低于 300lx 的小时数平均不小于 8h/d<br>每套住宅至少应有一个居住空间能获得日照<br>卧室、起居室（厅）、厨房应有外窗<br>卧室、起居室的窗地面积比不应小于 1/7<br>套内空间应配置能提供与其使用功能相适应的照度水平的照明设备<br>套外的门厅地面照度不小于 100lx，电梯前厅地面照度不小于 75lx，走廊地面照度不小于 50lx，楼梯地面照度不小于 30lx | 《绿色建筑评价标准》GB/T 50378—2019 第 5.2.8 条<br>《住宅建筑规范》GB 50368—2005 第 7.2.1 条~第 7.2.3 条 |
| | 空气质量 | 通风开口面积与房间地板面积的比例在夏热冬暖地区达到 12%<br>避免卫生间、餐厅、地下车库等区域的空气和污染物串通到其他空间或室外活动场所<br>室内空气污染物的浓度限值应符合表 14.3.2-2 的规定 | 《绿色建筑评价标准》GB/T 50378—2019 第 5.2.10 条<br>《住宅建筑规范》GB 50368—2005 第 7.3.1 条 |
| | 声环境 | 住宅建筑应在平面布置和建筑构造上采取措施，保证室内安静，卧室、书房与起居室关窗状态下的允许噪声级不应大于 50dB（A 声级）<br>楼板计权标准化撞击声声压级不应大于 75dB。应采取构造措施提高楼板的撞击声隔声性能<br>楼板的空气声计权隔声量不应小于 40dB，分户墙的空气声计权隔声量不应小于 40dB，外窗的空气声计权隔声量不应小于 25 dB，户门的空气声计权隔声量不应小于 30 dB。应采取构造措施提高分户墙、楼板、外窗、户门的空气声隔声性能<br>水、暖、电、气管线穿过楼板和墙体时，孔洞周边应采取密封隔声措施 | 《住宅建筑规范》GB 50368—2005 第 7.1.1 条~第 7.1.4 条 |

| 住宅室内空气质量标准 |  | 表 14.3.2-2 |
| :---: | :---: | :---: |
| 序　号 | 项　目 | 限　值 |
| 1 | 氡 | ≤ 200Bq/m³ |
| 2 | 游离甲醛 | ≤ 0.08mg/m³ |
| 3 | 苯 | ≤ 0.09mg/m³ |
| 4 | 氨 | ≤ 0.2mg/m³ |
| 5 | 总挥发性有机化合物（TVOC） | ≤ 0.5mg/m³ |

# 14.4 住宅防疫设计

## 14.4.1 规划设计

| 规划设计一般规定 |  | 表 14.4.1 |
| :---: | :--- | :--- |
| 类　别 | 设　计　要　求 | 规　范　依　据 |
| 规划设计 | 城市居住区规划设计应遵循创新、协调、绿色、开放、共享的发展理念，营造安全、卫生、方便、舒适、美丽、和谐以及多样化的居住生活环境 | 《城市居住区规划设计标准》GB 50180—2018 第 1.0.3 条 |
|  | 居住街坊内集中绿地的规划建设，应符合下列规定：<br>（1）新区建设不应低于 0.50m²/人，旧区改建不应低于 0.35m²/人。<br>（2）宽度不应小于 8m。<br>（3）在标准的建筑日照阴影线范围之外的绿地面积不应少于 1/3 | 《城市居住区规划设计标准》GB 50180—2018 第 4.0.7 条 |
|  | 居住区规划设计应统筹建筑空间组合、绿地设置及绿化设计，优化居住区的风环境<br>应合理布局餐饮店、生活垃圾收集点、公共厕所等容易产生异味的设施，避免气味、油烟等对居民产生影响 | 《城市居住区规划设计标准》GB 50180—2018 第 7.0.7 条 |
|  | 建筑群平面布置应重视有利自然通风因素 | 《民用建筑供暖通风与空气调节设计规范》GB 50736—2012 第 6.2.1 条 |

## 14.4.2 通风与空气调节

| 通风与空气调节一般规定 |  | 表 14.4.2 |
| :---: | :--- | :--- |
| 类　别 | 设　计　要　求 | 规　范　依　据 |
| 通风与空气调节 | 在供暖、通风与空气调节设计中，对有可能造成人体伤害的设备及管道，必须采取安全防护措施 | 《民用建筑供暖通风与空气调节设计规范》GB 50736—2012 第 1.0.4 条 |
|  | 采用机械通风时，重要房间或重要场所的通风系统应具备防止以空气传播为途径的疾病通过通风系统交叉传染的功能 | 《民用建筑供暖通风与空气调节设计规范》GB 50736—2012 第 6.1.8 条 |
|  | 采用自然通风的生活、工作的房间的通风开口有效面积不应小于该房间地板面积的 5%；厨房的通风开口有效面积不应小于该房间地板面积的 10%，并不得小于 0.60m² | 《民用建筑供暖通风与空气调节设计规范》GB 50736—2012 第 6.2.4 条 |
|  | 住宅通风系统设计应符合下列规定：<br>1. 厨房、无外窗卫生间应采用机械排风系统或预留机械排风系统开口，且应留有必要的进风面积。<br>2. 厨房和卫生间全面通风换气次数不宜小于 3 次/h。<br>3. 厨房、卫生间宜设竖向排风道，竖向排风道应具有防火、防倒灌及均匀排气的功能，并应采取防止支管回流和竖井泄漏的措施。顶部应设置防止室外风倒灌装置 | 《民用建筑供暖通风与空气调节设计规范》GB 50736—2012 第 6.3.4 条 |

续表

| 类　别 | 设 计 要 求 | 规 范 依 据 |
|---|---|---|
| 通风与空气调节 | 大空间建筑及住宅易于在外墙上开窗并通过室内人员自行调节实现自然通风的房间，宜采用自然通风和机械通风结合的复合通风 | 《民用建筑供暖通风与空气调节设计规范》GB 50736—2012 第 6.4.1 条 |
| | 空气净化装置在空气净化处理过程中不应产生新的污染 | 《民用建筑供暖通风与空气调节设计规范》GB 50736—2012 第 7.5.11 条 |
| | 地下车库的通风系统，应按照设计要求正常投入运行。疫情严重地区，应加长每天的运行时间 | 参考《办公建筑应对"新型冠状病毒"运行管理应急措施指南》T/ASC 08—2020 第 2.1.5.4 条、第 2.1.5.5 条 |
| | 生活水箱间、管道直饮水处理间等应加强通风 | |
| | 新风以及建筑的所有补风，均应直接从室外清洁之后通过风管接入空调机组之中 | 参考《办公建筑应对"新型冠状病毒"运行管理应急措施指南》T/ASC 08—2020 第 2.2.1 条 |
| | 小区公共区域、楼栋大堂、楼梯间、走廊、停车场等重点区域，应保持良好通风，若不能通风应采取临时机械通风措施 | |
| | 室内空气质量应保持良好的通风，合理设置新风系统和空气净化系统，使用空气质量监控设备对室内空间污染物进行检测，在必要的情况下设置通风系统联动功能保证良好的室内空气质量 | |

### 14.4.3　给水、排水系统

**给水、排水系统一般规定** 表 14.4.3

| 类　别 | 设 计 要 求 | 规 范 依 据 |
|---|---|---|
| 给水、排水系统 | 中水、回用雨水等非生活饮用水管道严禁与生活饮用水管道连接 | 《建筑给水、排水设计标准》GB 50015—2019 第 3.1.3 条 |
| | 卫生器具和用水设备等的生活饮用水管配水件出水口应符合下列规定：<br>1. 出水口不得被任何液体或杂质所淹没。<br>2. 出水口高出承接用水容器溢流边缘的最小空气间隙，不得小于出水口直径的 2.5 倍 | 《建筑给水、排水设计标准》GB 50015—2019 第 3.3.4 条 |
| | 建筑物内的生活饮用水水池（箱）及生活给水设施，不应设置于与厕所、垃圾间、污（废）水泵房、污（废）水处理机房及其他污染源毗邻的房间内；其上层不应有上述用房及浴室、盥洗室、厨房、洗衣房和其他产生污染源的房间 | 《建筑给水、排水设计标准》GB 50015—2019 第 3.3.17 条 |
| | 生活饮用水水池（箱）内贮水更新时间不宜超过 48h<br>生活饮用水水池（箱）应设置消毒装置 | 《建筑给水、排水设计标准》GB 50015—2019 第 3.3.19 条～第 3.3.20 条 |
| | 用水器具与排水系统的连接，必须通过水封阻断下水道的污染气体进入室内 | 参考《办公建筑应对"新型冠状病毒"运行管理应急措施指南》T/ASC 08—2020 第 3.1.1 条 |
| | 下列设施与生活污水管道或其他可能产生有害气体的排水管道连接时，必须在排水口以下设置存水弯：<br>1. 构造内无存水弯的卫生器具或无水封的地漏。<br>2. 其他设备的排水口或排水沟的排水口 | 《建筑给水、排水设计标准》GB 50015—2019 第 4.3.10 条 |
| | 水封装置的水封深度不得小于 50mm，严禁采用活动机械活瓣替代水封，严禁采用钟式结构地漏 | 《建筑给水、排水设计标准》GB 50015—2019 第 4.3.11 条 |
| | 室内生活废水排水沟与室外生活污水管道连接处，应设水封装置 | 《建筑给水、排水设计标准》GB 50015—2019 第 4.4.17 条 |

续表

| 类 别 | 设 计 要 求 | 规 范 依 据 |
|---|---|---|
| 给水、排水系统 | 在建筑物内不得用吸气阀替代器具通气管和环形通气管。<br>高出屋面的通气管设置应符合下列规定：<br>1. 在通气管口周围 4m 以内有门窗时，通气管口应高出窗顶 0.6m 或引向无门窗一侧；<br>2. 在经常有人停留的平屋面上，通气管口应高出屋面 2m | 《建筑给水、排水设计标准》GB 50015—2019 第 4.7.8 条、第 4.7.12 条 |
| | 生活污水集水池设置在室内地下室时，池盖应密封，且应设置在独立设备间内并设通风、通气管道系统 | 《建筑给水、排水设计标准》GB 50015—2019 第 4.8.3 条 |
| | 化粪池与地下取水构筑物的净距不得小于 30m<br>化粪池应设通气管，通气管排出口设置位置应满足安全、环保要求 | 《建筑给水、排水设计标准》GB 50015—2019 4.10.13 条、第 4.10.14 条 |
| | 物业管理者应组织排查和完善污水排水系统、废水系统等所有排水点与管道系统连接的水封装置 | 参考《办公建筑应对"新型冠状病毒"运行管理应急措施指南》T/ASC 08—2020 第 3.1.2 条 |
| | 管道直饮水系统管道应选用耐腐蚀，内表面光滑，符合食品级卫生、温度要求的薄壁不锈钢管、薄壁铜管、优质塑料管。开水管道金属管材的许用工作温度应大于 100℃ | 《建筑给水、排水设计标准》GB 50015—2019 第 6.9.6 条 |
| | 公共厕所内部应空气流通、光线充足、沟通路平，应有防臭、防蛆、防蝇、防鼠等技术措施 | 《环境卫生设施设置标准》CJJ 27—2012 第 3.4.5 条、第 3.4.6 条 |
| | 公共厕所的粪便严禁直接排入雨水管、河道或水沟内 | |

## 14.4.4 智能化

智能化一般规定　　　　　　　　　　　　　　　　　　　　表 14.4.4

| 类 别 | 设 计 要 求 | 规 范 依 据 |
|---|---|---|
| 智能化 | 住宅内安装水、电、气、热等具有信号输出的表具，并将表具计量数据远程传至居住区物业管理中心，实现自动抄表 | 《居住区智能化系统配置与技术要求》CJ/T 174—2003 第 9.1.1.1 条 |
| | 设置饮用蓄水池过滤、杀菌设备的故障报警 | 《居住区智能化系统配置与技术要求》CJ/T 174—2003 第 9.5.1.1 条 |

## 14.4.5 垃圾收集和暂存

垃圾收集和暂存规定　　　　　　　　　　　　　　　　　　表 14.4.5

| 类 别 | 设 计 要 求 | 规 范 依 据 |
|---|---|---|
| 垃圾收集和暂存 | 垃圾容器的容量和数量应按使用人口、各类垃圾日排出量、种类和收集频率计算。垃圾存放的总容纳量应满足使用需要，垃圾不得溢出影响环境 | 《环境卫生设施设置标准》CJJ 27—2012 第 3.3.3 条 |
| | 垃圾容器间设置应规范，宜设有给水排水和通风设施。混合收集垃圾容器间占地面积不宜小于 5m²，分类收集垃圾容器间占地面积不宜小于 10m² | 《环境卫生设施设置标准》CJJ 27—2012 第 3.3.4 条 |
| | 应执行污染物排放管理制度文件、垃圾管理制度、垃圾分类收集管理制度。各类垃圾应按垃圾分类标准进行分类和暂存 | 参考《办公建筑应对"新型冠状病毒"运行管理应急措施指南》T/ASC 08—2020 第 5.0.1 条 |

续表

| 类　别 | 设计要求 | 规范依据 |
|---|---|---|
| 垃圾收集和暂存 | 垃圾站（间）等暂存场所应设有冲洗和排水设施，指定专人进行定期冲洗、消毒杀菌。完善垃圾站（间）定期清洗、消杀记录和垃圾清运记录 | 参考《办公建筑应对"新型冠状病毒"运行管理应急措施指南》T/ASC 08—2020 第 5.0.4 条 |
| | 临时存放的垃圾应及时清运、不散发臭味。运输时垃圾不散落、不污染环境 | 参考《办公建筑应对"新型冠状病毒"运行管理应急措施指南》T/ASC 08—2020 第 5.0.6 条 |

### 14.4.6　系统清洁和保洁消毒

系统清洁和保洁消毒一般规定　　　　　　　　　　表 14.4.6

| 类　别 | 设计要求 | 规范依据 |
|---|---|---|
| 系统清洁和保洁消毒 | 定期对建筑公共区域进行巡查，及时处理围护结构漏水、室内积水、污物积存、建筑或构件生霉等非正常情况 | 参考《办公建筑应对"新型冠状病毒"运行管理应急措施指南》T/ASC 08—2020 第 4.1.1 条 |
| | 保洁人员工作时，应戴好手套、口罩。不同区域使用的清洁用品不应混用 | 参考《办公建筑应对"新型冠状病毒"运行管理应急措施指南》T/ASC 08—2020 第 4.2.4 条 |
| | 对公共大堂、电梯按钮等公共空间加强保洁和消毒。建筑内设有多部电梯时，可采用交叉运行和分部消毒（不运行电梯）方式 | 参考《办公建筑应对"新型冠状病毒"运行管理应急措施指南》T/ASC 08—2020 第 4.2.5 条 |

备注：居住建筑应对"新型冠状病毒"管理措施没有最新规范，本手册参考办公规范技术措施

**参考文献：**

［1］城市居住区规划设计标准 GB 50180—2018.

［2］住宅设计规范 GB 50096—2011.

［3］绿色建筑评价标准 GB/T 50378—2019.

［4］民用建筑设计统一标准 GB 50352—2019.

［5］住宅建筑规范 GB 50368—2005.

［6］无障碍建筑规范 GB 50763—2012.

［7］建筑设计防火规范 GB 50016—2014.

［8］环境卫生设施设置标准 CJJ 27—2012.

［9］建筑给水、排水设计标准 GB 50015—2019.

［10］居住区智能化系统配置与技术要求 CJ/T 174—2003.

［11］民用建筑供暖通风与空气调节设计规范 GB 50736—2012.

［12］办公建筑应对"新型冠状病毒"运行管理应急措施指南 T/ASC 08—2020.

# 参 考 文 献

**一、法规与标准规范、图集等**

[1] 中华人民共和国国土资源部. 城市公共体育场馆用地控制指标（国土资规〔2017〕11号）. 2017.

[2] 民用建筑设计统一标准 GB 50352—2019.

[3] 建筑设计防火规范 GB 50016—2014（2018年版）.

[4] 公共建筑节能设计标准 GB 50189—2015.

[5] 城镇老年人设施规划规范 GB 50437—2007（2018年版）.

[6] 无障碍设计规范 GB 50763—2014.

[7] 民用建筑工程室内环境污染控制规范 GB 50325—2014.

[8] 建筑防烟排烟系统技术标准 GB 51251—2017.

[9] 城市居住区规划设计标准 GB 50180—2018.

[10] 住宅设计规范 GB 50096—2011.

[11] 住宅建筑规范 GB 50368—2005.

[12] 中小学校设计规范 GB 50099—2011.

[13] 建筑采光设计标准 GB 50033—2013.

[14] 建筑幕墙 GB/T 21086—2007.

[15] 城市停车规划规范 GB/T 51149—2016.

[16] 电动汽车分散充电设施工程技术标准 GB/T 51313—2018.

[17] 建筑工程绿色施工评价标准 GB/T 50640—2010.

[18] 建筑工程绿色施工规范 GB/T 50905—2014.

[19] 绿色建筑评价标准 GB/T 50378—2019.

[20] 绿色校园评价标准 GB/T 51356—2019.

[21] 装配式混凝土建筑技术标准 GB/T 51231—2016.

[22] 装配式钢结构建筑技术标准 GB/T 51232—2016.

[23] 社区老年人日间照料中心服务基本要求 GB/T 33168—2016.

[24] 车库建筑设计规范 JGJ 100—2015.

[25] 玻璃幕墙工程技术规范 JGJ 102—2003.

[26] 体育建筑设计规范 JGJ 31—2003.

[27] 老年人照料设施建筑设计标准 JGJ 450—2018.

[28] 装配式混凝土结构技术规程 JGJ 1—2014.

[29] 城市道路绿化规划与设计规范 CJJ 75—97.

[30] 城乡建设用地竖向规划规范 CJJ 83—2016.

[31] 机械式停车库工程技术规范 JGJ/T 326—2014.

［32］城市绿地分类标准 CJJ/T 85—2017.

［33］装配式混凝土建筑结构技术规程 DBJ 15—107—2016.

［34］电动汽车充电基础设施建设技术规程 DBJ/T 15—150—2018.

［35］装配式混凝土建筑深化设计技术规程 DBJ/T 15—155—2019.

［36］老年养护院建设标准 建标 144-2010.

［37］社区老年人日间照料中心建设标准 建标 143-2010.

［38］机械式停车库设计图册 13J927-3.

二、参考图书及其他

［1］张一莉主编. 注册建筑师设计手册. 北京：中国建筑工业出版社，2016.

［2］肖绪文，罗能镇，蒋立红，马荣全. 建筑工程绿色施工. 北京：中国建筑工业出版社，2013.

［3］陕西省土木建筑学会，陕西建工集团有限公司. 建筑工程绿色施工实施指南［M］. 北京：中国建筑工业出版社，2016.

［4］《建筑设计资料集》编委会. 建筑设计资料集 第 6 分册（第三版）. 北京：中国建筑工业出版社，2017.

［5］《建筑设计资料集》编委会. 建筑设计资料集 第 3 分册（第三版）. 北京：中国建筑工业出版社，2017.

［6］周燕珉等著. 养老设施建筑设计详解 1. 北京：中国建筑工业出版社，2018.

［7］周燕珉等著. 养老设施建筑设计详解 2. 北京：中国建筑工业出版社，2018.

［8］深圳市规划和国土资源委员会主编. 深圳市城市设计标准与准则.

［9］深圳市规划和国土资源委员会主编. 深圳市建筑设计规则.

［10］深圳市住房和建设局. 深圳市重点区域建设工程设计导则.

［11］深圳市绿地系统规划（2004-2020）.

［12］深圳市重点区域建设工程设计导则.

［13］城市停车设施建设指南.

［14］全国民用建筑工程设计技术措施 规划·建筑·景观（2009 年版）.

# 编　后　语

　　为了有利于粤港澳大湾区建设和深圳建设中国特色社会主义先行示范区，使设计人员更好地执行国家、部委颁布的各项工程建设技术标准、规范及省、市地方标准、规定，协会组织编撰了《粤港澳大湾区建设技术手册系列丛书》，包括《粤港澳大湾区建设技术手册1》《粤港澳大湾区建设技术手册2》和《粤港澳大湾区城市设计与科研成果》。

　　这套行业工具书编撰工作始于2019年8月，历经组建队伍、拟订篇目、搜集资料、编写大纲、撰写初稿、总撰合成、评审修改几个阶段，数易其稿，不断总结，逐步提高。全书按"资料全，方便查，查得到"的编撰原则，站在建筑领域至高点，坚持科技创新，涵盖绿色建筑、装配式建筑、智慧城市、海绵城市、建设项目全过程工程咨询、建筑师负责制和城市总建筑师制度等，内容新颖，检索方便，设计者翻开即可找到答案。

　　湾区技术丛书资料浩瀚，专业性强，编撰难度大。为此，编撰委员会组织了湾区城市主要设计单位的总建筑师、总工程师、专家、工程技术人员百余人参与此项工作。中国工程院何镜堂院士作序，孙一民大师、林毅大师、黄捷大师、任炳文大师亲自撰稿。深圳市住房和建设局、深圳前海深港现代服务业合作区管理局、深圳市科学技术协会、深圳市福田科学技术协会对编撰全过程予以指导和支持。我们还特别邀请了华南理工大学建筑设计研究院、广州市设计研究院、香港建筑师学会参加编审工作。

　　为了编撰好湾区技术丛书，各参编单位以编撰工作为己任，在人力、物力、财力上大力支持。各篇章编撰人员呕心沥血，辛勤耕耘，终于完成书稿。书稿的撰成，凝聚了众人的智慧和血汗。在此，我谨向为本丛书编撰作出贡献的单位和个人，致以真挚的谢意。

　　在湾区技术系列丛书编撰和审改期间，许多设计大师、专家、各院总建筑师、总工程师对书稿反复修改和一再打磨，使湾区技术丛书最终成型；感谢所有审稿专家对大纲和内容一丝不苟的审查，他们使本书避免了很多结构性的错漏和原则性的谬误。

　　感谢中国建筑工业出版社王延兵副社长、费海玲副主任、张幼平编辑在出版前对全套图书的最终审核和把关。

　　在此过程中，需要感谢的人还有很多。他们在联系编写单位、编写专家和审稿专家，或收集实例、修改图纸、制版印刷等方面，都给予了湾区技术系列丛书极大的支持，在此一并表示感谢。

　　鉴于编者的水平、经验有限，湾区技术系列丛书难免有疏漏和舛误之处，敬请谅解，并恳请读者提出宝贵意见，以便今后补充和修订。

主编：张一莉

2020年8月6日

**图书在版编目（CIP）数据**

粤港澳大湾区建设技术手册. 1 / 张一莉主编. —北京：中国建筑工
业出版社，2020.4
（粤港澳大湾区建设技术手册系列丛书）
ISBN 978-7-112-24922-0

Ⅰ.①粤…　Ⅱ.①张…　Ⅲ.①城市规划—建筑设计—广东、香港、
澳门—技术手册　Ⅳ.① TU984.265-62

中国版本图书馆 CIP 数据核字（2020）第 037203 号

责任编辑：费海玲　张幼平
责任校对：王　瑞

粤港澳大湾区建设技术手册系列丛书
**粤港澳大湾区建设技术手册1**
主　编：张一莉
副主编：千　茜　唐志华　杨　旭
　　　　陈日飙　郭智敏　黄剑锋

\*

中国建筑工业出版社出版、发行（北京海淀三里河路9号）
各地新华书店、建筑书店经销
北京建筑工业印刷厂制版
北京中科印刷有限公司印刷

\*

开本：880×1230毫米　1/16　印张：13¾　字数：373千字
2020年8月第一版　2020年8月第一次印刷
定价：**68.00**元
ISBN 978-7-112-24922-0
（35657）
**版权所有　翻印必究**
如有印装质量问题，可寄本社退换
（邮政编码 100037）